“十三五”艺术类专业规划教材

Photoshop CS6 图形图像处理项目化教程

鹿 婷 郭 坚 刘志刚 主编

河南科学技术出版社
·郑州·

图书在版编目（CIP）数据

Photoshop CS6 图形图像处理项目化教程/鹿婷，郭坚，刘志刚主编．—郑州：河南科学技术出版社，2019.9（2021.8 重印）
ISBN 978－7－5349－9541－5

Ⅰ.①P…　Ⅱ.①鹿…　②郭…　③刘…　Ⅲ.①图像处理软件－教材　Ⅳ.①TP391.413

中国版本图书馆 CIP 数据核字（2019）第 168871 号

出版发行：河南科学技术出版社
地址：郑州市郑东新区祥盛街 27 号　　邮编：450016
电话：（0371）65788686　65788624
网址：www.hnstp.cn
策划编辑：孙　彤
责任编辑：卢正阳
责任校对：牛艳春
封面设计：张　伟
责任印制：朱　飞
印　　刷：河南省环发印务有限公司
经　　销：全国新华书店
开　　本：787 mm×1 092 mm　1/16　印张：16.25　字数：385 千字
版　　次：2019 年 9 月第 1 版　2021 年 8 月第 3 次印刷
定　　价：66.00 元

编委名单

主　编　鹿　婷　郭　坚　刘志刚

副主编　崔　晨　柯　乐　宋　燕　王黎楠
　　　　　柳　村

编　者　王立奇　于春满　马彩霞　孙　展
　　　　　周　楠　甄　芳

前　言

Photoshop CS6 是目前使用比较广泛的图形图像编辑处理软件，应用领域涉及图形图像处理、平面设计、界面设计、文字设计、插画设计、视觉创意等。编者针对目前大、中专学生的就业需求，通过市场调研和对毕业生反馈问卷的分析，按照相关岗位的要求和创业、就业能力的需求，结合一线教学实践，编写了这本以项目化教学为标准的教材。

本书介绍了 Photoshop CS6 的基本操作和图形图像处理技巧，突出培养学生二维平面图形图像处理的综合能力和设计思维，致力于对学生操作技能的培养。全书共分十三个项目，每个项目从任务出发，通过“任务分析—相关知识—任务实施—小结—思考与练习—项目实训”这样一个教学思路，结合实际案例，一步一步地从“演示—讲解—操作—练习”的过程中激发学生的学习能动性。不论是在理论阐述还是实践操作上，都贴合学生的实际状况。在编写上改变了以往教材内容的繁、难、偏及相对陈旧和过于注重理论的现状，关注和培养学生的学习兴趣和实际操作能力，力求做到学以致用，使学生进一步拓展设计思路，增强创新设计能力，最终提高图形图像的处理能力及设计思维能力。

本教材特点说明：

（1）项目引领——本教材设计了十三个项目。

（2）任务驱动——每个任务体现先“行”后“知”的教学思想，学生通过实践操作，在实践中理解、掌握知识点，能够快速入门，还可以达到较高的操作水平。

（3）相关知识——对即将制作的任务，所要运用的知识进行描述、讲解。

（4）任务实施——详细写出了实现任务的过程。

（5）小结——对任务的重点、难点进行强调总结。

（6）思考练习——对重点理论知识通过传统题型加强练习。

（7）项目实训——对重点操作知识通过实践再次加强演练。

（8）趣味性——本教材注重科学性与趣味性、知识性与可操作性兼顾的原则，在教材的版面设计上，做到了图文并茂、生动活泼。

由于编者水平有限，书中难免有疏漏之处，恳请读者指正。

编者

2019 年 3 月

目　录

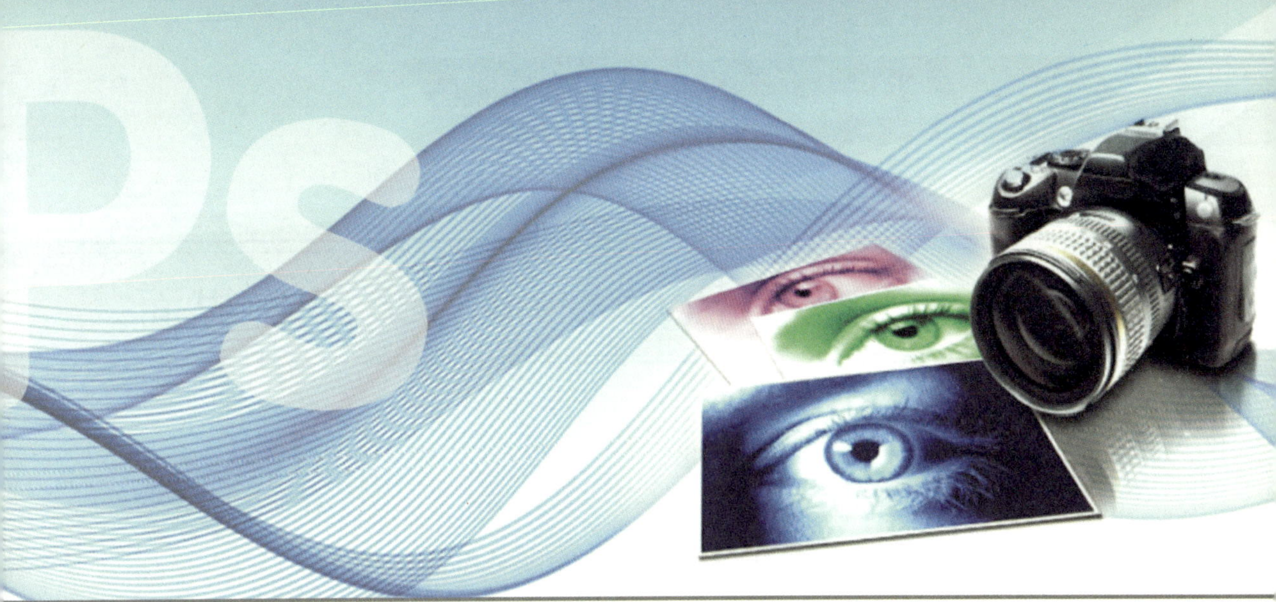

项目 1

hotoshop CS6初识与基本操作

项目介绍

Photoshop 是 Adobe 公司推出的优秀图像处理软件，应用领域涉及平面设计、广告摄影、产品包装、网页设计、效果图制作等，其强大的功能为用户提供了广阔的创作空间，深受广大平面图形设计人员及专业广告设计师的青睐。本项目主要介绍了图像处理的基础知识和Photoshop的工作界面及基本操作。

培养目标

- 认识 Photoshop CS6 的工作界面。
- 了解图像基础知识。
- 掌握 Photoshop CS6 文件管理的基本操作。
- 掌握调整图像大小和画布大小的方法。
- 了解辅助工具标尺、参考线、网格线的设置。
- 掌握颜色的设置方法。

任务一　认识 Photoshop CS6 工作界面

任务分析

本任务主要介绍 Photoshop CS6 的工作界面和图像处理的基础知识。

相关知识

在电脑上安装 Photoshop CS6 后，左键双击桌面快捷图标，可启动该软件，进入 Photoshop CS6 的工作界面中。

1. Photoshop CS6 的工作界面

Photoshop CS6 的工作界面主要由菜单栏、选项栏、工具箱、图像窗口、状态栏、控制面板等几个部分组成，如图 1－1－1 所示。

图 1－1－1　Photoshop CS6 的工作界面

（1）菜单栏。Photoshop CS6 中有 11 个菜单，每一个菜单中都包含不同类型的命令，通过执行菜单中的命令可以完成图像处理的操作。

（2）选项栏。选项栏显示了当前所选工具的选项，选择的工具不同，选项栏中的选项内容也会随之变化。

（3）工具箱。工具箱中提供了创建和编辑图像的各种工具，方便用户对图像进行处理。

根据个人喜好，单击工具箱的顶部的◀◀按钮可以实现工具箱的展开和折叠，工具箱如图1－1－2所示。

使用鼠标左键单击一个工具，即可选中该工具，如果工具的右下角带有三角形图标，表示这是一个工具组，在工具上单击鼠标左键即可弹出隐藏的工具，拖动鼠标到想要使用的工具上单击，即可选定该工具。单击工具图标⬚，弹出的隐藏工具如图1－1－3所示。

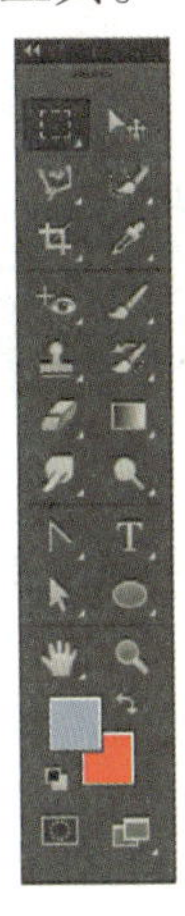

图1－1－2　工具箱

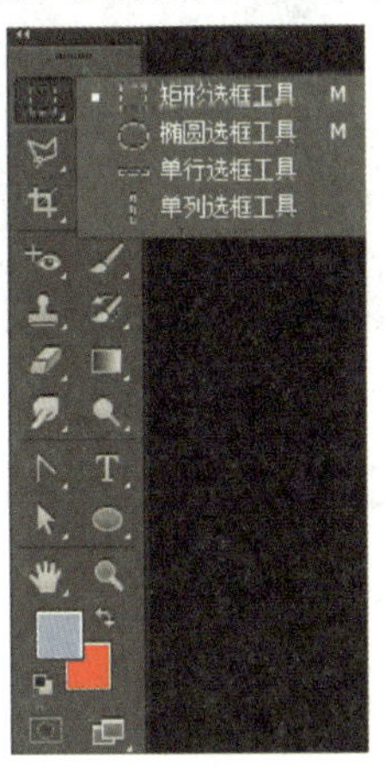

图1－1－3　弹出工具组隐藏的工具

提示：当光标停留在工具上时，则会显示工具的名称和快捷键的提示。在英文输入状态下，按下快捷键就能选择与其相对应的工具。例如，按下E键，选择橡皮擦工具。按下Shift键＋工具快捷键，可以在一组隐藏的工具中循环选择工具。

（4）图像窗口：图像窗口是显示打开图像的区域。如果只打开一张图像，则只有一个图像窗口，如图1－1－4所示；如果打开了多张图像，则图像窗口会按选项卡的方式进行显示，如图1－1－5所示，单击一个图像窗口的标题即可将其设置为当前工作窗口。

图1－1－4　打开一张图像窗口

图1－1－5　打开多张图像窗口

按住鼠标左键拖拽图像窗口的标题栏，可以将其设置为浮动窗口，如图1－1－6所示；按住鼠标左键将浮动图像窗口的标题栏拖拽到选项卡中，图像窗口又会停放到选项卡中，如图1－1－7所示。

（5）状态栏：状态栏位于每个图像窗口的底部，显示了与当前操作图像有关的信息，可以是文档大小、文档尺寸、当前工具和视图比例等，如图1－1－8所示。

图 1－1－6　浮动图像窗口

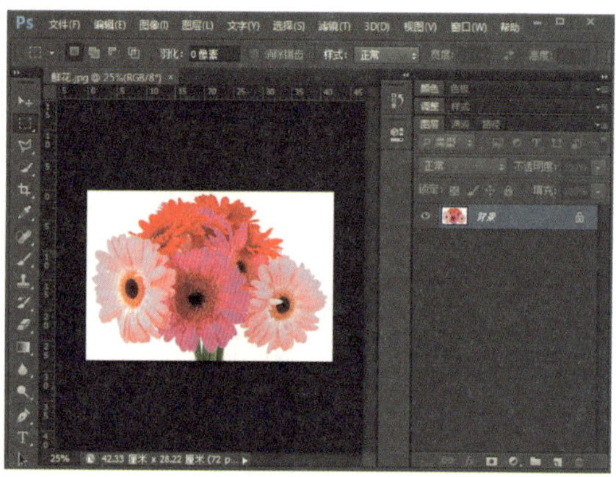

图 1－1－7　图像窗口停放到选项卡中

25%　文档:2.75M/2.62M

图 1－1－8　状态栏

单击状态栏上的按钮，可以弹出一个列表框，如图 1－1－9所示。

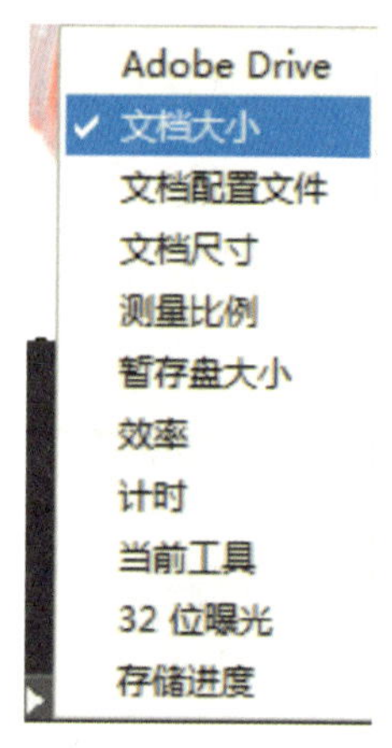

图 1－1－9　【状态栏】列表框

选择相应的图像状态，状态栏的信息显示也会同时改变，例如选择【文档大小】，将显示有关文档大小的信息，如图 1－1－10 所示。

（6）控制面板。Photoshop CS6 一共有 26 个面板，这些面板主要用来配合图像的编辑和对操作进行控制，以及设置参数等。如图 1－1－11 所示，【图层】面板中所有的功能都是围绕对图层的编辑进行设定的。

默认情况下，控制面板是以面板组的方式显示在工作界面中的，比如【颜色】面板和【色板】面板就是组合在一起的，如图 1－1－12 所示。如果要将其中某个面板拖拽出来形成一个单独的面板，可以将光标放置在面板名称上，然后按住鼠标左键拖拽，将其拖拽出面板组。图 1－1－13 所示即为从【颜色】【色板】面板组中拖拽出来的【颜色】面板。

25%　42.33 厘米 x 28.22 厘米 (72 p...

图 1－1－10　改变状态栏中的信息

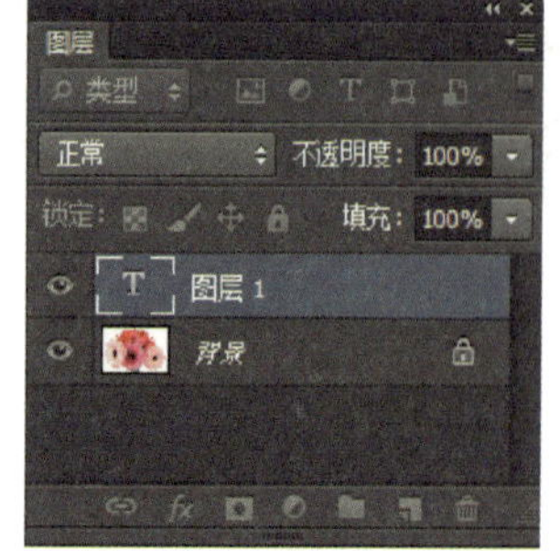

图 1－1－11　【图层】面板

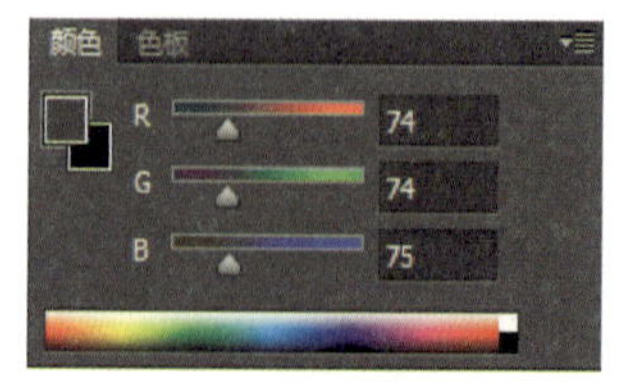

图 1－1－12　【颜色】【色板】面板组

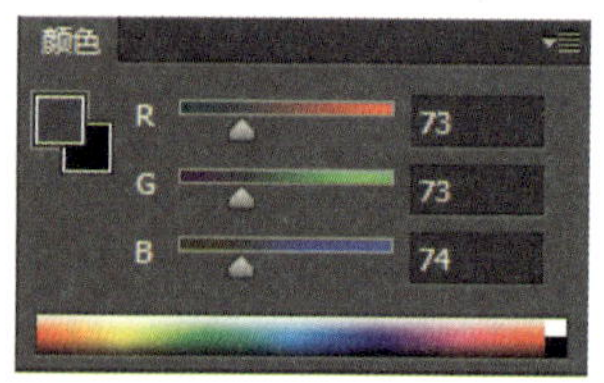

图 1－1－13　拖拽出来的【颜色】面板

2. 图像处理的基础知识

（1）位图与矢量图像。图像文件主要分为位图与矢量图，在绘图或处理图像过程中，这两种类型的图像可以交叉使用。

1）位图：位图图像在技术上被称为栅格图像，也就是通常所说的“点阵图像”。位图图像由像素组成，每个像素都分配有特定的位置和颜色值。相对于矢量图像，在处理位图图像时，所编辑的对象是像素而不是对象或形状。一般单位面积内所含的像素越多，图像就越清晰，颜色之间的混合也就越光滑。由于位图是由许多像素点组成的，而点与点之间有一定间隙，因此位图不能达到一种连续的效果，尤其是在放大的情况下，位图图像的边缘有一种锯齿状，可以看见构成整个图像的像素方块。

一副位图图像原图如图 1－1－14 所示，使用放大工具放大后，效果如图 1－1－15 所示。

图 1－1－14　位图图像原图

图 1－1－15　位图图像放大效果

2）矢量图：矢量图是使用直线和曲线来描述图形的。矢量图形的组成元素是点、线、矩形、多边形、圆、弧线等，矢量图形是通过数学公式计算获得的，其文件大小由图像的复杂程度决定，矢量图文件一般较小。矢量图的最大优点是无论放大、缩小或旋转等，图形都不会失真。但是，矢量图的缺点是难以表现出色彩层次丰富的逼真的图像效果。一副矢量图原图如图 1－1－16 所示，使用放大工具放大后，效果如图 1－1－17 所示。

图 1－1－16　矢量图原图

图 1－1－17　矢量图放大效果

（2）图像的色彩模式。图像的色彩模式是指将颜色表现为数字形式的模式，或者说是一种记录图像颜色的方式。常用的色彩模式有 RGB 模式、CMYK 模式、Lab 模式、位图模式、灰度模式和多通道模式，以及用于特殊色彩输出的索引颜色和双色调模式等。色彩模式决定了图像中的色彩颜色数量、通道数量、文件大小和文件格式。此外，色彩模式还决定了图像在 Photoshop 中是否可以进行某些操作，例如，位图模式的图像不能应用滤镜，也不能进行变换操作。

1）RGB 模式：RGB 颜色模式是 Photoshop 中最常用的色彩模式，又称加色模式。RGB 颜色模式通过对红（R）、绿（G）、蓝（B）3 个颜色通道的变化及它们相互之间的叠加来得到各式各样的色彩，在【通道】面板中可以查看到 3 种颜色通道的状态信息，如图 1－1－18所示。

图 1－1－18　RGB 图像及通道

RGB 颜色模式下的图像只有在发光体上才能显示出来，例如显示器、电视等，该模式所包含的颜色信息（色域）有 1670 多万种，是一种真色彩颜色模式。在 Photoshop CS6 中编辑图像时，RGB 模式应是最佳选择。

2）CMYK 模式：CMYK 模式是一种印刷模式，也称为减色模式。CMYK 颜色模式包含的颜色总数比 RGB 颜色模式少很多，所以在显示器上观察到的图像要比印刷出来的图像亮丽一些。CMY 是 3 种印刷油墨名称的首字母，C 代表 Cyan（青色）、M 代表 Magenta（洋红色）、Y 代表 Yellow（黄色），而 K 代表 Black（黑色），这是为了避免与 Blue（蓝色）混淆，因此黑色选用的是 Black 的最后一个字母 K，在【通道】面板中可以查看 4 种颜色通道的状态信息，如图 1－1－19 所示。

在制作需要印刷的图像时就需要用到 CMYK 颜色模式。将 RGB 图像转换为 CMYK 图像时会产生分色。如果原始图像是 RGB 图像，那么最好先在 RGB 颜色模式下进行编辑，在编辑结束后再转换为 CMYK 颜色模式。

3）位图模式：位图模式是指使用黑色和白色两种颜色值中的一个来表示图像中的像素。将图像转换为位图模式会使图像减少黑白两种颜色，从而简化了图像中的颜色信息，也减小了文件的大小。

一张 RGB 图像如图 1－1－20 所示，转换成位图颜色模式，如图 1－1－21 所示。

图 1－1－19　CMYK 图像及通道

图 1－1－20　RGB 图像

图 1－1－21　位图图像

4）灰度模式：灰度模式是用单一色调来表现图像的，在图像中可以使用不同的灰度级。在 8 位图像中，最多有 256 级灰度，灰度图像中的每个像素都对应 0（黑色）~255（白色）之间的亮度值；在 16 位和 32 位的图像中，图像的级数比 8 位图像要大得多。

一张 RGB 图像如图 1－1－22 所示，转换成灰度颜色模式的效果如图 1－1－23 所示。

图 1－1－22　RGB 图像

图 1－1－23　灰度图像

Photoshop CS6 允许将一个灰度图像转换为彩色模式文件，但不可能将原来的颜色完全还原。所以，当要转换灰度模式时，应先做好图像的备份。

5）Lab 模式：Lab 颜色模式是由照度（L）和有关色彩的 a、b 这三个要素组成的，L 表示 Luminosity（照度），相当于亮度；a 表示红色到绿色的范围；b 表示从黄色到蓝色的范围，如图 1－1－24 所示。

图 1－1－24　Lab 图像及通道

Lab 模式中的数值描述的是正常视力的人能够看到的所有颜色。因为 Lab 模式描述的是颜色的显示方式，而不是设备（如显示器、桌面打印机或数码相机）生成颜色所需的特定色料的数量，所以 Lab 模式被视为与设备无关的颜色模型。

6）索引颜色模式：索引颜色是位图图像的一种编码方法，需要基于 RGB、CMYK 等更基本的颜色编码方法。可以通过限制图像中的颜色总数来实现有损压缩。一张 RGB 图像如图 1－1－25 所示，转换成索引颜色模式后的效果如图 1－1－26 所示。

图 1－1－25　RGB 图像

图 1－1－26　索引颜色模式

索引颜色模式可以生成最多 256 种颜色的 8 位图像文件。将图像转换为索引颜色模式后，Photoshop 将构建一个查色表（color look－up table，CLUT），用于存放并索引图像中的颜色。如果原始图像中的某种颜色没有出现在该表中，则程序将选取最接近的一种，或使用仿色及现有颜色来模拟该颜色。

7）双色调模式：在 Photoshop 中，双色调模式并不是指由两种颜色构成的图像颜色模式，而是通过 1 ~4 种自定油墨创建单色调、双色调、三色调和四色调的灰度图像。双色调、三色调和四色调分别是用 2 种、3 种或 4 种油墨打印的灰度图像，一张图像 RGB 颜色模式如图 1 -1 -27 所示；其双色调模式效果，如图 1 -1 -28 所示；其三色调模式效果，如图 1 -1 -29所示；其四色调模式效果，如图 1 -1 -30 所示。

图 1 -1 -27　RGB 颜色模式图像

图 1 -1 -28　双色调模式效果

图 1 -1 -29　三色调模式效果

图 1 -1 -30　四色调模式效果

8）多通道模式：多通道模式图像在每个通道中都包含 256 个灰阶，对于特殊打印时非常有用。将一张 RGB 颜色模式的图像转换为多通道模式的图像后，之前的红、绿、蓝三个通道将变成青色、洋红、黄色三个通道。多通道模式图像可以存储为 PSD、PSB、EPS 和 RAW 格式。

一张 RGB 颜色模式图像如图 1 -1 -31 所示，转换成多通道颜色模式，效果如图 1 -1 -32 所示。

图 1 -1 -31　RGB 颜色模式图像

图 1 -1 -32　多通道颜色模式效果

任务二　文件管理及简单图层操作

任务分析

本任务学习如何管理文件，具体包括打开文件、新建文件，以及将图像文件以不同的格式存储到指定的位置等，同时学习图层的一些基本操作。要求通过使用 Photoshop CS6 对图 1-2-1所示的图像素材进行简单合成，拼成美丽的图画，完成效果如图 1-2-2 所示。

图 1-2-1　图像素材

图 1-2-2　完成效果

相关知识

1. 文件的管理

管理文件的基本操作包括打开文件、关闭文件、新建文件、存储与另存为文件等。下面将详细介绍文件的操作方法。

（1）打开图像文件。在 Photoshop 中编辑一个已有的图像前，先要将其打开。下面介绍打开文件的方法。

1）执行【文件】→【打开】命令，弹出【打开】对话框，如图 1-2-3 所示。

2）单击【打开】对话框中的 ▦▾ 按钮，可以选择【大图标】的形式来显示图像，如图 1-2-4 所示。

3）选中要打开的图像，然后单击 打开(O) 按钮或者直接双击图像即可打开图像。

如果要选择打开多幅图像文件，可按 Shift 键连选或按 Ctrl 键多选，然后单击 打开(O) 按钮即可。

（2）关闭图像文件。操作结束后需要关闭图像文件，下面介绍关闭图像文件的方法。

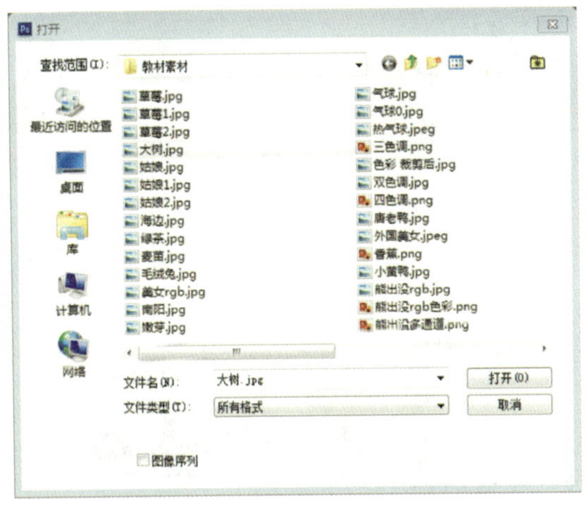

图 1 -2 -3　列表显示【打开】对话框

图 1 -2 -4　大图标显示【打开】对话框

1）单击图像文件窗口上的 × 按钮，将关闭当前文件，如果文件未保存，会出现保存文件的提示。

2）执行【文件】→【关闭】命令，将关闭当前文件。若执行【文件】→【关闭全部】命令，则会关闭所有打开的文件。

提示：双击图像文件窗口上的 Ps 按钮，将关闭当前文件并关闭 Photoshop 应用程序；按下 Ctrl + W 快捷键，将关闭当前文件。

（3）新建图像文件。新建图像文件是 Photoshop 中最简单也是最常用的操作命令。下面将介绍新建图像文件的方法。

1）执行【文件】→【新建】命令。

2）在弹出的【新建】对话框中进行设置参数，如图 1 -2 -5 所示。

3）单击 确定 按钮，即可新建一个标题为“未标题 -1”，大小为 500 像素 × 300 像素，背景色为白色的图像文件，如图 1 -2 -6 所示。

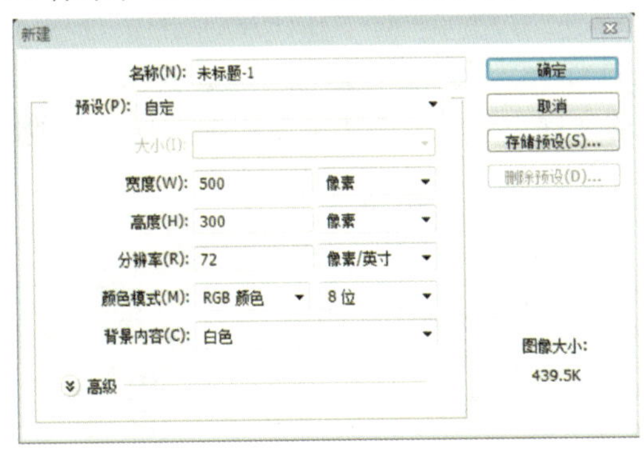

图 1 -2 -5　【新建】对话框

图 1 -2 -6　新建图像文件

（4）存储与另存为文件。新建文件或者对文件进行处理后，需要及时将文件保存，以免因断电或者死机等特殊原因造成文件丢失。

在 Photoshop 中除了一般的储存方式外，还可以将图像保存为 JPEG、GIF、PNG 等网页常用的图像格式。执行菜单栏上的【文件】→【存储】命令，或按 Ctrl + S 快捷键即可将文件保存起来。

当需要关闭的文件进行了编辑但还没有保存时，系统会打开一个如图 1 –2 –7 所示的对话框，如果单击【是】按钮，系统将存储该文件，如果是第一次保存，系统会打开如图 1 –2 –8 所示的【存储为】对话框，在对话框地址栏中指定文件存储的路径，单击【保存】按钮，系统将以指定的路径将图像进行保存，保存后文件将自动关闭；如果单击【否】按钮，系统将丢弃该文件的编辑信息，直接关闭文件；如果单击【取消】按钮，系统将取消本次操作。

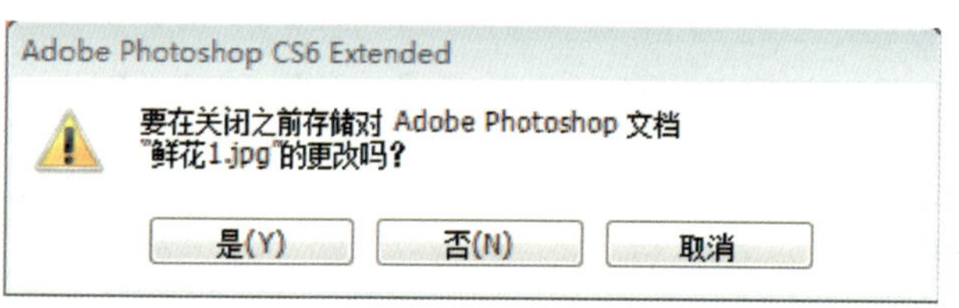

图 1 –2 –7　关闭文件时打开的提示对话框

图 1 –2 –8　【存储为】对话框

2. 常用的图像文件格式

图像的文件格式决定了图像数据的存储内容和存储方式，以及文件是否与一些应用程序兼容，另外还涉及如何与其他程序交换数据等。

Photoshop 支持多种格式的文件图像，读者可以根据图像的使用需要和不同软件的要求来选择文件的存储格式。以下是常用的图像文件格式。

（1）PSD（ ∗. PSD； ∗. PDD）格式。PSD 格式是由 Photoshop 生成的默认的文件格式，可以保存图层、通道和任何一种颜色模式。将文件保存为 PSD 格式，以后可以随时进行编辑和修改。PSD 格式保存的信息较多，所以生成的文件也较大。由于其专业性较强，其他图形软件不能读取该类文件。

（2）JPEG（ ∗ . JPG； ∗ . JPEG； ∗ . JPE）格式。JPEG（Joint photographic Experts Group，JPEG）格式是应用最广泛的一种可跨平台操作的压缩格式文件，最大特点是压缩性很强。它支持 CMYK、RGB 和灰度模式，但不能保存 Alpha 通道。在将文件存储为 JPEG 格式时，弹出如图 1 –2 –9 所示的对话框。在【品质】选项中可以设置压缩级别，压缩级别越高，得到的图像品质越低，但文件越小；压缩级别越低，得到的图像品质越高，但文件越大。JPEG 图像在打开时会自动解压缩。

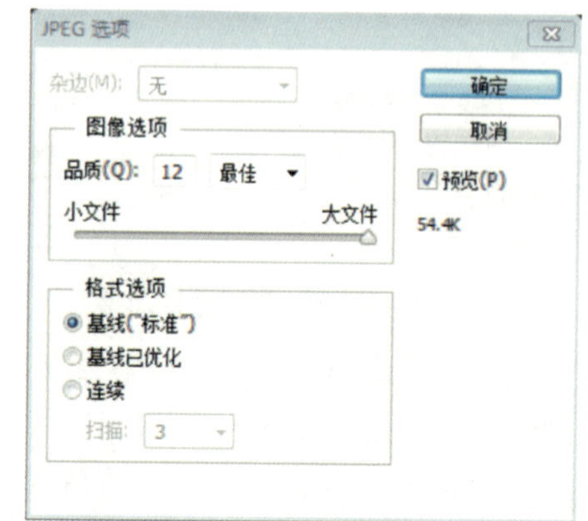

图 1 –2 –9　【JPEG 选项】对话框

（3）TIFF（＊.TIF）格式。TIFF 格式是标签图像格式。TIFF 格式常用于色彩通道图像，具有很强的可移植性，它可以用于 PC、Macintosh 及 UNIX 工作站三大平台，是这三大平台上使用最广泛的绘图格式。

用 TIFF 格式存储时应考虑到文件的大小，这是因为 TIFF 格式的结构要比其他格式更复杂，但 TIFF 格式支持 24 个通道，能存储多于 4 个通道的文件格式。TIFF 格式还允许使用 Photoshop CS6 中的复杂工具和滤镜特效且非常适合于印刷和输出。

（4）GIF（＊.GIF）格式。GIF（graphics interchange format，GIF）格式原义是“图像互换格式”。GIF 格式的图像文件容量比较小，它形成一种压缩的 8 bit 图像文件。正因为这样，一般用这种格式的文件来缩短图形的加载时间。如果在网络中传送图像文件，GIF 格式的图像文件要比其他格式的图像文件快得多。

（5）PDF（＊.PDF）格式。PDF（portable document format，PDF 可移植文档格式）格式是一种灵活的、跨平台、跨应用程序的文件格式，主要用于网上出版。PDF 格式支持 RGB 模式、CMYK 模式、索引模式、灰度模式、位图模式和 Lab 模式，但不支持 Alpha 通道。可以使用 PDF 格式将多个图像存储在多页面文档或幻灯片放映演示文稿中。

（6）BMP（Windows Bitmap）（＊.BMP；＊.RLE）格式。BMP 格式是 Microsoft 开发的一种 Windows 下的标准图像文件格式，这种格式被大多数软件所支持。BMP 格式采用了一种叫 RLE 的无损压缩方式，对图像质量不会产生什么影响。BMP 格式主要用于保存位图图像，支持 RGB、位图、灰度和索引颜色模式，但不支持 Alpha 通道。

（7）EPS（＊.EPS）格式。EPS（Encapsulated Post Script，EPS）格式。EPS 格式是 Illustrator CS6和 Photoshop CS6 之间可交换的文件格式。在 Photoshop CS6 中，也可以把其他图形文件存储为 EPS 格式，在排版类的 PageMaker 和绘图类的 Illustrator 等其他软件中使用。

任务实施

（1）执行菜单【文件】→【新建】命令，弹出【新建】对话框，在【名称】文本框输入图像文件的名称“1－2 效果”，宽度设为“800 像素”，高度设为“500 像素”，分辨率设为“72 像素/英寸”（1 英寸＝2.54 厘米），颜色模式选择“RGB 颜色”，背景内容选择“白色”，如图 1－2－10 所示。

（2）设置完成后，单击 确定 按钮，即打开一个新的图像编辑窗口，如图 1－2－11所示。

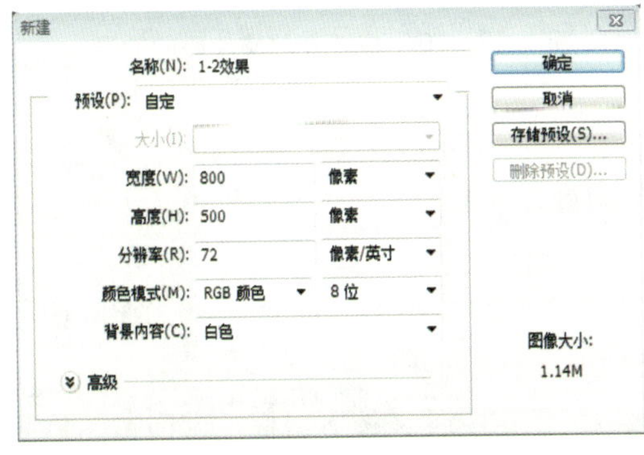

图 1－2－10　【新建】对话框

图 1－2－11　图像编辑界面

新建的文档在【图层】控制面板中有一个“背景”图层。图层是 Photoshop 文件的基本构成部分。

（3）执行菜单【文件】→【打开】命令，弹出【打开】对话框，如图 1－2－12 所示。

（4）在【查找范围】下拉菜单中选择“天空 . psd”，然后单击图像文件，单击 打开(O) 按钮，打开图像文件，如图 1－2－13 所示。

图 1－2－12　【打开】对话框

图 1－2－13　打开“天空 . psd”图像文件

（5）单击工具箱内的【移动】工具，选择“天空 . psd”图像文件，按下鼠标左键拖拽图片到文件“1－2 效果 . psd”中，移动到合适的位置，效果如图 1－2－14 所示。

利用工具将一个图像文件的图拖拽到另一个图像文件中，即可以实现图像的复制。

（6）同样，分别打开素材图像文件“树 . psd”“篱笆 . psd”，将图像拖拽到文件“1－2 效果 . psd”中，并移动到合适的位置，效果如图 1－2－15 所示。

图 1－2－14　拖拽素材“天空 . psd”后的效果

图 1－2－15　拖拽其他文件后的效果

复制一个图像，【图层】面板会自动增加一个图层。一个图层就像一张透明的纸，新增一个图层就像增加一张纸放在其余的纸上，不同的图像放在不同的层上，当对其中一图层进行操作时，对其他图层没有影响。

（7）打开像素图像文件“素材 . psd”，单击工具箱中的【矩形选框】工具，在画面的右侧向下拖拽出矩形选区，选择第一个图像，如图 1－2－16 所示。

（8）单击工具箱中的工具，选择矩形选区内的图像文件，按下鼠标左键拖拽图像到文件“1－2 效果 . psd”中，并移动到合适的位置，如图 1－2－17 所示。

图 1-2-16　矩形选框工具选择花朵

图 1-2-17　拖拽花朵到文件“1-2 效果.psd”中

(9) 同样，利用选择工具，选择素材中各种元素，分别复制到文件“1-2 效果.psd”中，并调到合适的位置，完成效果如图 1-2-18 所示，【图层】面板如图 1-2-19 所示。

图 1-2-18　完成效果

图 1-2-19　【图层】面板

(10) 执行菜单【文件】→【存储】命令，弹出【存储为】对话框。

(11) 在【保存在】列表框中选择要存储的文件夹，文件名与格式采用默认值，单击 保存(S) 按钮。

任务三　调整图像显示

任务分析

本任务学习像素和分辨率的有关知识，掌握根据实际需要对图像的大小及画布大小进行调整。

相关知识

1. 像素

像素是组成图像的最基本的单位。在计算机屏幕上看到的图像，均是由一个个很细微的小方块构成的，这些小方块即称为像素（pixel）。每一个像素都有自己的颜色信息，我们可以把它看成是一个填满某一颜色的小方格，当许多不同颜色的小方块互相紧密地排列在一起时，就会构成我们在计算机屏幕上看到的图像。当用缩放工具将图像放大到足够大时，就可以看到类似马赛克的效果，如图 1－3－1 所示。

图 1－3－1　构成图像的像素

像素所占用的存储空间决定了图像色彩的丰富程度，一个图像的像素越多，所包含的颜色信息就越多，图像的效果就越好，但生成的图像文件也会越大。

2. 分辨率

分辨率，是指在单位长度内所含有的像素的多少。分辨率有很多种，可以分为以下几种类型。

（1）图像分辨率。图像分辨率是每英寸图像含有多少个点或像素，通常以“像素/英寸”（pixel per inch，ppi）表示，例如，通常系统默认的 72 分辨率，表示图像每英寸包含 72 个像素点。在图像尺寸相同的情况下，图像的分辨率越高，其单位面积内所包含的像素就越多，图像就越清晰；反之，如果图像的分辨率太低，图像看上去就会很模糊。

（2）显示器分辨率。显示器分辨率是指在显示器中每个单位长度显示的像素或点数，通常以“点/英寸”（dot per inch，dpi）表示。例如，一台计算机屏幕的分辨率是 800 × 600，表示屏幕的宽度点数为 800 点，高度点数为 600 点。一般常见的屏幕分辨率有 800 × 600、1024 × 768、1280 × 1024 等，目前常见的显示器屏幕是 19/21 英寸，其屏幕分辨率通常都设定为 800 × 600 或是 1280 × 1024。

如果为了追求清晰的图像质感而将图像的分辨率大幅提高，会增加计算机系统与输出设备的负担，包括文档的容量会增大、计算机内所占空间会变大及图像输出所需的时间会变长等。因此，我们主要根据两方面设定图像分辨率：一是根据计算机系统的运算能力，包括硬盘的容量及运行速度等；二是根据输出分辨率的要求，例如，在网络上传播的图像只需设定为 72 dpi，在喷墨打印机上打印的图像可设定为 150 dpi，若图像要用于印刷时，则最好将分辨率设定为 300 dpi。

任务实施

1. 调整图像大小

（1）打开素材“月季花.jpg”，如图 1－3－2 所示，执行【图像】→【图像大小】命令，弹出【图像大小】对话框，可以调整图像的像素大小、文档大小和分辨率，如图 1－3－3

所示。

图 1－3－2　素材“月季花 . jpg”

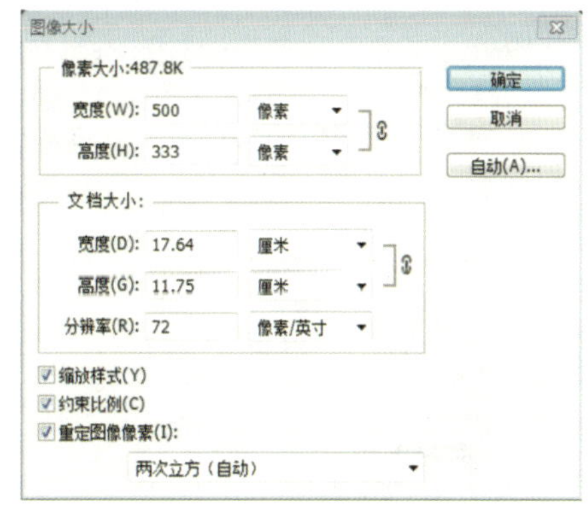

图 1－3－3　【图像大小】对话框

图像的大小取决于两个因素：图像的尺寸（宽度、高度）和分辨率。

（2）勾选【重定图像像素】选项，缩小图像的宽度或高度，图像中的像素数量也跟着减少，如图 1－3－4 所示，图像虽然变小了，但是画面质量不变，如图 1－3－5 所示。

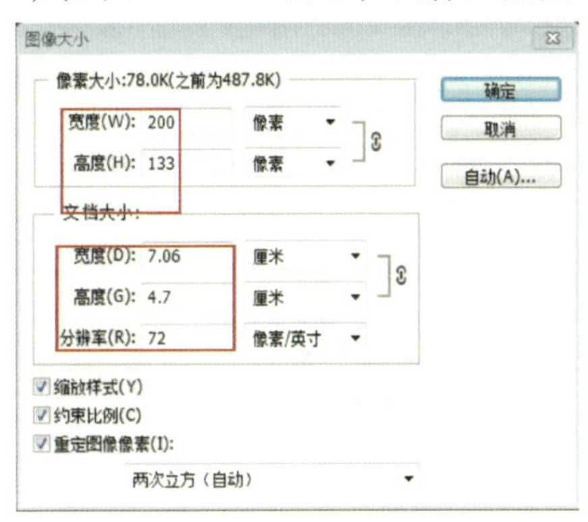

图 1－3－4　缩小图像的宽度或高度

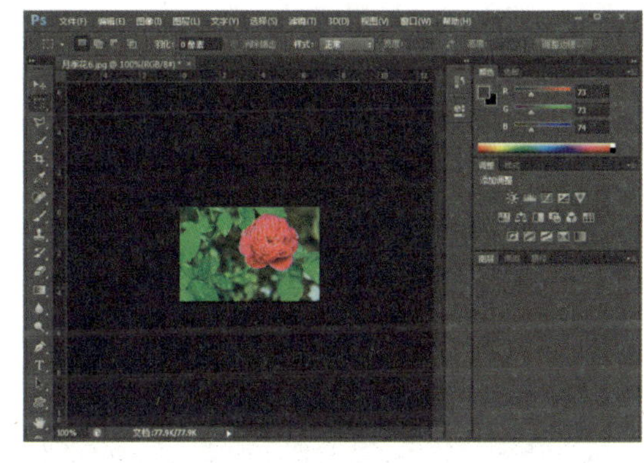

图 1－3－5　图像缩小

当增大图像的大小时，则会增加新的像素，如图 1－3－6 所示，图像虽然变大了，但是画面质量下降，如图 1－3－7 所示，图像变得较模糊。

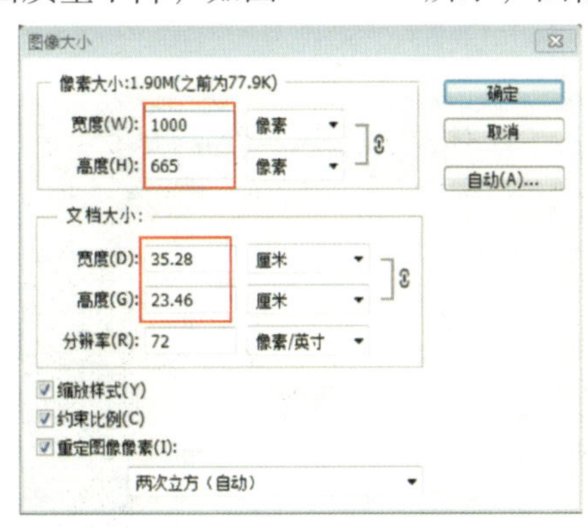

图 1－3－6　增加图像的宽度或高度

图 1－3－7　图像增大

（3）如果取消【重定图像像素】选项勾选，此时修改图像的宽度或高度，图像中的像素总数量不变，但分辨率会发生变化，减少宽度，会自动增大分辨率，如图 1－3－8 所示，图像的大小和画质都没有任何变化，如图 1－3－9 所示。

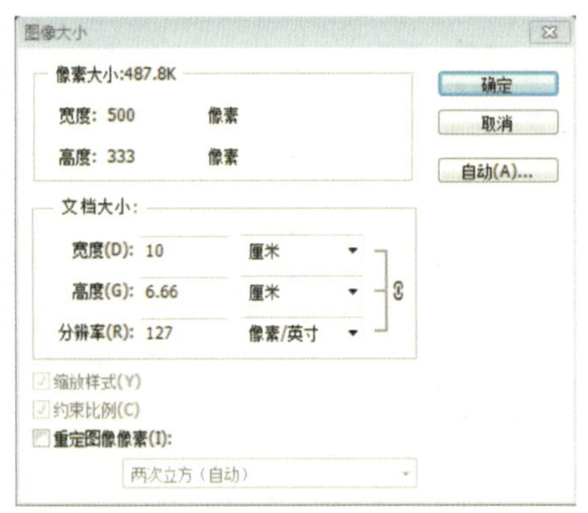

图 1－3－8　取消【重定图像像素】并修改图像大小

图 1－3－9　图像大小和画质不变

2. 调整画布大小

（1）打开素材“热气球 . jpg”，如图 1－3－10 所示，执行【图像】→【画布大小】命令，弹出【画布大小】对话框，如图 1－3－11 所示。

图 1－3－10　素材“热气球 . jpg”

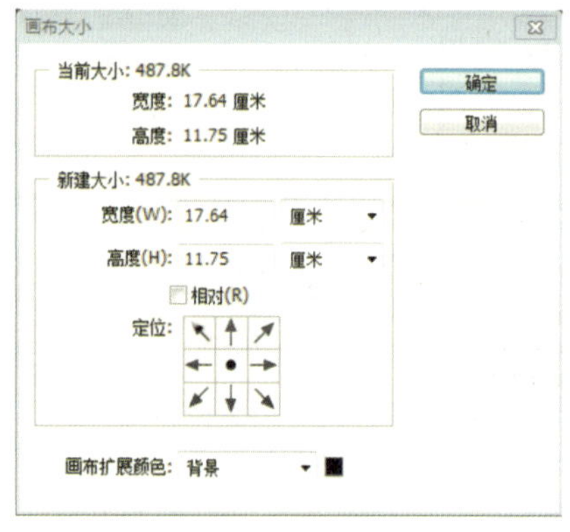

图 1－3－11　【画布大小】对话框

（2）设置【画布大小】对话框参数如图 1－3－12 所示，调整后的图像窗口如图 1－3－13 所示。

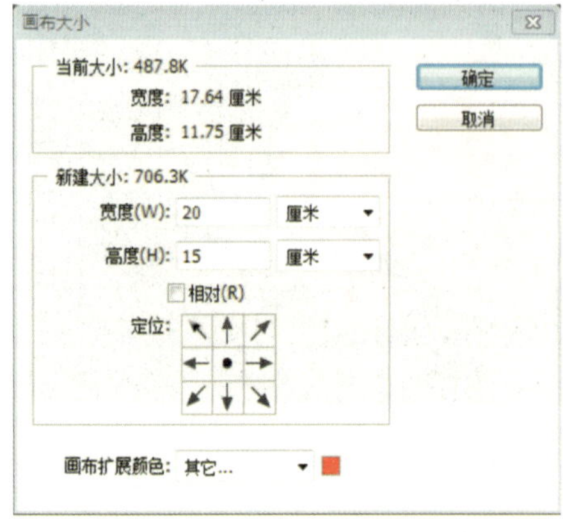

图 1－3－12　修改画布大小

图 1－3－13　画布增大后的图像窗口

【画布大小】对话框中参数含义如下：

在【宽度】和【高度】参数框中输入设定的画布尺寸。

在【宽度】和【高度】参数框后边的下拉列表中选择所需的度量单位。

选中【相对】复选项，然后在【宽度】和【高度】参数框内输入数值，输入负数将减小画布大小。

【定位】选项，单击某个方块可以指示现有图像在新画布上的位置。

3. 设置画布颜色

从【画布扩展颜色】下拉列表框中选取一个选项。

（1）【前景】。选中此项则用当前的前景颜色填充新画布。

（2）【背景】。选中此项则用当前的背景颜色填充新画布。如果图像的背景是透明的，那么添加的画布也将是透明的。

（3）【白色】【黑色】或【灰色】。选中这3项之一则用所选颜色填充新画布。

（4）【其他】。选中此项则使用拾色器选择新画布颜色。

任务四　辅助工具的使用和颜色的设置

任务分析

本任务介绍标尺、参考线、网格等辅助工具的使用和前景色、背景色及颜色的设置。

相关知识

1. 常用辅助工具

辅助工具的主要作用是辅助操作，通过利用辅助工具可以提高操作的精确程度，从而提高工作的效率。Photoshop 提供的辅助工具包括标尺、参考线、网格等。下面介绍一下这几种辅助工具的功能及使用方法。

（1）标尺。标尺可以精确地确定图像中的某一点和创建参考线。下面结合实例介绍标尺的使用方法。

执行【视图】→【标尺】命令，可以在画布中打开标尺，如图1-4-1所示。

图1-4-1　打开标尺

提示：按下 Ctrl + R 快捷键，在画布中显示标尺。默认情况下标尺的单位是厘米（cm），如果要想改变标尺的单位，可以在标尺位置右键单击弹出一列单位，然后选择相应的单位即可，如图 1－4－2 所示。

（2）网格。网格对于对称布置图像很有用，下面结合实例介绍网格的使用方法。

1）执行【视图】→【显示】→【网格】命令，即显示网格，如图 1－4－3 所示。

图 1－4－2　选择标尺单位

图 1－4－3　设置网格

2）显示网格后，执行【视图】→【对齐到】→【网格】命令，在进行创建图形、移动图像或者创建选区等操作时，对象会自动贴近网格。如果要隐藏网格，再次执行【网格】命令即可。

（3）参考线。参考线是浮在图像上方的一些不会被打印出来的线条，可以定位图像。参考线可以移动和删除，也可以将其锁定，以避免无意中移动。

1）创建参考线。可以通过以下方法来创建参考线。

A. 执行【视图】→【新建参考线】命令。

B. 在弹出的【新建参考线】对话框中，设置水平方向 4 厘米处为参考线，如图 1－4－4 所示。然后单击 确定 按钮，效果如图 1－4－5 所示。

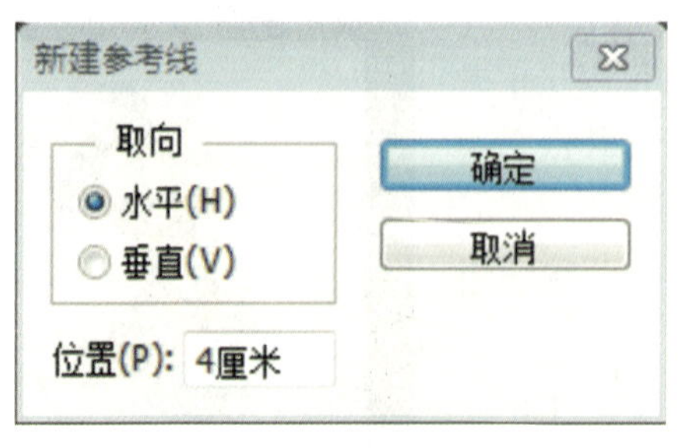

图 1－4－4　【新建参考线】对话框

图 1－4－5　设置水平方向参考线

C. 再次执行【视图】→【新建参考线】命令，在弹出的【新建参考线】对话框中设置垂直方向 3 厘米处为参考线，如图 1－4－6 所示。然后单击 确定 按钮，设置垂直参考线如图 1－4－7 所示。

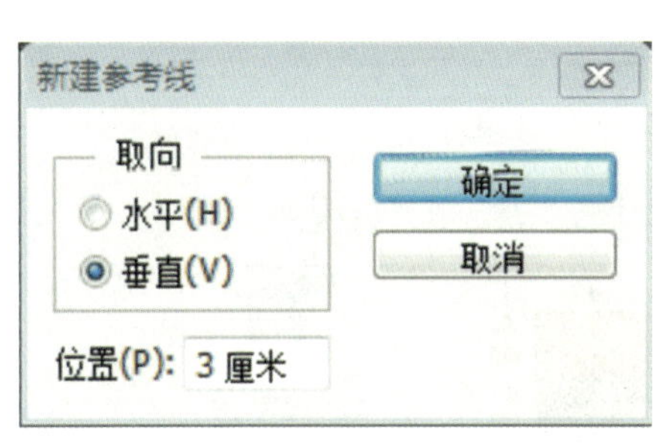

图1-4-6　【新建参考线】对话框

图1-4-7　设置垂直参考线

2）编辑参考线：

A. 锁定参考线：执行【视图】→【锁定参考线】命令，可以锁定参考线。锁定参考线可以防止参考线被意外移动。再次选择此命令可以取消参考线的锁定。

B. 删除参考线：将参考线拖动到图像窗口外，可以删除此参考线。如果要删除所示参考线，可以执行【视图】→【消除参考线】命令。

C. 显示或隐藏参考线：执行【视图】→【显示】→【参考线】命令，可以显示或隐藏参考线。

3）使用智能参考线：使用智能参考线可以帮助用户对齐形状、切片和选区。执行【视图】→【显示】→【智能参考线】命令，可以启用智能参考线。智能参考线是非常实用的功能，当绘制形状、创建选区或切片时，智能参考线便会自动出现。如果要隐藏智能参考线，再次执行【智能参考线】命令即可。

2. 颜色设置

在绘制图像或编辑图像时，首先要进行颜色的设定。Photoshop 提供了各种选取和设置颜色的方法。读者可以根据需要来选择最适合的方法。

（1）前景色与背景色。在 Photoshop【工具箱】的底部有一组设置前景色和背景色的按钮，如图1-4-8所示。在默认情况下，前景色为黑色，背景色为白色。

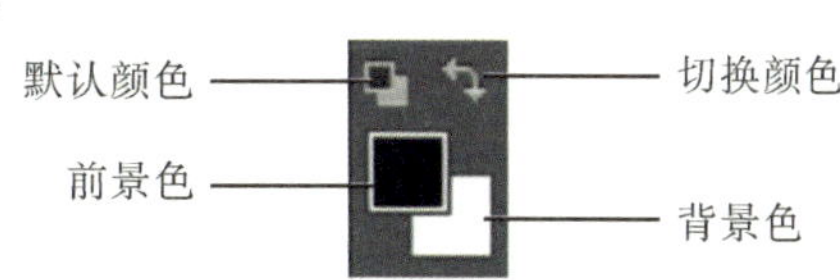

图1-4-8　设置前景色和背景色

1）前景色：显示当前绘图工具的颜色，单击前景色时，弹出【拾色器】对话框可以进行颜色选取，选择的颜色将会显示在前景色颜色框中。

2）背景色：显示图像的底色，单击背景色，弹出【拾色器】对话框可以进行颜色选取。

当改变背景色颜色时，图像的背景色不会立即改变，只有在使用部分与背景色相关的工具时才会根据背景色的设定来执行命令。例如，在使用橡皮擦工具擦除图像时，其擦除后的颜色即为背景色的颜色，渐变工具和另外一些工具也与背景色有关。

3）切换颜色：单击 按钮，即可将前景色颜色与背景色颜色相互切换。

4）默认颜色：单击按钮，即可恢复前景色和背景色颜色为初始的默认颜色。

提示：按下 X 键可以进行颜色切换。按下 D 键可以恢复为默认颜色。

（2）使用拾色器选取颜色。在 Photoshop 中，只要是设置颜色几乎都需要使用到拾色器，如图 1－4－9 所示。单击按钮即可弹出【拾色器（前景色）】对话框，在拾色器中可用 HSB、RGB、Lab 或 CMYK 颜色模式来指定颜色。

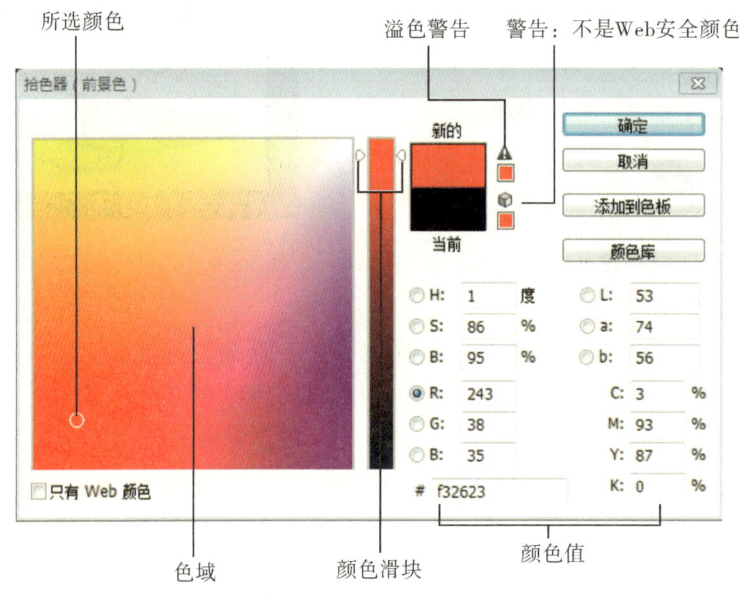

图 1－4－9　【拾色器（前景色）】对话框

在设定颜色时可以拖拽颜色滑块来设定色相，然后在【拾色器（前景色）】对话框中色域区域单击，这时光标会变为一个圆圈，来确定饱和度和明度，完成后单击 确定 按钮即可。也可以在色彩模型不同的组件后面的文本编辑框中输入数值来完成颜色设定。

（3）使用【颜色】面板设置颜色。【颜色】面板是工作中使用的比较多的一个面板。可以通过执行【窗口】→【颜色】命令或按 F6 键即可弹出【颜色】面板，如图 1－4－10 所示。【颜色】面板中显示了当前设置的前景色和背景色，同时也可以在该面板中设置前景色和背景色。

图 1－4－10　【颜色】面板

（4）使用【色板】面板设置颜色。【色板】面板中是一些系统预设的颜色，单击相应的颜色即可将其设置为前景色。执行【窗口】→【色板】命令即可打开【色板】面板，如图 1－4－11 所示。

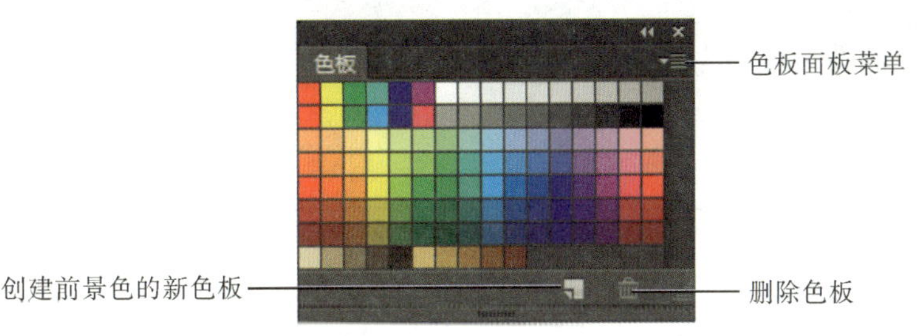

图 1－4－11　【色板】面板

1）创建前景色的新色板：单击【创建前景色的新色板】按钮，弹出如图 1－4－12 所示的【色板名称】对话框，可以对前景色命名，并将其添加到【色板】面板中。如果要修改色板的名称，可以左键双击该色板，然后在弹出的【色板名称】对话框中进行设置。

图 1－4－12　【色板名称】对话框

2）删除色板：如果要删除一个色板，按住鼠标左键的同时将其拖拽到【删除色板】按钮即可，或者在按住 Alt 键的同时将光标放置在要删除的色板上，当光标变成剪刀形状时，单击该色板即可将其删除。

3）色板面板菜单：单击图标，可以打开【色板】面板的菜单。

（5）使用【吸管工具】选取颜色。选择【吸管工具】，在所需要的颜色上单击，可以把同一图像中不同部分的颜色设置为前景色，如图 1－4－13 所示，也可以把不同图像中的颜色设置为前景色，如图 1－4－14 所示。

图 1－4－13　同一图像的颜色设置为前景色

图 1－4－14　不同图像中的颜色设置为前景色

小结

本项目对 Photoshop CS6 的工作界面、位图与矢量图、图像的色彩模式、常用的图像文件格式进行了基本介绍，使读者能够对 Photoshop CS6 有一个初步的认识。读者可以了解文件管理的基本操作方法、调整图像显示、辅助工具的使用、颜色设置等，为进一步深入学习 Photoshop CS6 奠定了良好的基础。

思考与练习

1. 判断题（对的打“√”，错的打“×”）

（1）单击 按钮，即可将前景色颜色与背景色颜色相互切换。（　　）

（2）画布大小指的是图像的完全可编辑区域。（　　）

（3）位图也叫栅格图像。（　　）

2. 选择题

（1）按下（　　）键，将关闭当前文件。

A. Ctrl + W　　B. Ctrl + S　　C. Ctrl + N　　D. Ctrl + P

（2）辅助工具包括（　　）工具和注释工具等。

A. 标尺　　B. 参考线　　C. 网格　　D. 包含以上 3 种

（3）分辨率的单位为（　　）。

A. JPG　　B. GIF　　C. dpi　　D. TIF

项目实训

利用 Photoshop CS6 将图 1－7－1 所示的图像素材进行简单的合成，完成效果如图 1－7－2 所示。

图 1－7－1　图像素材

图 1－7－2　合成后效果

任务实施

（1）在 Photoshop CS6 中打开素材文件“蓝天.jpg”。

（2）再次打开素材文件“葵花.psd”，然后将图像拖到“蓝天.jpg”文件中，调整好位置，效果如图1-7-3所示，图层面板如图1-7-4所示。

图1-7-3 生成“图层1”效果

图1-7-4 图层面板

（3）在图层面板上，选择“图层1”，拖到图层面板下方的【创建新图层】按钮上，将“图层1”进行复制，生成“图层1副本”，调整“图层1”图像的位置，效果如图1-7-5所示，图层面板如图1-7-6所示。

图1-7-5 复制“图层1”效果

图1-7-6 图层面板

（4）在图层面板上，选择“图层1”，设置不透明度为60%，效果如图1-7-7所示，图层面板如图1-7-8所示。

图1-7-7 调整图层透明度效果

图1-7-8 图层面板

（5）在图层面板中选择“图层 1”，再按住 Ctrl 键，单击“背景”“图层 1 副本”，将所有图层全部选取。然后选择【图层】→【合并图层】，或者直接按 Ctrl + E 快捷键，合并所有图层，合并后图层面板如图 1－7－9 所示。

（6）执行菜单【文件】→【保存】命令，将最终效果保存为“1－2 效果 . psd”文件。

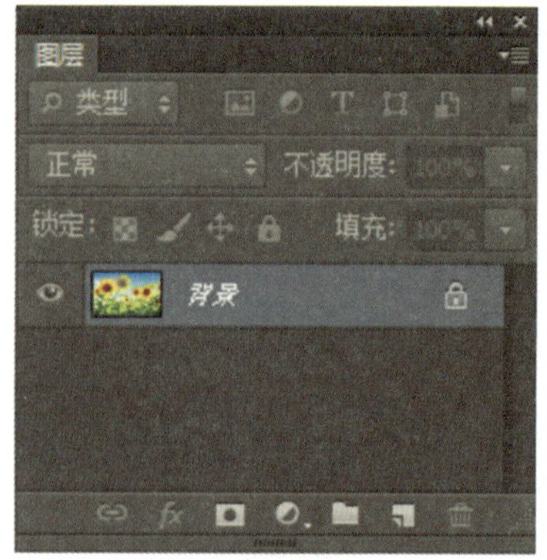

图 1－7－9　图层面板

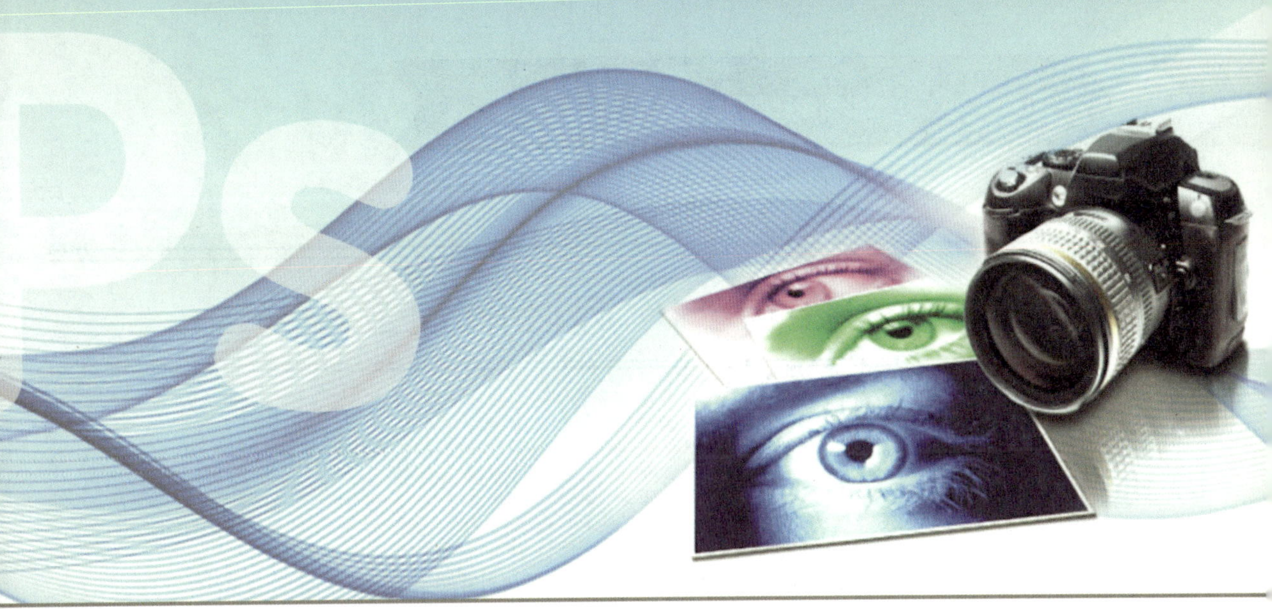

项目 2

编辑选区

项目介绍

如果要在 Photoshop 中处理图像的局部效果，就需要为图像指定一个有效的编辑区域，这个区域就是选区。通过选择特定区域，可以对该区域进行编辑并保持未选定区域不会被改动。另外，使用选区可以将对象从一张图像中分离出来。

本项目主要介绍选区的建立、选区的基本操作、选区的编辑、选区的应用等内容。其中重点是选区的建立、选区的编辑。难点是选区的应用。读者通过学习，可以熟练绘制规则与不规则的选区，并对选区进行移动、反选、羽化等调整操作。

培养目标

- 了解选区的建立，熟悉选框工具、套索工具。
- 掌握移动或反选选区，掌握增加或减少选区。
- 掌握变换选区。
- 熟练掌握选区的应用。

任务一　选区的建立

任务分析

在处理图像的过程中，首先我们需要学会如何选取图像。本节介绍工具箱中常用选取工具的使用方法。在 Photoshop 中，对图像的选取可以通过多种方法进行。通过不同的选取工具来选取不同的图像。选框工具有矩形选框工具、椭圆选框工具、单行选框工具和单列选框工具 4 种。

相关知识

如果要在 Photoshop 中处理图像的局部效果，就需要为图像指定一个有效的编辑区域，这个区域就是选区。在处理图像的过程中，首先我们需要学会如何选取图像。

对于形状比较规则的图案（比如圆形、椭圆形、正方形、长方形），就可以使用最简单的【矩形选框】工具 或【椭圆选框】工具进行选择。

对于转折处比较强烈的图案，可以使用【多边形套索】工具来进行选择。

对于背景颜色比较单一的图像，可以使用【魔棒】工具进行选择。

1. 选框工具

在 Photoshop 中，对图像的选取可以通过多种方法进行。通过不同的选取工具来选取不同的图像。选框工具包括 4 种：【矩形选框】工具、【椭圆选框】工具、【单行选框】工具和【单列选框】工具。

(1)【矩形选框】工具。【矩形选框】工具主要用于选择矩形的图像，是 Photoshop 中比较常用的工具。仅限于选择规则的矩形，不能选取其他形状。【矩形选框】工具选项栏包括选区的加减、羽化、消除锯齿、样式、宽度、高度和调整边缘等，如图 2－1－1 所示。

图 2－1－1　【矩形选框】工具选项栏

1）选区的加减：将在任务二中详细介绍。

2）羽化：羽化可以柔化选择区域的正常硬边界，使区域边界产生一个过渡段。如图 2－1－2、图 2－1－3 所示。

3）样式：用来规定拉出矩形选框的形状。样式下拉列表中有 3 个选项，分别是：

A. 正常：默认的选择方式，是最常用的。可以用鼠标拉出任意矩形。

B. 固定比例：在这种方式下可以任意设置矩形的宽高比。只需在框中输入相应的数字。

C. 固定大小：在这种方式下可以通过输入宽高的数值来精确地确定矩形的大小。

图2－1－2　羽化值为20

图2－1－3　羽化值为100

单击按钮 调整边缘... ，弹出【调整边缘】对话框，可以通过调整【半径】【对比度】【平滑】【羽化】和【收缩/扩展】参数对选框进行调整，在对话框下方有参数调整效果示例。

另外还有菜单栏【选择】→【修改】命令：单击【修改】命令，可以通过调整【边界】【平滑】【扩展】【收缩】和【羽化】等命令参数对选框进行调整，在对话框下方有参数调整效果示例。

（2）【椭圆选框】工具 。用于选择圆形的图像，能选取圆或者椭圆。

【椭圆选框】工具选项栏包括选区的加减、羽化、消除锯齿、样式、宽度、高度和调整边缘等，如图2－1－4所示。

图2－1－4　【椭圆选框】工具选项栏

【椭圆选框】工具与【矩形选框】工具的选项栏基本一致。这里主要介绍它们之间的不同之处——【消除锯齿】设置。

【消除锯齿】是除了【矩形选框】工具和【快速选择】工具外，其余的选择工具（椭圆选框工具、单行和单列选框工具、套索工具和魔棒工具）的工具选项栏中共有的选项。在Photoshop中创建圆形或者多边形等不规则选区时会出现锯齿，选择此选项后，可以平滑选项的边缘。如图2－1－5、图2－1－6所示。

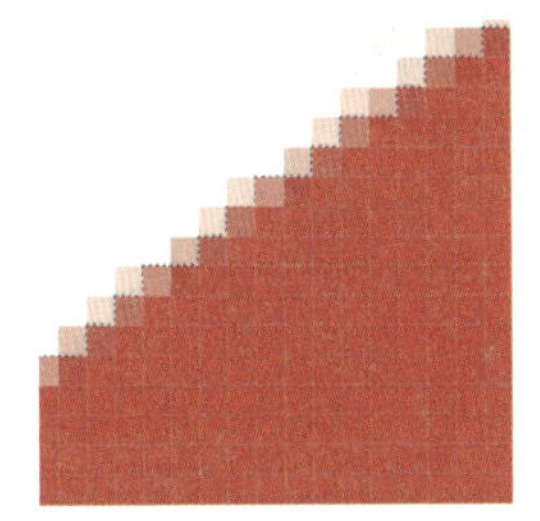

图2－1－5　选择消除锯齿

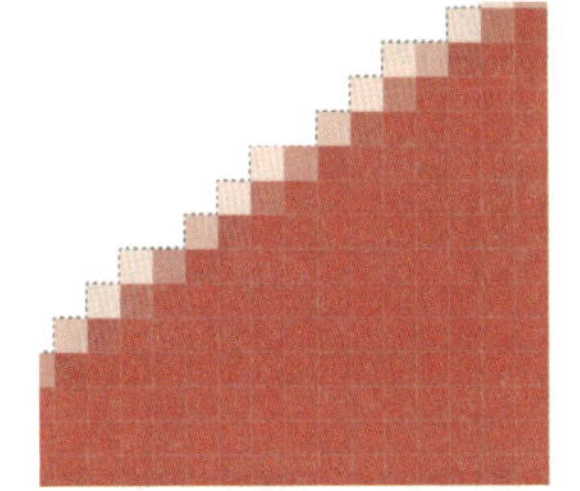

图2－1－6　没有选择消除锯齿

2. 【套索】工具

使用【套索】工具可以自由地创建选区，它包含3种工具：【通用套索】工具、【多边形套索】工具和【磁性套索】工具。【通用套索】工具可以非常自由地绘制出形状不规则的选区。【多边形套索】工具适合于创建一些转角比较强烈的选区。【磁性套索】工具可以自动识别对象的边界，特别适合于快速选择与背景对比强烈且边缘复杂的对象。

（1）【通用套索】工具 。套索工具选项栏包括选区的加减、羽化、消除锯齿和调整边缘选项。用法与选框工具相同，就不再详细介绍了。如图 2－1－7 所示。

图 2－1－7　【套索】工具选项栏

（2）【多边形套索】工具 。可绘制选框的直线边框，适合选择多边形选区。

【多边形套索】工具选项栏与套索工具完全相同，这里就不再介绍了。如图 2－1－8 所示。

图 2－1－8　【多边形套索】工具选项栏

（3）【磁性套索】工具 。【磁性套索】工具可以智能地自动选取，特别适用于快速选择与背景对比强烈而且边缘复杂的对象。

【磁性套索】工具选项栏与套索工具不同，增加了宽度、对比度、频率、使用绘图板压力以更改钢笔宽度和调整边缘选项。如图 2－1－9 所示。

图 2－1－9　【磁性套索】工具选项栏

1）宽度：设置磁性套索工具在选取时的探查距离。可输入 1～40 之间的数值，数值越大探查的范围就越大。

2）对比度：设置磁性套索工具的敏感度。可输入 1～100% 之间的数值，大数值用来探查对比较强的边缘，小数值用来探查对比较弱的边缘。

3）频率：设置磁性套索工具连接点的连接速率。可输入 1～100 之间的数值，数值越大，选区边缘固定越快。

3. 【魔棒】工具

【魔棒】工具可以选择颜色一致或颜色相近的区域。不必跟踪其轮廓，特别适用于选择颜色相近的区域。它包括 2 种工具：【魔棒】工具和【快速选择】工具。

（1）【魔棒】工具 。【魔棒】工具选项栏主要有容差、消除锯齿、连续、对所有图层取样和调整边缘等选项。如图 2－1－10 所示。

图 2－1－10　【魔棒】工具选项栏

1）容差：用来设置选定像素的相似点差异，它决定了魔棒工具可选取的颜色范围。其数值越小，选取的颜色范围越近；数值越高，选取的颜色范围越大，显示效果如图 2－1－11、图 2－1－12 所示。

图 2－1－11　容差为 20 的效果

图 2－1－12　容差为 50 的效果

2）消除锯齿：其使用方法与椭圆选框工具相同，这里就不再详细介绍了。

3）连续：用于选择相邻的区域。此项只能选择具有相同颜色的相邻区域。取消选择此项，则可使具有相同颜色的所有区域图像都被选中，操作效果如图2-1-13所示。

图2-1-13　【连续】选项

4）对所有图层取样：选择此选项时，将使用所有可见图层中的数据选择颜色；取消选择此选项时，魔棒工具将只从当前图层中选择颜色。

5）调整边缘：此选项与矩形选框工具的使用相同。

提示：不能在位图模式的图像中使用【魔棒】工具。

（2）【快速选择】工具 。有了快速选择工具就可以更加方便快捷地进行选取操作了。

4.【色彩范围】菜单项

【魔棒】工具、【快速选择】工具、【磁性套索】工具和【色彩范围】命令都可以基于色调之间的差异来创建选区。如果需要选择的对象与背景之间的色调差异比较明显，就可以使用这些工具和命令来进行选择。

使用【色彩范围】命令可以对图像中的现有选区或整个图像内需要的颜色或颜色子集进行选择。使用【色彩范围】命令选取不但可以一边预览一边调整，还可以随心所欲地调整选取范围。下面介绍具体的操作方法。

（1）执行【选择】→【色彩范围】命令，弹出【色彩范围】对话框，如图2-1-14所示。

（2）在【色彩范围】对话框中有一个【选区预览】框，用来显示图像当前选取范围效果。该框下面的两个单选按钮用来显示不同的预览方式。选择【选择范围】选项时，则在预览框中只显示出被选取的范围，选择【图像】单选按钮选项，则在预览框中显示整个图像。

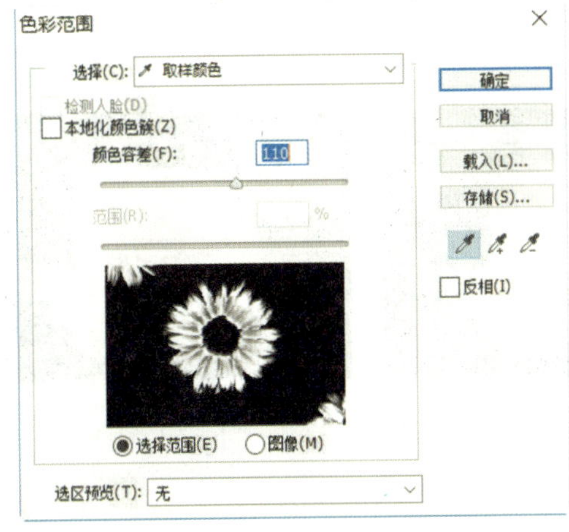

图2-1-14　【色彩范围】对话框

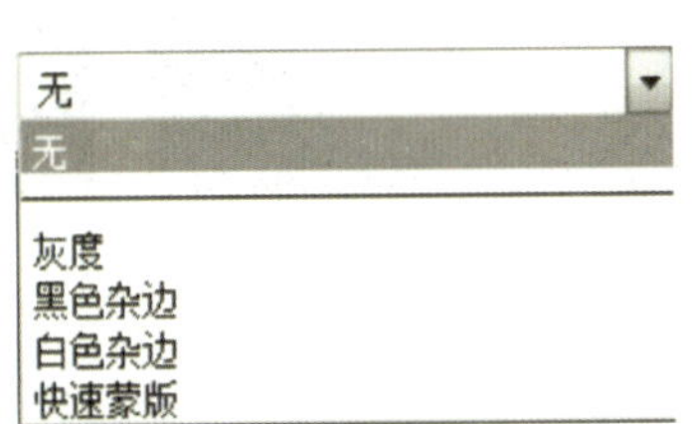

图2-1-15　【选区预览】下拉列表框

（3）在【选择】下拉列表框中选择一种选取颜色范围的方式。默认设置下选择【取样颜色】，选取时可以用吸管来吸取颜色确定选取范围，方法是移动鼠标光标到图像窗口或在对话框中的【选区预览】框中单击，即可把与当前单击处相同的颜色选取出来。同时，还可以调整【颜色容差】滑块进行选取，数值越大，包含的近似颜色越多，选取的范围越大。

（4）如果上面的操作还没有将选取范围选择出来，可以使用对话框右侧的【添加到取样】按钮和【从取样中减去】按钮进行选取，选择【添加到取样】按钮在图像中单击，可添加选取范围；而选择【从取样中减去】按钮在图像中单击，则会减少选取范围。

（5）打开【选区预览】下拉列表框，从中选取一种选取范围在图像窗口中显示的方式，如图 2－1－15 所示。

1）【无】：在图像窗口中不显示预览。

2）【灰度】：表示在图像窗口中以灰色调显示未被选取的区域。

3）【黑色杂边】：表示在图像窗口中以黑色调显示未被选取的区域。

4）【白色杂边】：表示在图像窗口中以白色调显示未被选取的区域。

5）【快速蒙版】：表示在图像窗口中以默认的蒙版颜色显示未被选取的区域。

（6）设置完毕后，单击 确定 按钮。

提示：选中【反向】可以在选取范围与非选取范围之间互换，与【选择】→【反向】命令相同。

任务实施

1. 【矩形选框】工具使用

（1）打开“月季.jpg”文件。选择工具箱中的【矩形选框】工具。

（2）从选区的左上角到右下角拖动鼠标创建矩形选区，如图 2－1－16 所示。

（3）按住 Ctrl 键拖动鼠标可移动选区，如图 2－1－17 所示。

（4）按下 Ctrl ＋ Alt 快捷键拖动鼠标则可复制选区，最终效果如图 2－1－18 所示。

提示：在创建选区的过程中，按住空格键拖动选区可使其位置改变，松开空格键则继续创建选区。

图 2－1－16 创建矩形选区

图 2－1－17 移动选区

图 2－1－18 复制选区

2. 【椭圆选框】工具使用

（1）打开“光盘.jpg”文件，如图 2－1－19 所示。

（2）选择工具箱中的【椭圆选框】工具。在画面中光盘的中心处按下 Shift + Alt 快捷键拖动鼠标创建一个正圆选区，如图2-1-20所示。

图2-1-19 光盘

图2-1-20 创建光盘选区

提示：在系统默认的状态下，【消除锯齿】选项自动处于开启状态。

3.【套索】工具使用

（1）【套索】工具。【套索】工具可以非常自由地绘制出形状不规则的选区。

1）打开“蝴蝶.jpg”文件。选择工具箱中的【套索】工具。

2）单击图像上的任意一点作为起点，按住鼠标拖移出需要选择的区域，到达合适的位置后松开鼠标，选区将自动闭合，如图2-1-21所示。

（2）【多边形套索】工具。【多边形套索】工具适合于创建一些转角比较强烈的选区。下面结合实例介绍利用【多边形套索】工具创建选区。

1）打开“魔方.jpg”文件，如图2-1-22所示。

2）选择工具箱中的【多边形套索】工具。单击图像上的一点作为起点，松开鼠标，根据图像的外轮廓再选择另外一点，然后单击确定这一点，重复选择其他的点，最后汇合到起点或者双击鼠标就可以自动闭合选区，效果如图2-1-23所示。

提示：按下 Delete 键，可以清除最近所画的线段，直到剩下想要留取的部分，松开 Delete 键即可。

图2-1-21 创建选区

图2-1-22 魔方

图2-1-23 创建选区

（3）【磁性套索】工具使用。【磁性套索】工具可以自动识别对象的边界，特别适合快速选择与背景对比强烈且边缘复杂的对象，下面结合实例介绍利用【磁性套索】工具创建选区。

1）打开“柿子.jpg”文件，如图2-1-24所示。

2）选择工具箱中的【磁性套索】工具。在图像上单击以确定第一个紧固点，将鼠标指针沿着要选择图像的边缘慢慢地移动，选取的点会自动吸附到色彩差异的边沿。拖拽鼠标使线条移动至起点，鼠标指针会变为形状，单击闭合选框，如图 2－1－25 所示。

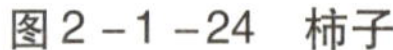

图 2－1－24　柿子

图 2－1－25　完成选区

提示：如果想取消使用【磁性套索】工具，可按Esc键返回。

4. 【魔棒】工具使用

【魔棒】工具不需要描绘出对象的边缘，就能选取颜色一致的区域，在实际工作中使用频率相当高。

下面结合实例介绍利用魔棒工具抠出光盘。

（1）打开“光盘．jpg”文件。

（2）选择工具箱中的【魔棒】工具。然后在选项栏中设置容差为 10，并勾选【连续】选项。

（3）用【魔棒】工具在图像上背景的任意一个位置单击，即可选择与单击点颜色相近的颜色，在按住Shift键的同时单击中心位置，可选择整个背景，如图 2－1－26 所示。

（4）按Shift＋Ctrl＋I快捷键反向选取，选中光盘，然后按Ctrl＋J快捷键将光盘复制到“图层 1”中，接着隐藏“背景”图层，效果如图 2－1－27 所示。

图 2－1－26　利用【魔棒】工具选取背景

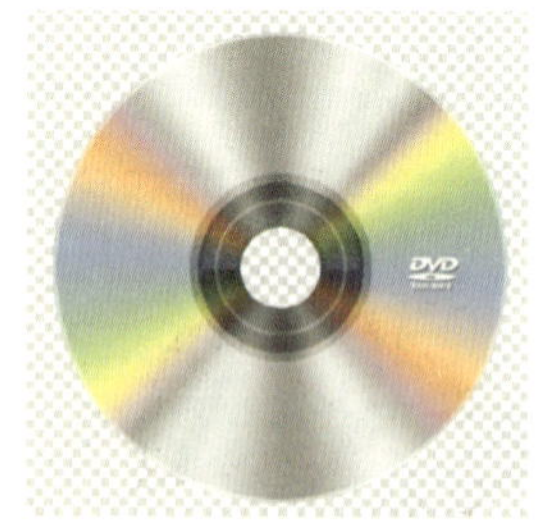

图 2－1－27　利用【魔棒】工具抠出的光盘

5. 【快速选择】工具

有了【快速选择】工具就可以更加方便快捷地进行选取操作了。下面结合实例介绍快速选择工具创建选区的方法。

（1）打开“蝴蝶．jpg”文件。

（2）选择工具箱中的【快速选择】工具。设置合适的画笔大小，具体参数如图 2－1－28所示。在图像中单击背景上想要选取的颜色，即可选取相近颜色的区域，如果需要继续加选，单击按钮后继续单击或者双击进行选取。如图2-1-29所示，可先选取整个背景。

（3）按Shift + Ctrl + I快捷键反向选取，选中蝴蝶，然后按Ctrl + J快捷键将光盘复制到“图层1”中，接着隐藏“背景”图层，效果如图2-1-30所示。

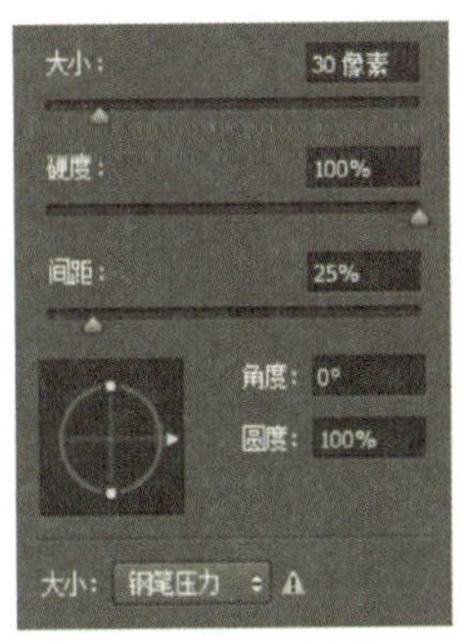

图2-1-28　画笔参数设置

图2-1-29　进行选取

图2-1-30　隐藏“背景”图层后效果

6. 用【色彩范围】抠除天空背景

（1）打开“气球.jpg”文件。执行【选择】→【色彩范围】命令。

（2）弹出【色彩范围】对话框，从中选择【图像】→【选择范围】单选按钮，单击图像或预览区选取想要的颜色，然后单击 确定 按钮即可，如图2-1-31所示。这样在图像中就建立了与选择的色彩相近的图像选区，如图2-1-32所示。

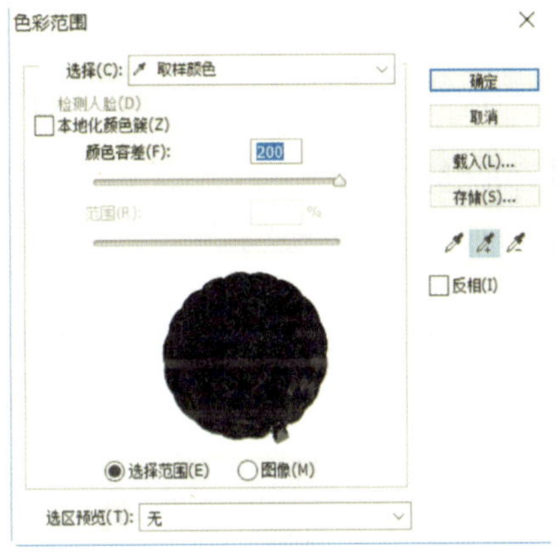

图2-1-31　【色彩范围】对话框

（3）按Shift + Ctrl + I快捷键反向选取，选中气球，然后按Ctrl + J快捷键将光盘复制到“图层1”中，接着隐藏“背景”图层，如图2-1-33所示。

图2-1-32　建立选区

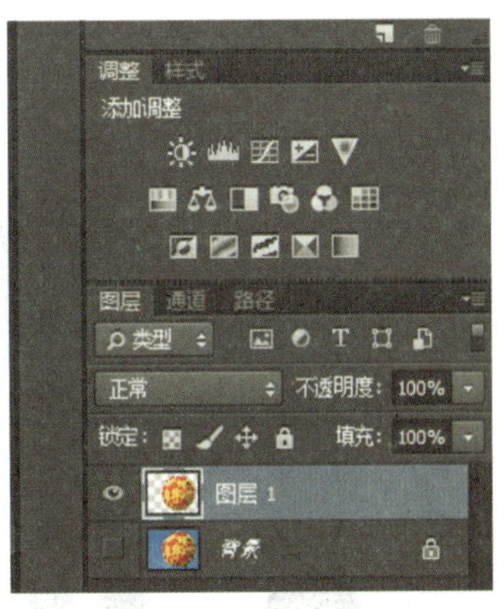

图2-1-33　隐藏“背景”图层

任务二　选区的基本操作

任务分析

当创建了一个选区后，可能会因为它的位置大小不合适而需要进行移动和改变，也可能需要增加或减少选区及对选区进行变换等操作。

相关知识

选区的基本操作包括隐藏或显示选区、移动或反向选择选区、增加或减少选区、变换选区等。

任务实施

1. 隐藏或显示选区

执行【视图】→【显示】→【选区边缘】命令，可以隐藏或者显示选区，也可以按下 Ctrl + H 快捷键来操作。隐藏选区时，图像中将看不到闪动的选区边界，但选区仍然存在。

打开“大象.jpg”文件，用【选框】工具 在大象身上建立一个矩形选区，如图2－2－1所示。

执行【视图】→【显示】→【选区边缘】命令，如图2－2－2 所示。也可以按下 Ctrl + H 快捷键，选区被隐藏，再按 Ctrl + H 快捷键，选区又重新显示出来。

图2－2－1　创建选区

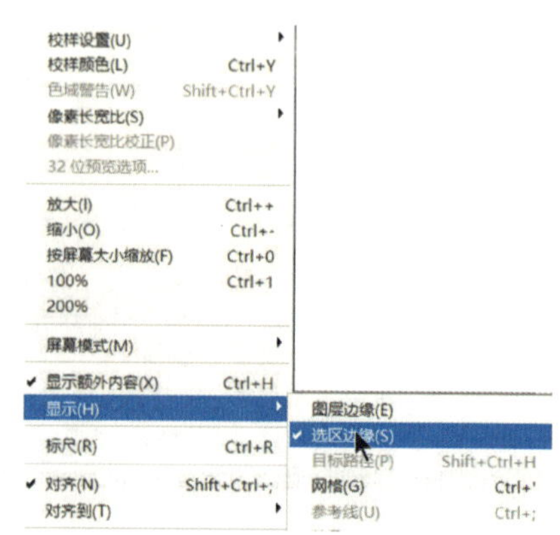

图2－2－2　用菜单隐藏选区

2. 移动或反向选择选区

在 Photoshop 中，当选区建立后，可以任意移动选区范围而不影响图像的任何内容。

（1）移动选区。要想调整选区的位置，可以对选区进行移动。下面结合实例介绍如何移动选区。

1）打开“红心.jpg”文件，选择【魔棒】工具 在图像中创建选区，如图2－2－3所示。

2）将鼠标光标移动到选区内，按住鼠标拖动即可移动到指定的选区位置，如图2－2－4所示。

提示：能够移动选区一般要满足两个条件，一是可以创建选区的工具，如选框工具组、套索工具组、魔棒工具组；二是“新选区”的属性模式。

图2－2－3 创建选区　　图2－2－4 移动选区

（2）反向选择选区。执行【选择】→【反向】命令，可以选择图像中除选中区域以外的所有区域。下面结合实例介绍如何进行反向选择选区。

1）打开“蝴蝶.jpg”文件。使用【魔棒】工具 选择背景，如图2－2－5所示。

2）执行【选择】→【反向】命令，反向选择选区选中图像（也可用 Shift ＋ Ctrl ＋ I 快捷键），如图2－2－6所示。

图2－2－5 选择背景

图2－2－6 选中图像

3. 增加或减少选区

选框工具还可以增加或减少图像中的选区，下面结合实例介绍如何增加或减少选区。

（1）打开“月季.jpg”文件，选择【矩形选框】工具 ，单击选项栏上的【新选区】 按钮，在需要选择的图像上拖拽鼠标创建矩形选区，如图2－2－7所示。

（2）单击选项栏上的【添加到选区】 按钮，或在已有选区的基础上，按住 Shift 键，再次在需要选择的图像上拖拽鼠标可添加矩形选区，如图 2 –2 –8 所示。

（3）单击选项栏上的【从选区减去】按钮，或在已有选区的基础上按住 Alt 键，在需要选择的图像上拖拽鼠标可减去选区，如图 2 –2 –9 所示。

图 2 –2 –7　创建矩形选区

图 2 –2 –8　增加选区

图 2 –2 –9　减少选区

4. 变换选区

要想调整图像中的选区，可以使用变换选区命令对选区的范围进行变换。仅仅改变选区的形状，不会改变图像内容。

（1）打开“五星 .jpg”文件，选择【魔棒】工具，选取五星，如图 2 –2 –10 所示。

（2）执行【选择】→【变换选区】菜单命令，或者在选区内右键单击，从弹出快捷菜单中执行【变换选区】命令，或按下 Alt + S + T 快捷键，如图 2 –2 –11 所示。

（3）对选区进行旋转，然后进行缩小（按 Shift 键的同时，调整控制点），最终效果如图 2 –2 –12 所示。

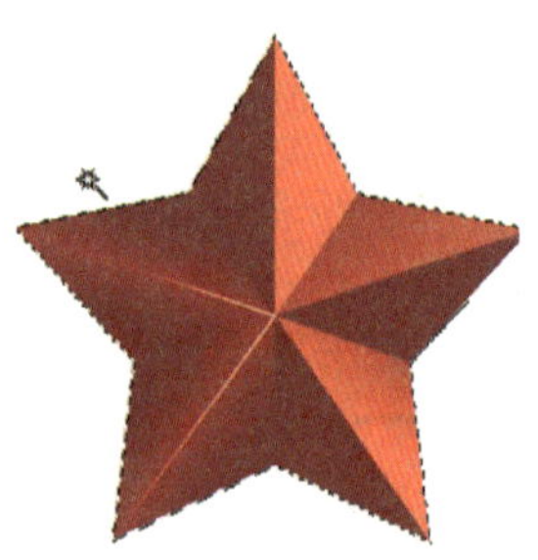

图 2 –2 –10　创建选区

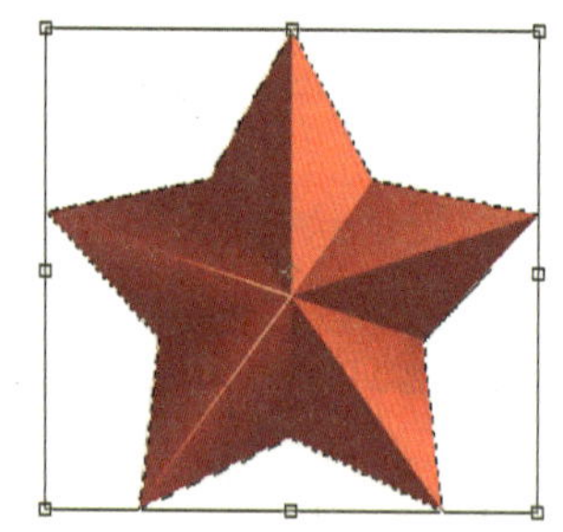

图 2 –2 –11　选择变换选区

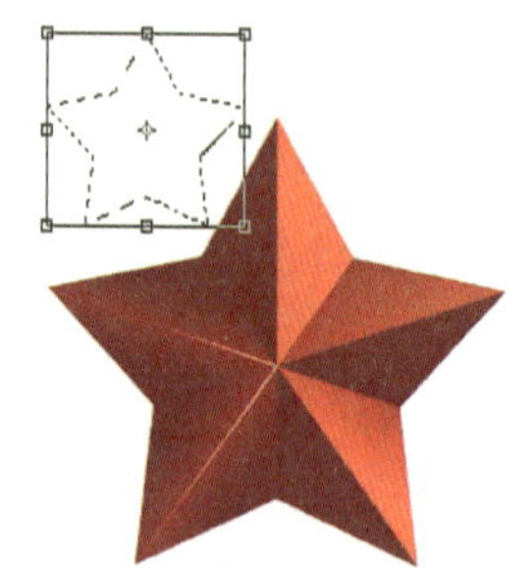

图 2 –2 –12　调整后的选区

任务三　选区的编辑

任务分析

创建了选区后，有时需要对选区进行深入编辑，才能使选区符合要求。用【选择】→【修改】下拉菜单中的命令可以对当前的选区进行扩展、收缩等编辑操作。

相关知识

如果要在 Photoshop 中处理图像的局部效果，就需要为图像指定一个有效的编辑区域，这个区域就是选区。在处理图像的过程中，首先我们需要学会如何选取图像。

对选区的编辑包括扩展或收缩选区、存储选区、羽化选区和载入选区。

任务实施

将选区扩展或收缩，往往能实现许多特殊效果，同时也能对未完全准确选取的范围进行修改。

1. 扩展选区

使用【扩展】命令可以对已有的选区进行扩展。下面结合实例介绍如何扩展选区。

（1）打开“光盘.jpg”文件。选择【魔棒】工具，单击黑色背景，在图中建立一个选区，然后执行【选择】→【反向】命令，如图 2-3-1 所示。

（2）执行【选择】→【修改】→【扩展】命令，弹出【扩展选区】对话框。在【扩展量】文本框中输入 10 像素，单击 确定 按钮，即可看到图像的边缘得到了扩展，如图 2-3-2 所示。

图 2-3-1　创建光盘选区

图 2-3-2　选区的边缘扩展

2. 收缩选区

使用【收缩】命令可以使选区收缩。下面结合实例介绍如何收缩选区。

（1）第 1 个步骤与扩展选区中的步骤相同。

（2）执行【选择】→【修改】→【收缩】命令，弹出【收缩选区】对话框。在【收缩量】文本框中填入 10 像素，单击 确定 按钮，即可看到图像恢复到开始时的平滑状态，如图 2-3-3 所示。

图 2-3-3　选区的边缘收缩

3. 羽化

羽化是通过建立选区和选区像素之间的转换边界来模糊边缘的，这种模糊将丢失选区边缘的一些细节。在使用选框工具、套索工具、多边形套索或磁性套索工具时，可以在工具选项栏中定义羽化。选择羽化命令，可以通过羽化使硬边缘变得平滑，其具体操作如下。

（1）打开“蝴蝶.jpg”文件。使用【魔棒】工具选择背景，再选择【选择】→【反向】命令，反向选择选区选中图像（也可用 Shift + Ctrl + I 快捷键），如图 2-3-4 所示。

（2）执行【选择】→【修改】→【羽化】命令，弹出【羽化选区】对话框。在【羽化半径】文本框中输入数值 100，其范围是 0～255，数值越高，羽化范围越大，单击 确定 按钮。

（3）执行【选择】→【反向】命令，进行反向选择，如图 2-3-5 所示，然后解除对图层的锁定。

（4）执行【编辑】→【清除】菜单命令，清除反向选择的区域，如图 2-3-6 所示。

提示：在移动、剪切、拷贝或填充选区后，羽化的作用效果非常明显。

图 2-3-4 创建选区

图 2-3-5 选择【反向】命令

图 2-3-6 羽化效果

4. 存储和载入选区

（1）存储选区：使用【存储选区】命令可以将制作好的选区进行存储，方便下一次操作。下面结合实例介绍存储选区的具体操作。

1）打开“五星.jpg”文件。用【魔棒】工具选中五星的选区，然后执行【选择】→【变换选区】命令，对五星选区适当缩小，如图 2-3-7 所示。

2）执行【选择】→【存储选区】命令，弹出【存储选区】对话框。在【名称】文本框中输入【小五星】名称，然后单击 确定 按钮，如图 2-3-8 所示。

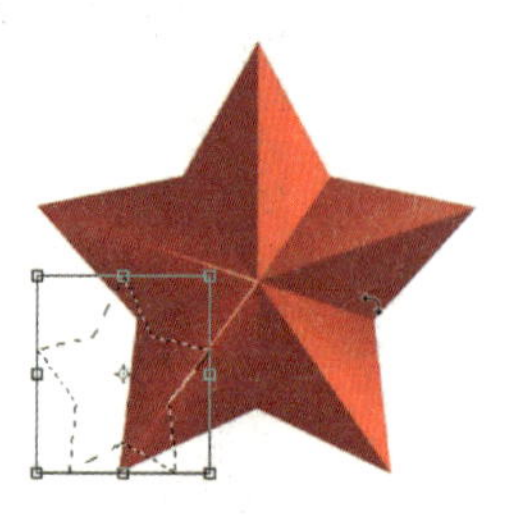

图 2-3-7 创建变换选区

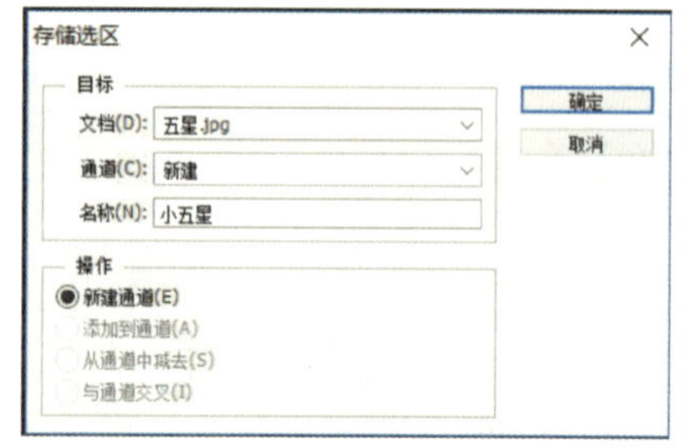

图 2-3-8 【存储选区】对话框

3）此时在【通道】面板中就可以看到新建立的一个名为【小五星】的通道，如图 2-3-9 所示。

如果在【存储选区】对话框中的【文档】下拉列表框中选择【新建】选项，那么就会出现一个新建的【存储文档】通道文件，如图 2-3-10 所示。

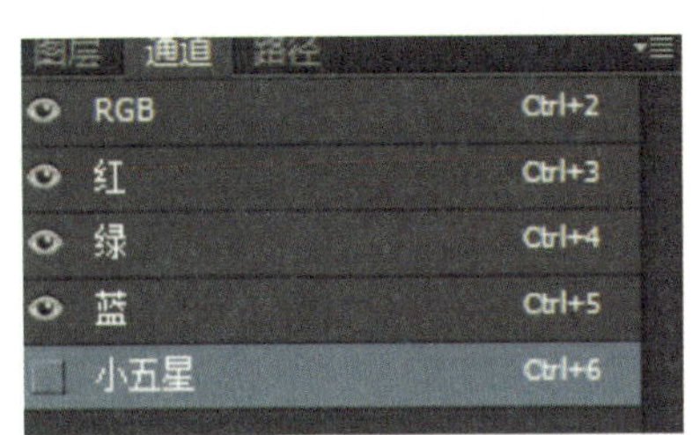

图2－3－9　【通道】面板

图2－3－10　新建通道文件

（2）载入选区。存储好选区以后，就可以根据需要随时载入保存好的选区。下面结合实例介绍载入选区的具体操作。

1）重复上文存储选区的前2个操作步骤。

2）当需要载入存储好的选区时，可以执行【选择】→【载入选区】命令，打开【载入选区】对话框，如图2－3－11所示。

3）此时在【通道】下拉列表框中会出现已经存储好的通道的名称【小五星】，然后单击 确定 按钮即可载入选区，效果如图2－3－12所示。

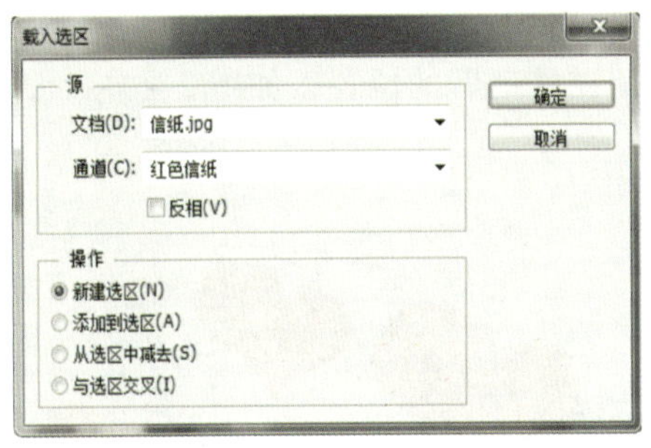

图2－3－11　【载入选区】对话框

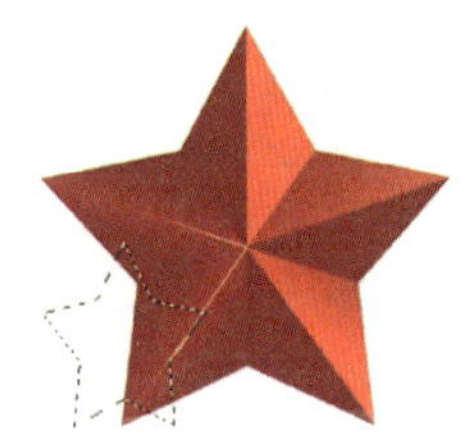

图2－3－12　载入选区后的效果

提示：如果要选择相反的选区，可选择【反相】选项。选择【新建选区】，载入的选区会替换图像中的选区；选择【添加到选区】，可以将载入的选区添加到图像中的现有选区内；选择【从选区中减去】，可以从现有选区中减去载入的选区；【与选区交叉】，可以从与载入的选区和图像中的现有选区交叉的区域中得到一个选区。

任务四　选区的应用

任务分析

创建选区是图像处理的基础，然后可以应用到图像处理中，从而产生预期的效果，本任务是通过对图像的六个方面的应用，熟练运用选区。

相关知识

选区的应用包括移动选区图像，剪切、复制和粘贴选区图像，清除选区图像、将选区图像自定义为图案和选区的填充和描边等操作。

任务实施

1. 移动选区图像

利用工具箱中的【移动】工具，在文件中拖动指定的选区图像，可以将图像移动。下面结合实例介绍如何移动选区图像。

（1）打开“红心.jpg”文件，选择【魔棒】工具，在图中创建选区，如图 2－4－1 所示。

（2）选择工具箱中的【移动】工具，将鼠标光标移动到文件中选区内，单击，同时向左下方拖动。松开鼠标后，选区图像即停留在移动后的位置，如图 2－4－2 所示。

图 2－4－1　创建选区　　图 2－4－2　移动选区图像

2. 剪切、复制和粘贴选区图像

无论选择的选区是规则的还是不规则的，选取后，都可以对其进行编辑，如剪切、复制和粘贴。下面结合实例详细介绍这些方法。

（1）打开“红心.jpg”文件，选择【魔棒】工具，对中间的红心单击，在图中创建选区，如图 2－4－3所示。

图 2－4－3　创建选区

（2）执行【编辑】→【拷贝】命令，或按下 Ctrl + C 快捷键即可拷贝选中的区域，并存入剪贴板中，原选择区域中的图像不做任何修改。如果执行【编辑】→【剪切】命令，或按下 Ctrl + X 快捷键即可将选中区域中的图像剪切掉，如图 2－4－4 所示。

（3）选择所要粘贴图像的文件窗口，可选择刚才用的文件，执行【编辑】→【粘贴】命令，或按下 Ctrl + V 快捷键即可进行粘贴，如图 2－4－5 所示，图像又恢复到原来的情形。

图2－4－4 剪切选区图像　　图2－4－5 粘贴选区图像

3. 清除选区图像

如果要清除选区中的图像，执行【编辑】→【清除】命令，或按下Delete键即可清除。下面结合实例介绍清除选区图像的具体操作。

（1）打开“月季.jpg”文件，选择矩形选框工具，在图中建立矩形选区，如图2－4－6所示。

（2）执行【编辑】→【清除】命令，或按下Delete键即可清除选定区域内的图像，设置背景色为黄色（R：230、G：240、B：35）按下Ctrl＋Delete快捷键填充，如图2－4－7所示。

图2－4－6 创建选区

图2－4－7 清除选区图像

4. 将选区图像自定义为图案

Photoshop中自带有一些可填充的图案，进行选区填充时，读者可以根据需要自定义图案对选区进行填充。下面结合实例介绍将选区填充自定义图案的方法。

（1）打开“红心.jpg”文件，选择矩形选框工具，在图中建立矩形选区，如图2－4－8所示。

（2）执行【编辑】→【定义图案】命令，弹出【图案名称】对话框，如图2－4－9所示。在【名称】文本框中输入【红心】，单击 确定 按钮。

（3）执行【文件】→【新建】命令，弹出【新建】对话框，各项设置如图2－4－10所示，单击 确定 按钮。

图2－4－8 创建选区

图 2－4－9　【图案名称】对话框

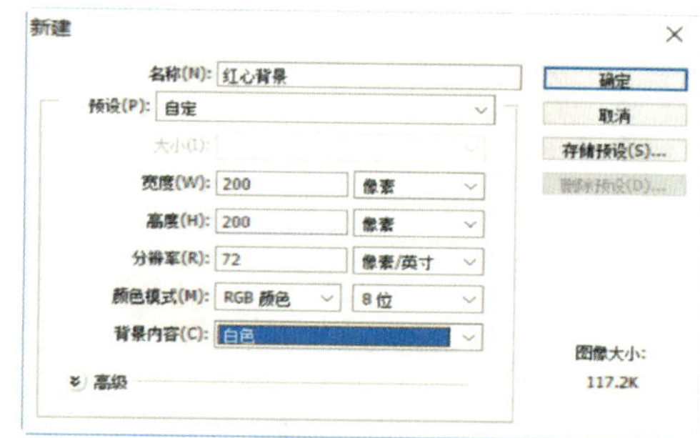

图 2－4－10　【新建】对话框

（4）执行【编辑】→【填充】命令，弹出【填充】对话框，在【使用】下拉列表中选择【图案选项】，在【自定图案】下拉列表框中找到刚才定义的图案缩略图标，如图 2－4－11所示。单击 确定 按钮，即可把自定义的图案填充到当前图像中，如图 2－4－12所示。

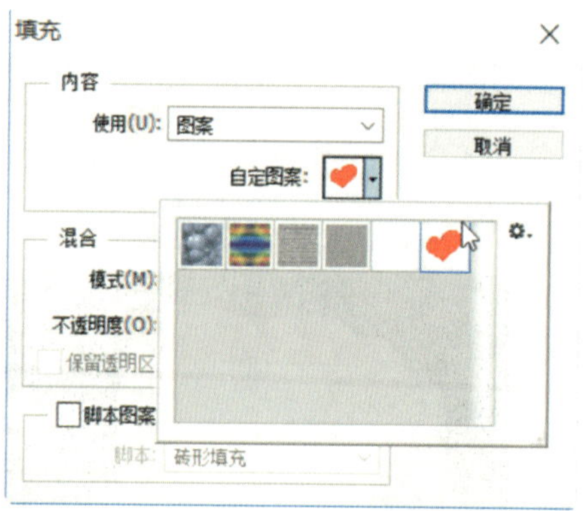

图 2－4－11　选择自定图案

图 2－4－12　填充

提示：只有使用矩形选框工具的选区才可以定义图案，在进行填充时，如果是选择了选区，则图案只对该选区进行填充。

5. 选区的填充和描边

为了绘制出更优效果的图像，还可对图像选区进行不同颜色的填充及用选定的颜色进行笔画式的描边。

（1）选区的填充。给选区填充时，可以填充不同的颜色、图案或不透明度、混合模式等。下面结合实例介绍使用填充命令来给选区填充颜色。

1）打开“红心.jpg”文件，选择【魔棒】工具，单击中间的红心，在图中建立一个选区，如图 2－4－13所示。

图 2－4－13　创建选区

2）将前景色设置为黄色（R：230、G：250、B：6），执行【编辑】→【填充】命令或按下 Shift ＋ F5 快捷键。弹出【填充】对话框，在【使用】下拉列表框中选择【前景色】选项，也可选择其他选项。在【混合】选项组中可以设置不透明度和填充模式，如图 2－4－14所示。单击 确定 按钮，即可为选区填充上颜色，如图 2－4－15 所示。

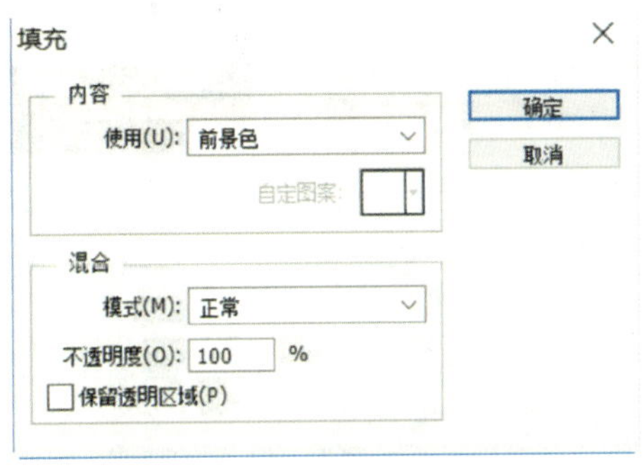

图 2－4－14　【填充】对话框

图 2－4－15　为选区填充上颜色

（2）选区描边。在选定的区域边界线上，用选定的颜色进行笔画式的描边，可以更突出效果。下面结合实例介绍如何使用描边工具为选区描边。

1）打开“红心 . jpg”文件，选择【魔棒】工具，单击中间的红心，在图中建立一个选区，如图 2－4－16 所示。

2）执行【编辑】→【描边】命令，弹出的【描边】对话框中设定描边的宽度、颜色、位置等，各项设置如图 2－4－17 所示。颜色设置为黄色（R：230、G：253、B：10），单击 确定 按钮，即可在选区外边出现前景色为填充颜色的边框，如图 2－4－18 所示。

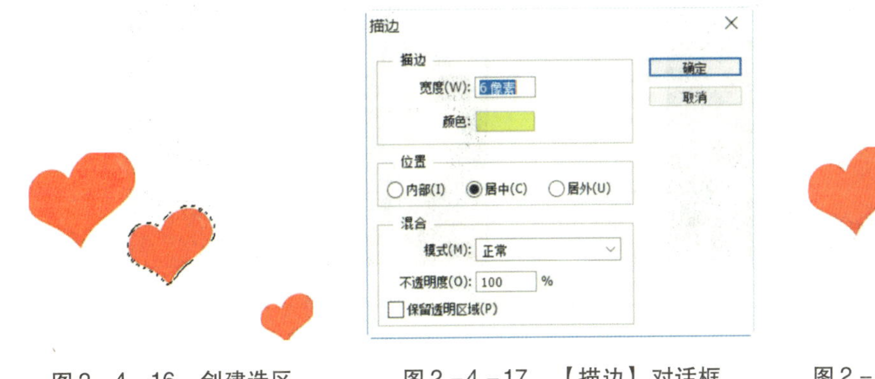

图 2－4－16　创建选区　　图 2－4－17　【描边】对话框

图 2－4－18　为选区描边

任务五　制作甜蜜女孩图像

任务分析

将四个图片素材，如图 2－5－1 所示，最终合成为一个甜蜜女孩图像，效果如图 2－5－2所示。

图 2-5-1　四个图片素材

图 2-5-2　最后效果图

相关知识

需要综合运用选区工具，对选区进行各种操作。

任务实施

创建选区是图像处理的基础，将选区应用到图像处理中，从而产生预期的效果，本任务是通过对图像处理的六个方面的应用，以熟练运用选区。

（1）打开文件“女孩.jpg”和“love.jpg”，然后将“女孩.jpg”拖拽到“love.jpg”的操作界面中，如图 2-5-3 所示。

（2）选择人物所在的图层，单击工具箱中【磁性套索】工具，将人物勾选出来，如图 2-5-4所示。

图 2-5-3　两个图片合成在一起后效果

图 2-5-4　使用【磁性套索】工具将人物选取出来

（3）执行【选择】→【修改】→【羽化】菜单命令或按 Shift + F6 快捷键，在弹出的【羽化选区】对话框中设置【羽化半径】为 5 像素，如图 2-5-5 所示。按 Shift + Ctrl + I 快捷键反向选择选区，按 Detete 键删除图像背景，此时可以观察到人像的边界产生了柔和的过渡效果，如图 2-5-6 所示。

图 2-5-5　【羽化选区】对话框

图 2-5-6　设置【羽化选区】对话框

（4）打开文件“心.jpg”，然后将其拖拽到“love.jpg”操作界面中，接着使用【魔棒】工具选择白色区域，再按 Shift + F6 快捷键打开【羽化选区】对话框，并设置【羽化半径】为5像素，最后按 Delete 键删除白色背景，效果如图2-5-7所示。

（5）将心形放置到左下角，利用自由变换功能将其等比例缩小到如图2-5-8所示的大小。

图2-5-7　删除白色背景后效果

图2-5-8　移动心形到左下角后效果

（6）选择心形所在的图层，执行【图层】→【图层样式】→【投影】菜单命令，在弹出的【图层样式】对话框中单击 确定 按钮，为图像添加一个默认的“投影”效果，效果如图2-5-9所示。

（7）打开文件“红布条.jpg”，然后将其拖拽到“love.jpg”操作界面中，调整位置，最终效果如图2-5-10所示。

图2-5-9　给心形加投影后效果

图2-5-10　最终效果

小结

本项目介绍选区的建立、选区的基本操作、选区的编辑等内容，通过本项目的学习，读者应熟练掌握各种选框工具的使用方法。

思考与练习

1. 判断题（对的打“√”，错的打“×”）

（1）选框工具有 2 种：矩形选框工具、椭圆选框工具。（　　）

（2）利用工具箱中的移动工具 ▶✥，在文件中拖动指定的选区图像，可以将图像移动。（　　）

2. 选择题

（1）如果想取消使用磁性套索工具，可按（　　）键返回。

A. Alt + Delete　　B. Shift + F5　　C. Delete　　D. Esc

（2）（　　）适合选择多边形选区。

A. 多边形套索工具　　B. 铅笔工具

C. 涂抹工具　　D. 历史记录画笔工具

项目实训

（1）制作一个太极八卦图，效果如图 2－8－1 所示。

图 2－8－1　太极八卦图

（2）利用色彩范围为鲜花换色，原图如图 2－8－2 所示，换色后效果如图 2－8－3 所示。

图 2－8－2　鲜花换色

图 2－8－3　换色后效果图

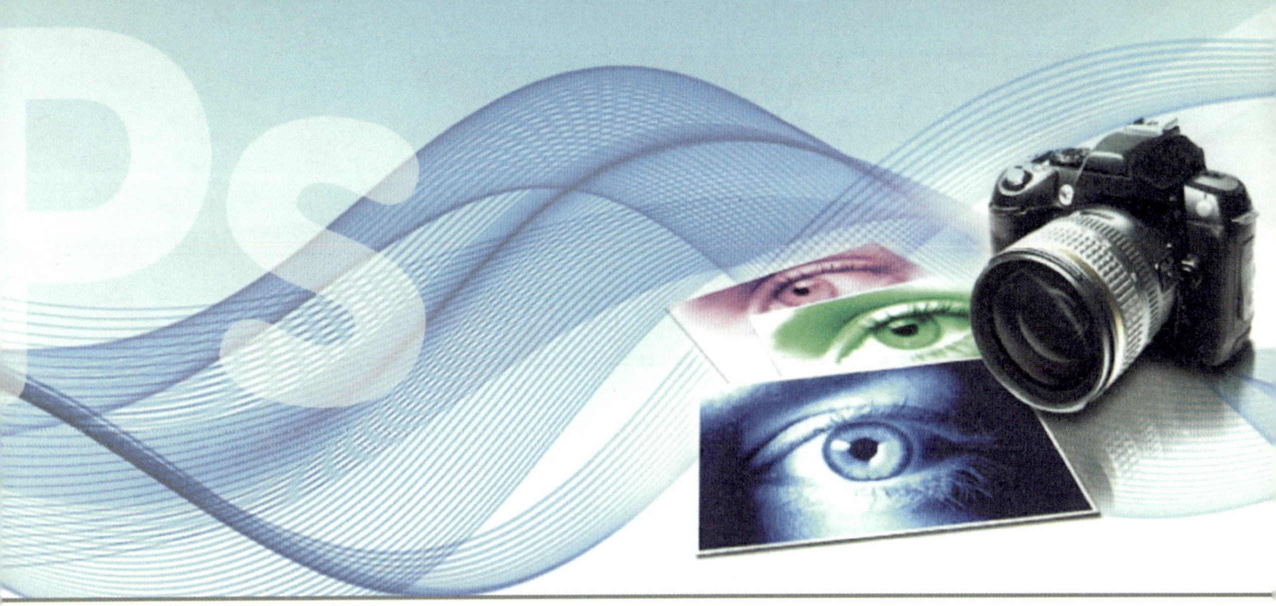

项目 3

图像编辑方法

项目介绍

本项目介绍了图像的基本编辑、自由变换图像的方法、修改图像和画布大小的一些命令，着重介绍了图像编辑方法、图像变换的命令、图像和画布大小修改的命令，其中图像编辑的方法是本项目的难点。通过本项目的学习，读者可以学会图像编辑方法及如何变换图像、修改图像和调整画布的大小，懂得在处理图像时图像编辑方法的重要性，从而更有效地去编辑和处理图像。

培养目标

- 掌握图像的基本编辑方法。
- 掌握图像的自由变换形式。
- 掌握修改图像和画布大小的方法。

任务一　图像的基本编辑

任务分析

在 Photoshop 中处理图像时，常常要对图像进行编辑。图像的基本编辑包括移动、复制、合并拷贝、贴入、删除图像的方法等。

相关知识

1. 移动图像的方法

移动图像分为两种情况：一种是在同一个文档中移动，另外一种是在不同的文档中移动。

2. 复制图像的方法

要在操作过程中随时按照需要复制图像，就必须掌握图像的复制方法。在复制图像前，要选择复制的图像区域，如果不选择图像区域，将不能复制图像。

（1）以实例说明，先打开文件“蝴蝶 . png”。

（2）执行【图像】→【复制】命令，弹出【复制图像】对话框，在【为（A）】文本编辑框中输入复制后的名称，如图 3 –1 –1 所示。如果要复制图像并合并图层，选择【仅复制合并的图层（M）】选项，如果要保留图层，则取消此选项。设置完成后，单击 确定 按钮即可复制当前的图像文件，复制后的图像会出现在一个新的图像窗口中，“蝴蝶拷贝”如图 3 –1 –2 所示。

图 3 –1 –1　【复制图像】对话框

图 3 –1 –2　复制图像文件

3. 【合并拷贝】和【贴入】命令使用

（1）以实例操作说明，打开“鸭子 . png”和“池塘 . jpg”，将鸭子选中，创建选区，如图 3 –1 –3 所示。

（2）执行【编辑】→【拷贝】命令复制选区内的图像后，在“池塘 . jpg”中用矩形选框工具在水面上创建选区，如图 3 –1 –4 所示。

（3）执行【编辑】→【选择性粘贴】→【贴入】命令，可以将图像粘贴到上面所创建的选区内，这时软件会自动创建图层蒙版，如图 3 –1 –5 所示。

图3－1－3　创建选区

图3－1－4　在水面上创建选区

图3－1－5　贴入图和创建图层蒙版

（4）执行【编辑】→【合并拷贝】命令，该命令是针对具有多个图层的文件的复制命令，执行此命令时可以将所有图层复制并合并到剪贴板中，画面中的图像内容不变。

4. 删除图像的方法

删除图像分为删除选区内图像和删除整个图层图像。

（1）删除选区内图像。在【图层】面板中单击选中需要删除图像的目标图层，然后创建选区，如图3－1－6所示。执行【编辑】→【清除】命令，或者按 Delete 键进行删除。如图3－1－7所示。

图3－1－6　选取删除对象

图3－1－7　删除后

（2）删除整个图层图像。可能通过删除图像所在图层来删除整个图层图像。

1）删除图层方法一：执行【图层】→【删除】→【图层】命令可以完成删除图层。

2）删除图层方法二：直接在图层上单击右键，选择【删除图层】就可以了。

3）删除图层方法三：选中要删除的图层，按Delete键删除。

提示：如果画布中有选区存在，那么按Delete键删除的是选区内的图像，而不是整个图层。

4）删除图层方法四：选中图层，如图3－1－8所示，单击【删除图层】按钮，或者直接将图层拖到【删除图层】按钮上面，都可以删除选中的图层。

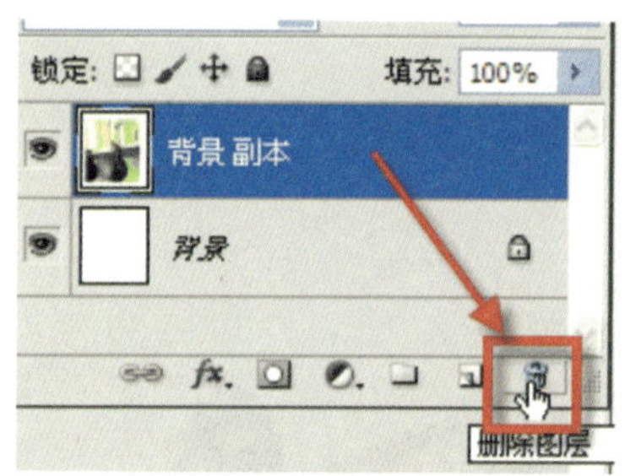

图3－1－8　通过【删除图层】按钮来删除图层

任务实施

完成由两人散步和林间路合成林间路上散步图片。以下操作使用了在不同文件中移动图像的方法和同一文件中移动图像的方法。

（1）打开“散步.png”“林间路.jpg”文件，如图3－1－9、图3－1－10所示。

图3－1－9　打开“散步.png”

图3－1－10　打开“林间路.jpg”

（2）选择【移动】工具，将光标放在散步图像上，单击并拖动鼠标将图像拖动到“林间路.jpg”图像上，松开鼠标，效果如图3－1－11所示。

（3）两个人的大小与位置不合适，下面进行调整。

按Ctrl＋T快捷键调整人物的大小到合适。

在同一文档中移动图像并放到适当位置，操作方法如下：

图3－1－11　将一个文件中的图像移动到另一个文件后的效果

可在【工具箱】选择移动工具，然后在选项栏勾选【自动选择】工具，并在列表中选择【图层】，如图3－1－12所示。

然后将光标放在人物图像上单击左键即可选择相应图层所在的图像，此时拖拽鼠标就可以移动图像，直到一个合适的位置，最后效果如图3－1－13所示。

通过移动工具可以移动图像。上面是在没有创建选区时，移动当前选择的图层图像，如果在图层中创建了选区，也可以通过拖拽来移动选区内的图像。

图3-1-12 移动工具设置

图3-1-13 移动图像调整后的效果

任务二 自由变换图像

任务分析

利用 Photoshop 中的变换功能可以对图像进行缩放、旋转、斜切、伸展或扭曲等处理，也可以向选区、整个图层、多个图层或图层蒙版应用变换，还可以向路径、矢量形状、矢量蒙版或 Alpha 通道应用变换。

相关知识

认识定界框、中心点和控制点，在执行【编辑】→【自由变换】菜单下的命令与执行【编辑】→【变换】菜单命令时，当前对象的周围会出现一个用于变换定界框，定界框的中间有一个中心点，四周还有控制点。在默认情况下，中心点位于变换对象的中心，用于定义对象的变换中心，拖拽中心点可以移动它的位置；控制点主要用来变换图像。如图3-2-1所示。

在【编辑】→【变换】菜单提供了各种变换命令，使用这些命令可以对图层、路径、矢量图形，以及选区中的图像进行变换操作。如图3-2-2所示。

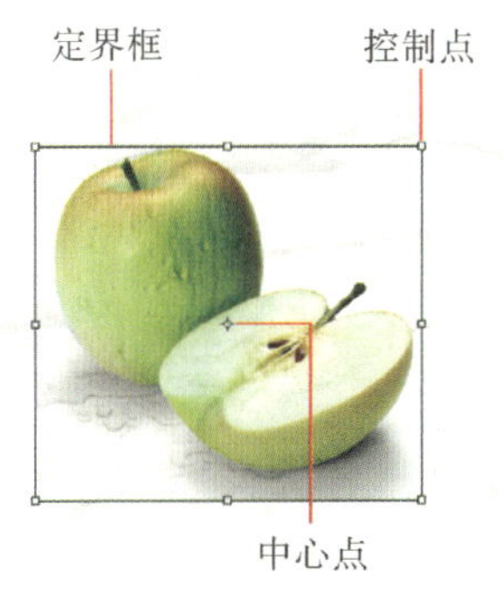

图3-2-1 变换操作中的定界框、控制点和中心点

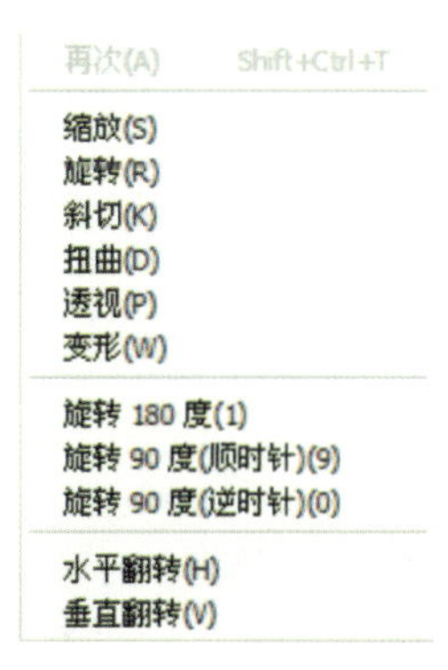

图3-2-2 【变换】菜单

任务实施

1. 图像的变换与扭曲

以实例说明，打开“红心.jpg”文件，将中间的红心选中，效果如图 3-2-3 所示。

执行【编辑】→【变换】命令，可弹出下拉子菜单，如图 3-2-2 所示，利用这个菜单的命令功能可将图像进行变换，或按下 Ctrl + T 快捷键进行自由变换。图像的变换有缩放、旋转、斜切、扭曲、透视、变形、水平翻转、垂直翻转等类型，图 3-2-4 是执行了缩放命令的效果。

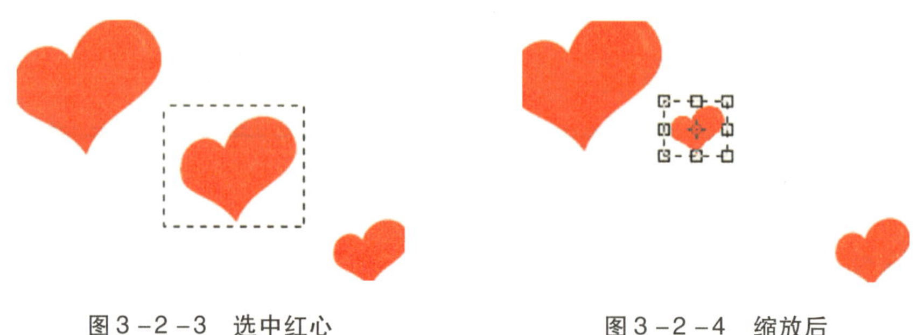

图 3-2-3　选中红心　　　图 3-2-4　缩放后

2. 图像的变形

（1）执行【编辑】→【变换】→【变形】命令即可调出变形网格，同时工具选项栏将变为如图 3-2-5 所示状态。

图 3-2-5　【变形】命令工具选项栏

（2）在调出变形控制框后，可采用 2 种方法对图像进行变形操作。

1）在工具选项栏的变形下拉列表中选择适当的形状选项，如图 3-2-6 所示。

2）直接在图像内部、节点或控制句柄上拖动光标，直至将图像变形为所需的效果，如图 3-2-7 所示。

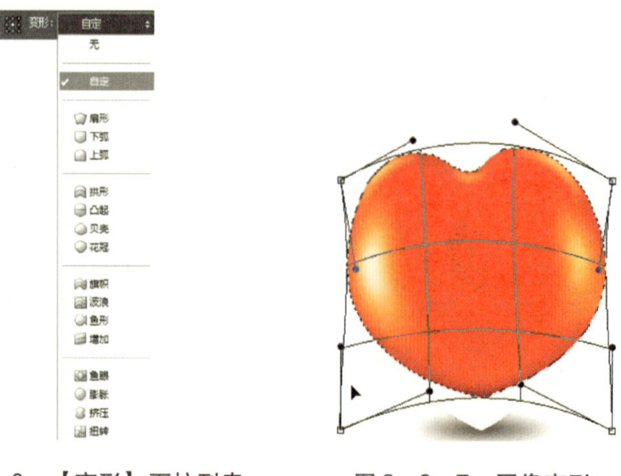

图 3-2-6　【变形】下拉列表　　　图 3-2-7　图像变形

任务三　修改图像和画布大小

任务分析

使用【图像大小】命令可以调整图像的像素大小、打印尺寸和分辨率。使用【画布大小】命令可以增大或减小图像的画布大小。

以制作“飞舞的蝴蝶”为例，使用素材如图3－3－1（a）（b）所示，综合运用所学知识，最终做出的效果如图3－3－1（c）所示，来掌握相关技能。

（a）草原　（b）蝴蝶　（c）效果

图3－3－1　“飞舞的蝴蝶”素材及效果

相关知识

1. 图像大小

【像素大小】选项组下的参数主要用来设置图像的尺寸。修改像素大小后，新文件的大小会出现在对话框的顶部，旧文件大小在括号内显示。图3－3－2所示为【图像大小】对话框。

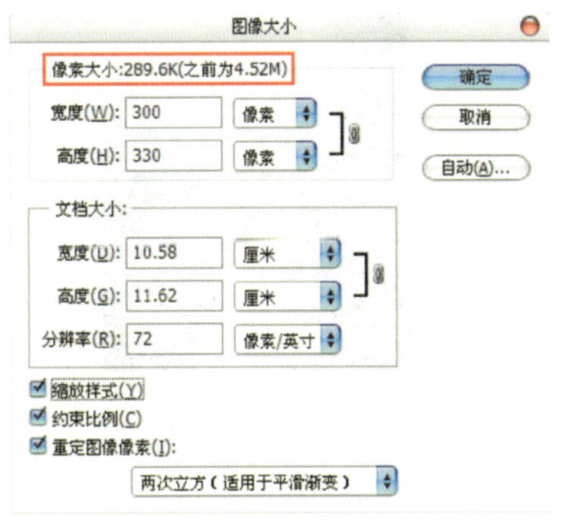

图3－3－2　【图像大小】对话框

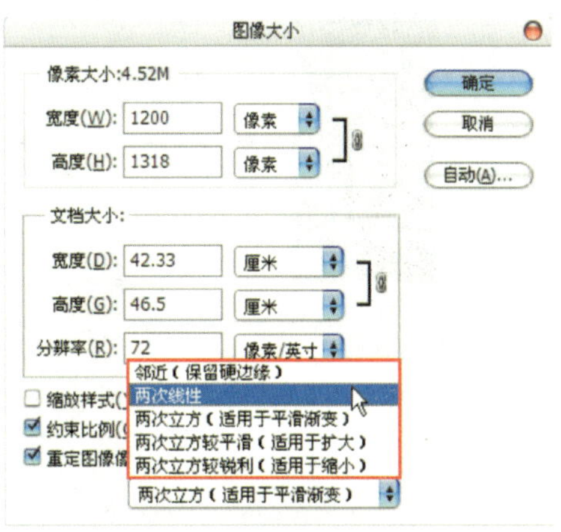

图3－3－3　图像重新取样时插值方法

【文档大小】选项组下的参数主要用来设置图像的打印尺寸。当勾选【重定图像像素】选项时，如果减小图像的大小，就会减少像素数量，此时图像虽然变小了，但是画面质量仍然保持不变；如果增大图像大小或提高分辨率，则会增加新的像素，此时图像尺寸虽然变大了，但是画面的质量会下降。

当关闭【重定图像像素】选项时，即使修改图像的宽度和高度，图像的像素总量也不会发生变化，也就是说，减少宽度和高度时，会自动提高分辨率；当增大宽度和高度时，会自动降低分辨率。

当勾选【约束比例】选项时，可以在修改图像的宽度或高度时，保持宽度和高度的比例不变。在一般情况下都应该勾选该选项。

如果为文档中的图层添加了图层样式，勾选【缩放样式】选项后，可以在调整图像的大小时自动缩放样式效果。只有在勾选了【约束比例】选项时，【缩放样式】才可用。

修改图像的像素大小在 Photoshop 中称为【重新取样】。当减少像素的数量时，就会从图像中删除一些信息；当增加像素的数量或增加像素取样时，则会增加一些新的信息。在【图像大小】对话框最底部的下拉列表中提供了5 种插值方法来确定添加或删除像素的方式，分别是“邻近（保留硬边缘）”“两次线性”“两次立方（适用于平滑渐变）”“两次立方较平滑（适用于扩大）”和“两次立方较锐利（适用于缩小）”。如图 3 –3 –3 所示。

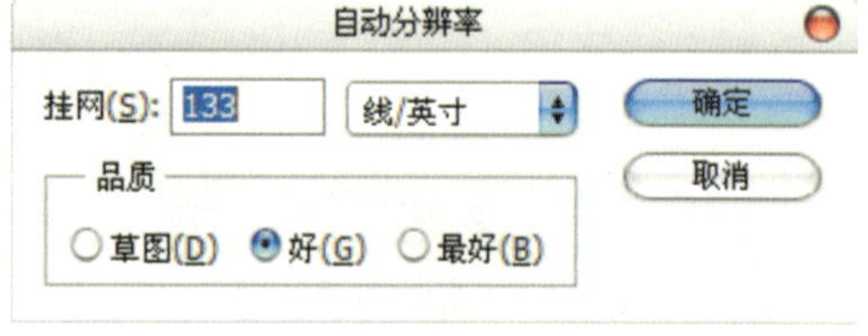

图 3 –3 –4 【自动分辨率】对话框

单击【自动】按钮可以打开【自动分辨率】对话框，如图 3 –3 –4 所示。在该对话框中输入【挂网】的线数以后，Photoshop 可以根据输出设备的网频来确定建议使用的图像分辨率。

2. 修改画布大小

【当前大小】选项组下显示的是文档的实际大小，以及图像的宽度和高度的实际尺寸。

【新建大小】是指修改画布尺寸后的大小。当输入的【宽度】和【高度】值大于原始画布尺寸时，会增加画布，如图 3 –3 –5 所示。当输入的【宽度】和【高度】值小于原始画布尺寸时，Photoshop 会裁切超出画布区域的图像。

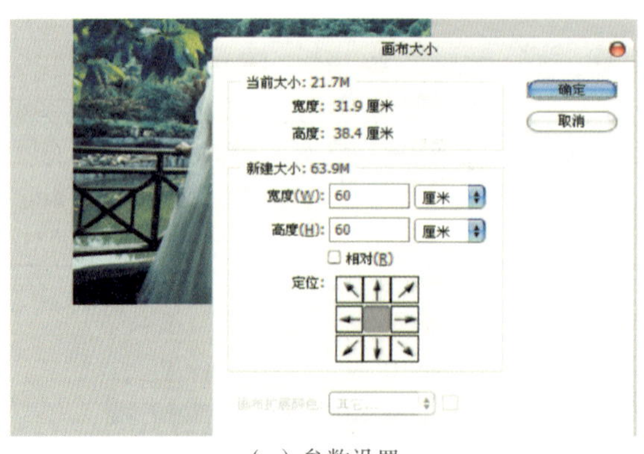

（a）参数设置　　（b）效果

图 3 –3 –5　输入的【宽度】和【高度】值大于原始画布尺寸

【画布扩展颜色】是指填充新画布的颜色。如果图像的背景是透明的，那么【画布扩展颜色】选项将不可用，新增加的画布也是透明的。【画布扩展颜色】在新画布的颜色为白色时效果如图3－3－6所示。

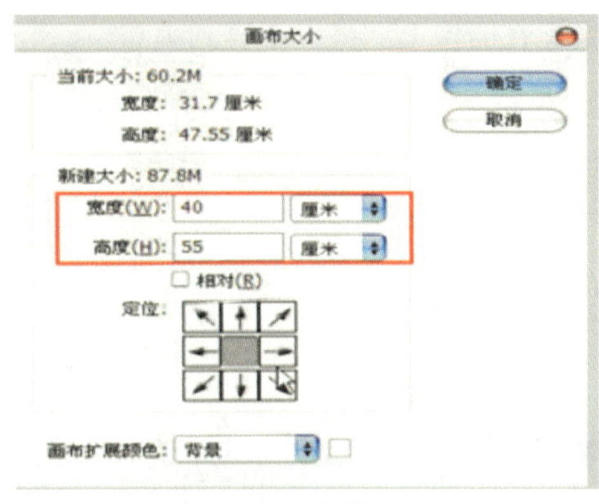

（a）参数设置

（b）效果图

图3－3－6　【画布扩展颜色】在新画布的颜色为白色时情况

3. 旋转与翻转画布

【图像】→【图像旋转】菜单下提供了一些旋转画布的命令，包含【180度】【90度（顺时针）】【90度（逆时针）】【任意角度】【水平翻转画布】和【垂直翻转画布】，如图3－3－7所示。在执行这些命令时，可以旋转或翻转整个图像。图3－3－8所示为执行【垂直翻转画布】命令前后对比。

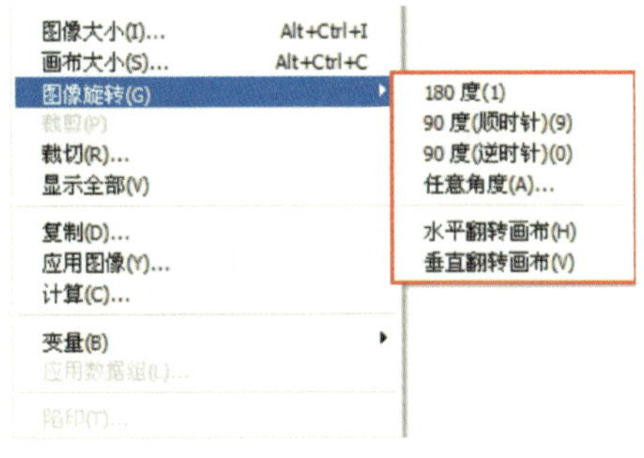

图3－3－7　图像旋转菜单

图3－3－8　【垂直翻转画布】前后对比

4. 裁切图像

在编辑图像或对照片进行处理时，经常要裁切图像，以便使画面的构图更加合理。在工具箱中选择工具，在画面单击并拖动鼠标出现一矩形，如图3－3－9所示，按 Enter 键，矩形框外的图像就被裁切掉，如图3－3－10所示。

图3－3－9　调整裁切范围图

图3－3－10　裁切后

提示：裁切的比例可以是固定的，也可以在裁切的工具选项栏当中进行设置。有系统当中自带的比例，也可以自己输入所需要的数值进行按比例的裁切。

选区的大小若不合适，可以直接拖动鼠标在图像上调整大小直到满意。

任务实施

以制作“飞舞的蝴蝶”为例，综合运用所学知识，掌握相关技能。

（1）打开文件“草原.jpg”，如图3-3-11所示。

（2）打开文件“蝴蝶.png”，如图3-3-1（b）所示，然后将其拖拽到“草原.jpg”的界面中，如图3-3-12所示。

图3-3-11　打开文件“草原.jpg”

图3-3-12　将蝴蝶置于草原中

（3）按Ctrl+T快捷键进入自由变换状态，然后在按住Shift键的同时将图像等比缩放为如图3-3-13所示的大小。

（4）在画布中单击右键，在弹出的菜单中执行【变形】命令，如图3-3-14所示，接着拖拽变形网格和锚点，将图像变形为如图3-3-15所示的效果。

图3-3-13　调整蝴蝶的大小

图3-3-14　执行【变形】命令

（5）在画布中单击右键，在弹出的菜单中选择【旋转】命令，接着将图像按逆时针方向旋转到如图3-3-16所示的角度。

图3-3-15　变形效果

图3-3-16　旋转后效果

(6) 继续导入一只蝴蝶，利用【缩放】变换、【透明】变换和【旋转】变换，将其调整成如图3-3-17所示的效果。

(7) 再次导入两只蝴蝶，然后利用【缩放】变换、【斜切】变换和【旋转】变换，调整好其形态，最终效果如图3-3-18所示。

图3-3-17　对另一只蝴蝶调整后效果

图3-3-18　最终效果图

小结

本项目介绍了图像的基本编辑、自由变换、修改图像和画布大小的一些命令。读者通过对本项目的学习，可以学会图像编辑方法及如何变换图像、修改图像和画布的大小，懂得在处理图像时图像编辑方法的重要性，从而更有效地去编辑和处理图像。

思考与练习

1. 选择题

(1) 图像的变形可以选择以下命令（　　）。

A. 执行【编辑】→【自由变换】命令

B. 执行【编辑】→【变换】→【变形】命令

C. 执行【编辑】→【拷贝】命令

D. 执行【编辑】→【粘贴】命令

(2) 自由变换图像的快捷键是（　　）。

A. Shift + N　　B. Ctrl + T　　C. Ctrl + Z　　D. Ctrl + O

(3) “合并拷贝”图像的快捷键是（　　）。

A. Shift + Ctrl + N　　B. Shift + Ctrl + C

C. Shift + Ctrl + V　　D. Shift + Ctrl + T

2. 判断题（对的打“√”，错的打“×”）

（1）使用移动工具可以移动图像，只能移动选区内图像。（　　）

（2）使用“图像大小”命令可以调整图像的像素大小、打印尺寸和分辨率。（　　）

项目实训

（1）打开两幅不同的人物图像，运用拷贝、贴入的命令对两幅图像进行头部的更换。

（2）利用缩放和扭曲将照片放入相框。

两个原图和最终效果如图 3－6－1 所示。

（a）素材

（b）合成后效果

图 3－6－1　两个原图及合成后效果

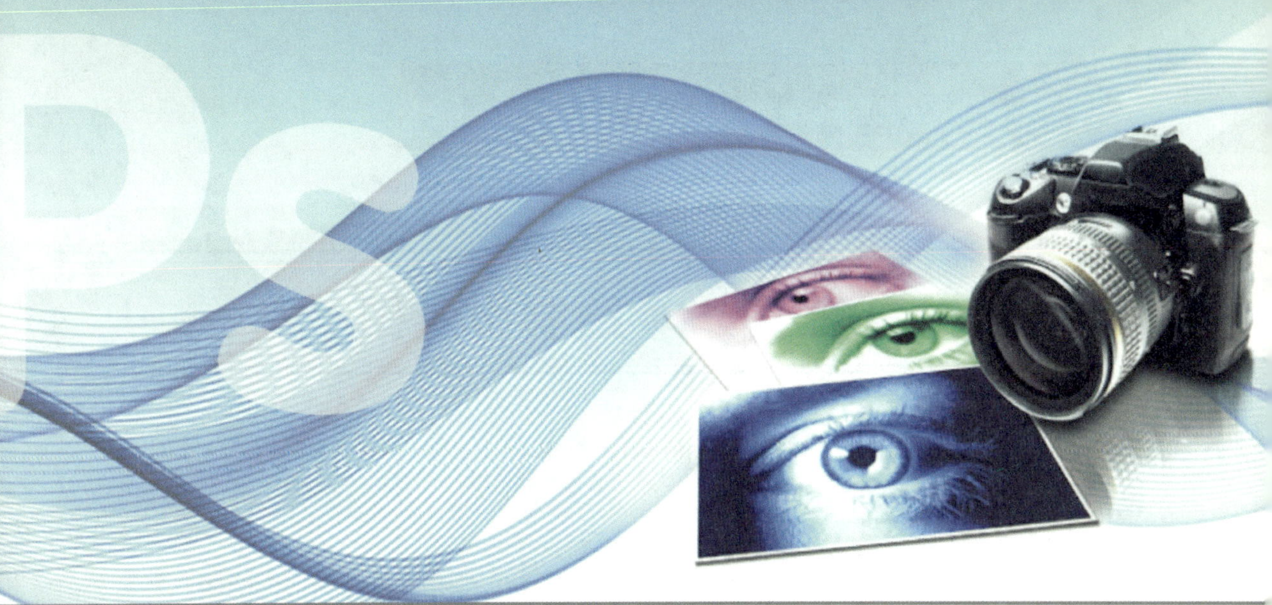

项目 4

绘画工具

项目介绍

本项目主要介绍工具箱中的绘画工具的使用方法，要求读者熟练掌握绘画工具，重点掌握填充工具和渐变工具。笔刷的选择与设置是本项目的难点要求。熟悉各个工具的使用方法，这样才能为学习后面的知识打下坚实的基础。

培养目标

- 掌握绘画工具的使用方法。
- 掌握【画笔】工具及【画笔】面板的使用方法。
- 掌握油漆桶工具及渐变工具的使用方法。

任务一　绘制出游图

任务分析

本任务要求使用【画笔】工具和【铅笔】工具配合所给素材绘制出游图，效果如图4－1－1所示。

图4－1－1　出游效果

相关知识

画笔工具组包括【画笔】工具、【铅笔】工具、【颜色替换】工具和【混合器画笔】工具。

1. 画图基础

【画笔】工具的使用方法和利用毛笔在画纸上绘画是一样的，可以表现出多种边缘柔软的效果。

（1）【画笔】工具的选项栏。包括画笔、模式、不透明度、流量和喷枪，如图4－1－2所示。

图4－1－2　【画笔】工具选项栏

（2）工具预设下拉面板。单击【画笔】工具右侧的按钮，打开【工具预设】下拉面板，在弹出的面板中可以选择一个预设的画笔。

（3）【画笔】。单击工具选项栏中【画笔】右侧的按钮，在弹出的面板中可以根据需要选择预设的各种画笔。拖动【大小】选项滑块或输入数值，可以调整画笔的大小。【硬度】选项是用来设定画笔笔尖的硬度。在绘图框的右侧还有一个【画笔】面板，可以进行整个【画笔】工具的预设调整，如图4－1－3所示。

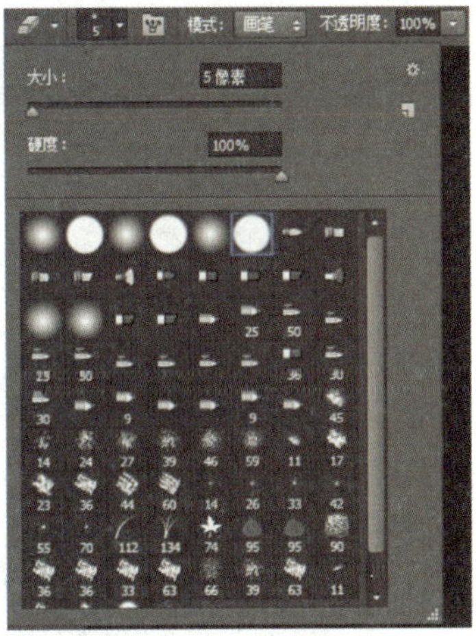

（4）【模式】。单击模式右侧的按钮，在弹出的菜单中可以选择不同的混合模式。关于模式的具体用法将在下文中详细介绍。

（5）【不透明度】。设置画笔的不透明度拖动选项滑块或输入0～100的数值可以更改画笔的不透明度。

（6）【角度】。用来改变非圆形画笔的旋转角度。

（7）【圆度】。用来设置画笔的圆度，其值越大，画笔越趋向于正圆。

图4－1－3　【画笔】面板

2. 【画笔】面板

【画笔】面板是Photoshop中最为重要的绘图方式。在此将介绍画笔的基本参数，这是制作个性化画笔的基础。

在【画笔】面板左侧单击【画笔笔尖形状】选项，就可以设置当前画笔大小、圆度和间距值等参数，如图4－1－4所示。现对该选项中的各参数说明如下。

1）直径：用来设置画笔的大小，数值越大，画笔的直径也就越大。

2）角度：用来改变非圆形画笔的旋转角度。

3）圆度：用来设置画笔的圆度。其值越大，画笔越趋向于正圆。

4）硬度：用来设置画笔边缘的硬度，其值越大，画笔的边缘就越清晰；反之，边缘就越柔和。当在画笔形状列表框中选中椭圆形画笔时，【硬度】选项才被激活。

5）间距：用来设置每两个画笔之间的距离，其值越大，则间距就越大。

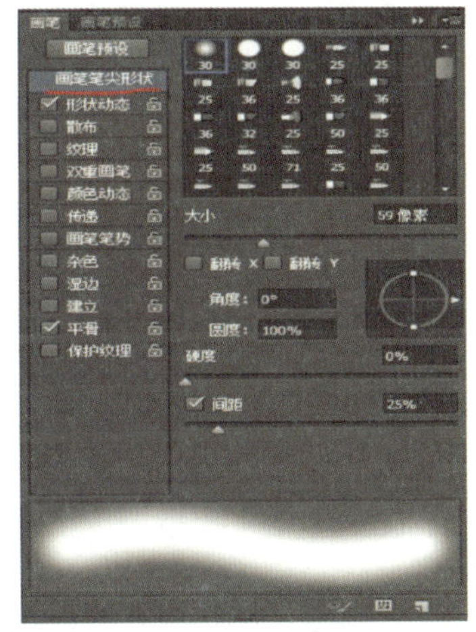

图4－1－4　画笔笔尖形状

在【画笔】面板的左侧有6个设置画笔动态参数选项，它们可以为当前画笔添加更加丰富的形态、色彩及图案等效果，其中包括【形状动态】【散布】【纹理】【颜色动态】【传递】和【纹理】等。用户可以同时设置多个选项，以便得到更丰富的画笔效果。

（1）【形状动态】。选择【形状动态】选项后，【画笔】面板如图4－1－5所示。现对该选项中的各参数说明如下。

1）大小抖动：用来控制画在绘制过程中尺寸的波动幅度，其百分数越大，波动的幅度越大。设置不同的参数可以绘制出不同大小的点画线。

2）控制：用于控制画笔波动的方式，其中包括【关】【渐隐】【钢笔压力】【钢笔斜度】和【光笔轮】等方式。如果选择【关】选项，则在绘图过程中画笔尺寸始终波动。比较常用的是【渐隐】选项，选择此选项后，其右侧将激活一个数值框，可以输入数值以改变渐隐步长。

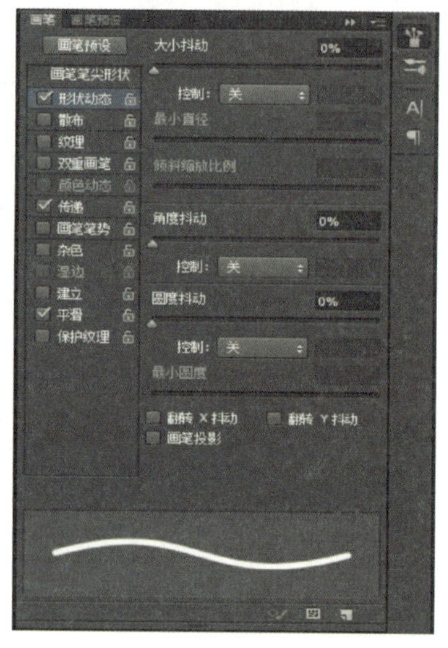

图 4－1－5　形状动态调板

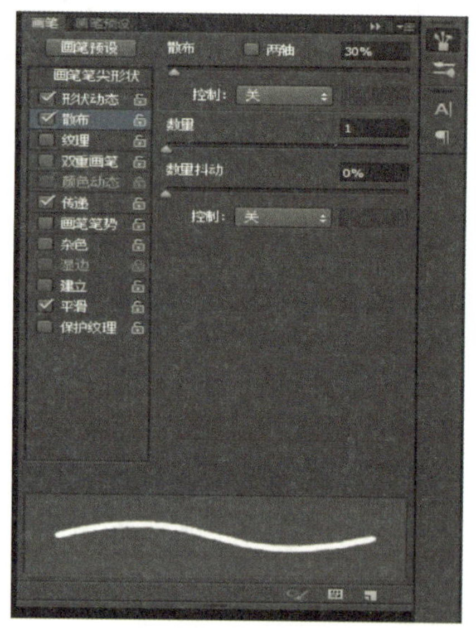

图 4－1－6　散布

3）最小直径：用来控制在画笔尺寸发生波动时画笔的最小尺寸，其值越大，发生波动的范围越小，波动的幅度也相应变小。

4）角度抖动：用来控制画笔在角度上的波动幅度，其值越大，波动的幅度就越大，画笔显示越离散。

5）圆度抖动：用来控制画笔在圆度上的波动幅度，其值越大，波动的幅度就越大。

6）最小圆度：用来控制画笔在圆度发生波动时画笔的最小圆度尺寸值，其值越大，发生波动的范围越小，波动的幅度也相应变小。

（2）【散布】。选择【散布】选项后，【画笔】面板如图 4－1－6 所示。该选项中的各参数说明如下。

1）散布：用来控制画笔偏离绘制的笔画程度，其值越大，偏离的程度就越大。

2）两轴：选中该复选框，画笔点将在 *X* 和 *Y* 两个轴上发生分散。如果不选中此复选框，则只在 *X* 轴上发生分散。

3）数量：用来控制笔画上画笔点的数量，其值越大，构成画笔的点数就越多。

4）数量抖动：用来控制在绘制的笔画中画笔点数量的波动幅度。其值越大，画笔点数量的波动幅度就越大。

（3）【颜色动态】。选择【颜色动态】选项后，【画笔】面板如图 4－1－7 所示。现对该选项中的各参数说明如下。

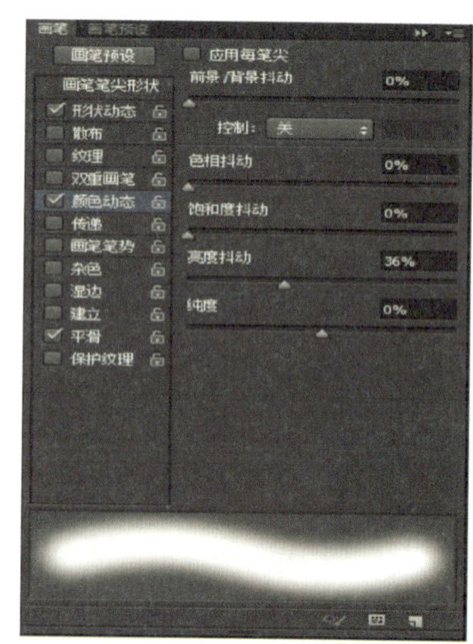

图 4－1－7　颜色动态

1）前景/背景抖动：用来在应用画笔时控制画笔的颜色变化情况。其值越大，画笔的颜色发生随机变化时越接近于背景色；反之，则画笔的颜色发生随机变化时就越接近于前景色。

2）色相抖动：用于控制画笔色相的随机效果，其值越大，画笔的色相发生随机变化时越接近于背景色；反之，则画笔的色相发生随机变化时越接近于前景色。

3）饱和度抖动：用于控制画笔饱和度的随机效果，其值越大，画笔的饱和度发生随机变化时就越接近于背景色的饱和度；反之，则画笔的饱和度发生随机变化时就越接近于前景色的饱和度。

4）亮度抖动：用于控制画笔亮度的随机效果。其值越大，画笔的亮度发生随机变化时就越接近于背景色的亮度；反之，则画笔的亮度发生随机变化时越接近于前景色的亮度。

5）纯度：用来控制画笔的纯度，即颜色鲜艳程度。

（4）【传递】。用来设定【不透明度抖动】和【流量抖动】选项的动态效果。如图4－1－8所示。

1）不透明度抖动/控制：控制画笔描边中不透明度的变化方式。如果想控制画笔笔迹不透明度的变化，可以从【控制】下拉列表中选择一项。

2）流量抖动/控制：控制画笔描边中颜料流动变化的方式。如果想控制画笔笔迹流量的变化，可以从【控制】下拉列表中选择一项。

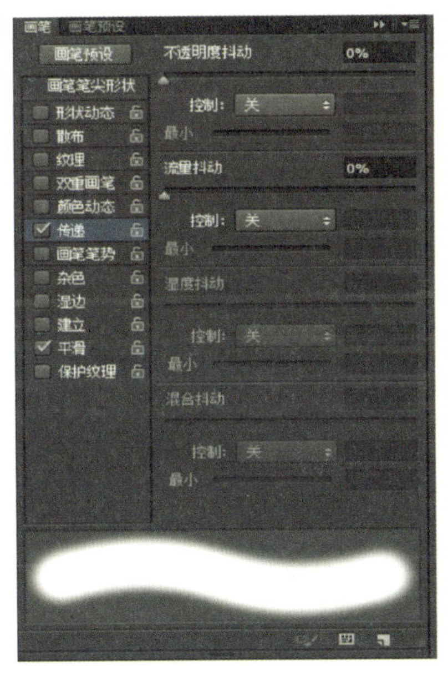

图4－1－8　传递

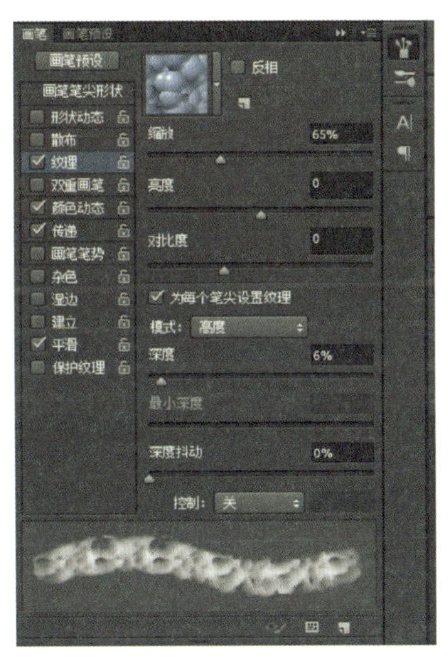

图4－1－9　纹理

（5）【纹理】。纹理用于设定画笔和图案纹理相混合的方式。勾选【画笔】面板左侧的【纹理】选项，面板右侧会显示该选项对应的设置参数。如图4－1－9所示。

1）纹理下拉面板：单击【纹理图案】右侧的按钮可以打开下拉面板，从中可以选择所需的纹理。

2）反相：勾选此项，取反相纹理，对图案中的色调反转纹理中的亮色像素点和暗色像素点。

3）缩放：用来设置图案的缩放比例。

为每个笔尖设置纹理，可以把选中的纹理单独应用于画笔描边中的每个画笔笔迹，而不是整体应用于画笔描边。只有勾选此项后，才能使用【深度】变化选项。

4）模式：确定纹理和画笔的混合模式。

5）深度：确定纹理和画笔的作用程度。模式为正片叠底时，深度值为 0，纹理中所有的像素点都接收相同数量的颜色，深度值为 100%，纹理中的暗色像素点不接收任何颜色。如图 4－1－10、图 4－1－11 所示。

图 4－1－10　纹理深度数量 0

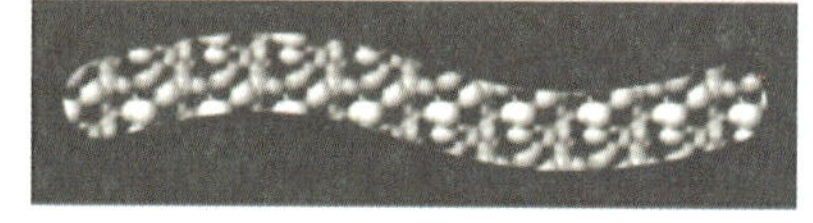
图 4－1－11　纹理深度值 100%

6）最小深度：当在【控制】下拉列表中选择【渐隐】【钢笔压力】等选项时，最小深度用于设定画笔和纹理作用的最低程度。

7）深度抖动/控制：设定深度的变化程度。如何控制画笔笔迹的深度变化，可以从【控制】下拉列表中选择一个选项。

3. 其他参数选项

现对【画笔】面板中的其他参数选项说明如下。

（1）杂色。可以为当前使用的画笔增加杂色效果。

（2）湿边。可以使当前使用的画笔具有湿边效果，类似于尚未完全干的水彩。

（3）平滑。可以在使用较细的画笔快速绘制具有弧度的线条时，使线条的弧度非常圆滑。

（4）保护纹理。可以使具有纹理效果的画笔保持一致的纹理及缩放比例。

4. 画笔类型

Photoshop 提供了多种类型的画笔供用户选择。单击【画笔】面板右上角的三角按钮，在弹出的菜单中可以看到 12 种画笔类型：混合画笔、基本画笔、书法画笔、带阴影的画笔、干介质画笔、湿介质画笔、人造材质画笔、自然画笔、自然画笔 2、特殊效果画笔、方头画笔、粗画笔。在实际使用过程中，可以根据需要选择合适的画笔。

5. 复位画笔预设

要返回到预设画笔的默认设置页面，单击【画笔】面板右上角的三角按钮，在弹出的菜单中选择【复位画笔】命令，此时会显示如图 4－1－12 所示的提示窗口，单击 确定 按钮可以替换当前列表，单击【追加】按钮则默认为追加到当前列表。

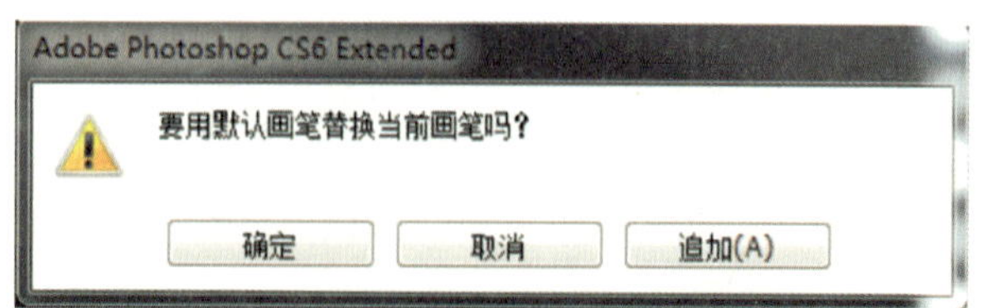

图 4－1－12　复位画笔预设

6. 载入画笔

如果想要把某个画笔添加到当前列表中，就可以使用载入画笔功能。单击【画笔】面板右上角的三角按钮，在弹出的菜单中选择【载入画笔】命令即可，如图4－1－13所示。

7. 删除画笔

删除画笔有三种方法：

（1）在【画笔预设】选项中或【画笔】面板中选择某个画笔，再单击【画笔】面板右上角的三角按钮，选择弹出菜单中的【删除画笔】命令即可删除画笔。

（2）在【画笔】面板中按住Alt键，当鼠标变为剪刀形状时，单击要删除的画笔即可。

（3）直接将画笔拖移到【删除画笔】按钮上，如图4－1－14所示。

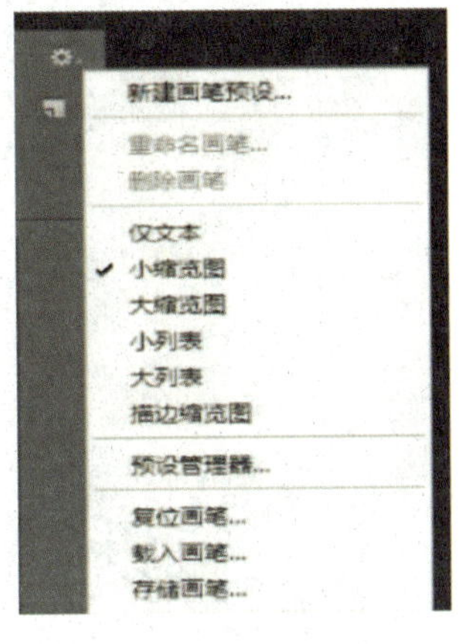

图4－1－13　载入画笔

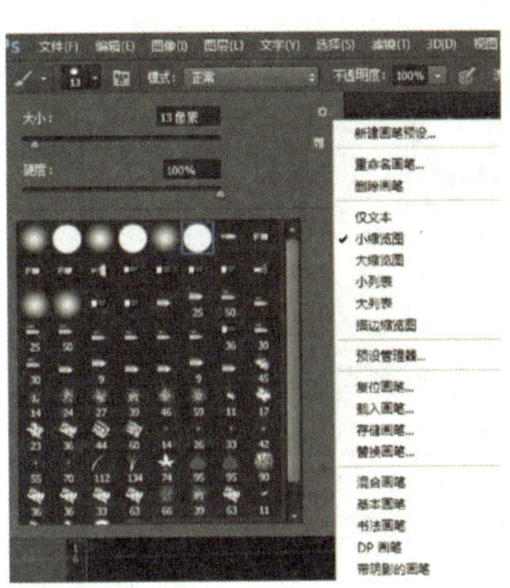

图4－1－14　删除画笔

任务实施

1. 绘制草地和太阳图形

（1）按Ctrl＋O快捷键，打开光盘中的“素材1”文件，如图4－1－15所示。

（2）按Ctrl＋O快捷键，打开光盘中的文件，选择【移动】工具，将人物图片拖拽到图像窗口的右侧，效果如图4－1－16所示，在【图层】控制面板中生成新图层并将其命名为“卡通人物”。

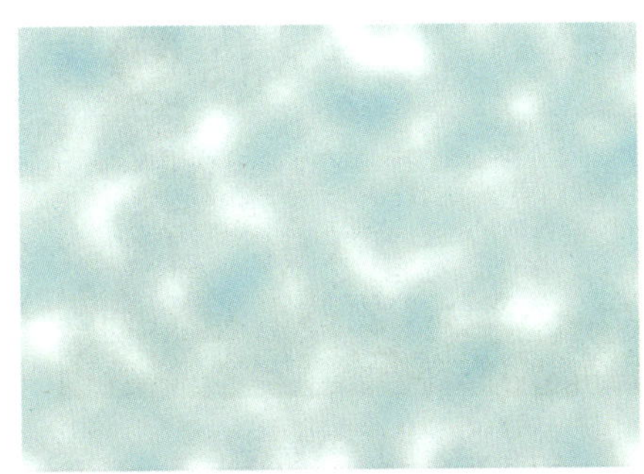

图4－1－15　打开“素材1”文件

图4－1－16 将人物素材拖拽到“素材1”

（3）单击【图层】控制面板下方的【创建新图层】按钮，生成新的图层并将其命名为

"草地"。将前景色设为深绿色（其 R、G、B 的值分别为 48、125、8），背景色设为浅绿色（其 R、G、B 的值分别为 85、180、18）。

（4）选择【画笔】工具，在属性栏中单击【画笔】选项右侧的按钮，在弹出的面板中选择需要的画笔形状，如图 4－1－17 所示；再次单击属性栏中的【切换画笔面板】按钮，弹出【画笔】控制面板，在面板中设置画笔大小，如图 4－1－18 所示。选择【颜色动态】选项，切换到相应的面板，在面板中进行设置，如图 4－1－19 所示。在图像窗口中拖拽鼠标，绘制草地图形，效果如图 4－1－20 所示。

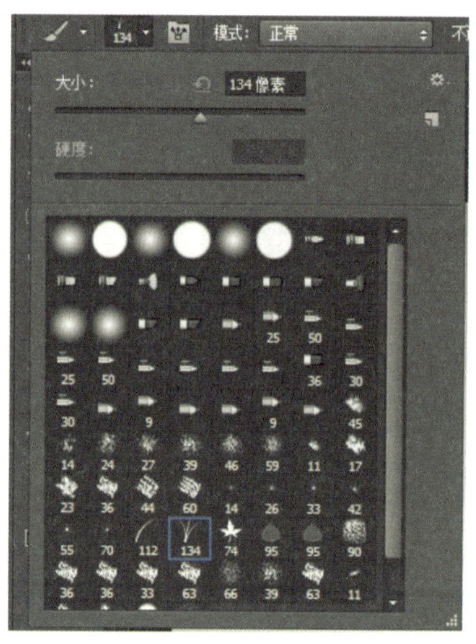

图 4－1－17　画笔形状

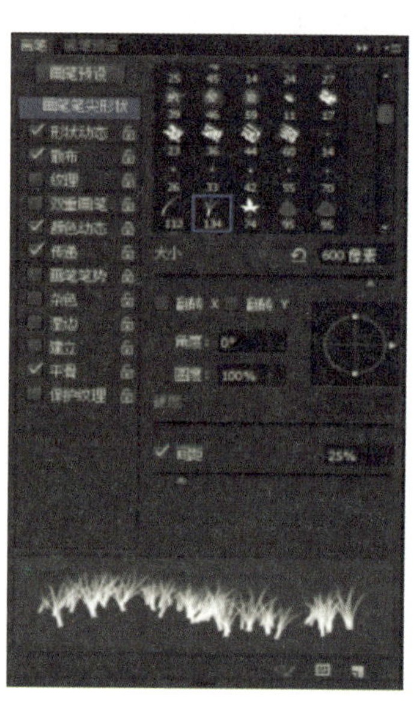

图 4－1－18　设置画笔大小

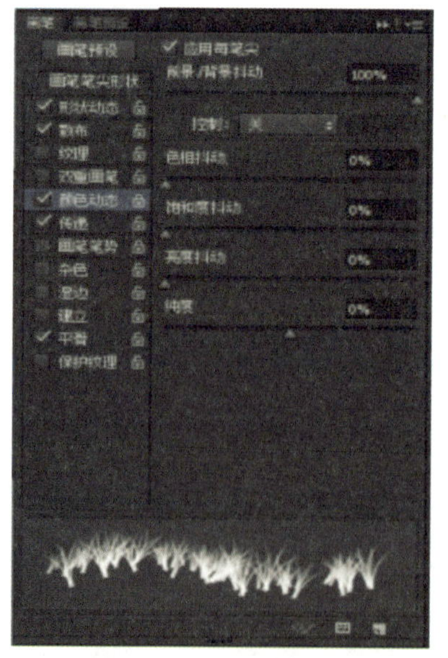

图 4－1－19　颜色动态面板

图 4－1－20　绘制效果一

(5) 将前景色设为草绿色（其 R、G、B 的值分别为 32、111、0），背景色设为浅绿色（其 R、G、B 的值分别为 70、170、16）。选择【铅笔】工具，在属性栏中单击【画笔】选项右侧的按钮，在弹出的面板中选择需要的画笔形状，如图 4－1－21 所示，再次单击属性栏中的【切换画笔面板】按钮，弹出【画笔】控制面板，在面板中进行设置，如图 4－1－22 所示。在图像窗口中拖拽鼠标，绘制草地图形，效果如图 4－1－23 所示。

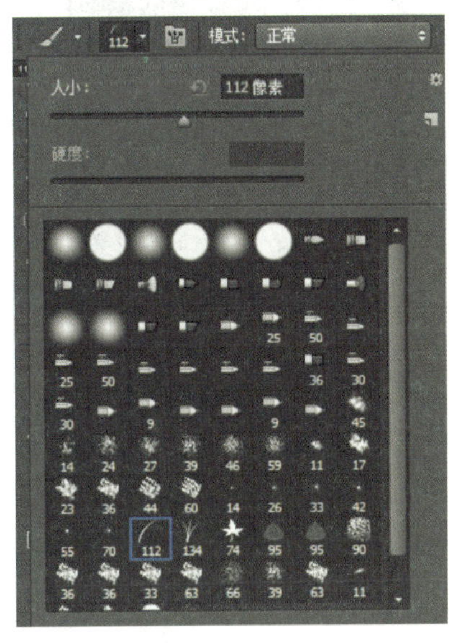

图 4－1－21 【画笔】形状面板

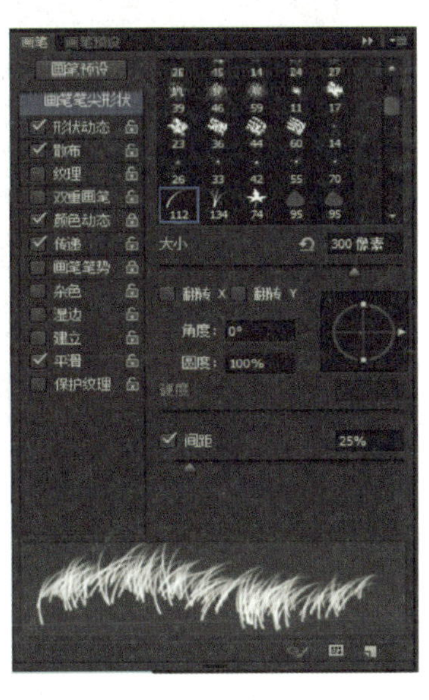

图 4－1－22 【画笔】控制面板

(6) 单击【图层】控制面板下方的【创建新图层】按钮，生成新的图层并将其命名为“太阳”，将前景色设为黄色（其 R、G、B 的值分别为 255、250、1），选择【画笔】工具，在属性栏中单击【画笔】选项右侧的按钮，在弹出的画笔面板中选择需要的画笔形状，将【主直径】选项设为 250 px，【硬度】选项设为 40%。在图像窗口中单击绘制太阳图像。

图 4－1－23 绘制效果二

2. 绘制蝴蝶图形并添加边框形状

(1) 单击【图层】控制面板下方的【创建新图层】按钮，生成新的图层并将其命名为“蝴蝶”。

(2) 选择【画笔】工具，在属性栏中单击【画笔】选项右侧的按钮，弹出画笔选择面板，单击面板右上方的按钮，在弹出的菜单中选择【特殊效果画笔】选项，弹出提示对话框，单击【追加】按钮。在画笔选择面板中选择需要的画笔形状，如图 4－1－24 所示；再次单击属性栏中的【切换画笔面板】按钮，弹出【画笔】控制面板，在面板中进行设置，如图 4－1－25 所示。选择【颜色动态】选项，切换到相应的面板，在面板中进行设置，如图 4－1－26 所示。在图像窗口中多次单击鼠标，绘制蝴蝶图形，效果如图 4－1－27 所示。

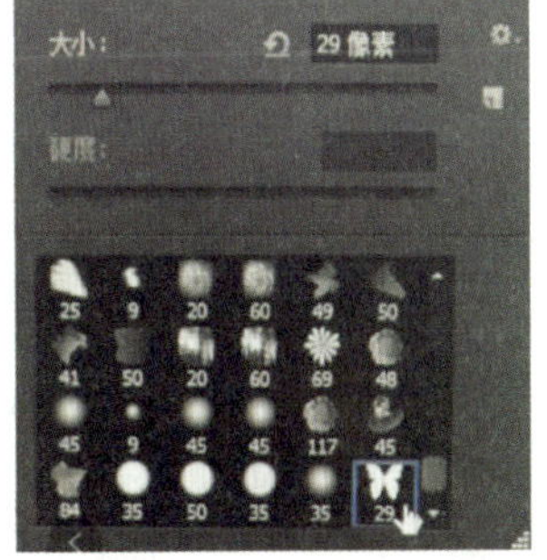

图 4－1－24 设置画笔

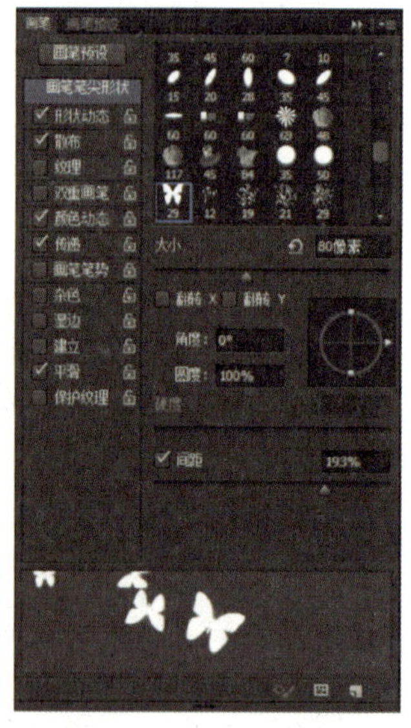

图 4 -1 -25 【画笔】控制面板

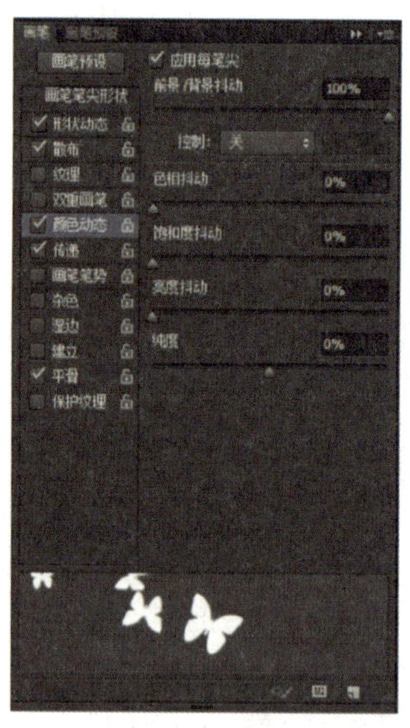

图 4 -1 -26 颜色动态

(3) 单击【图层】控制面板下方的【创建新图层】按钮，生成新的图层并将其命名为“边框”。将前景色设为黑色。按 Ctrl + A 快捷键，图像周围生成选区，如图 4 -1 -28 所示。选择【矩形选框】工具，选中属性栏中的【从选区减去】按钮，拖拽鼠标绘制矩形选区，效果如图 4 -1 -29 所示。

图 4 -1 -27 绘制蝴蝶

图 4 -1 -28 边框图层

图 4 -1 -29 绘制矩形选区

图 4 -1 -30 填充颜色

(4) 按 Alt + Delete 快捷键，用前景色填充选区。按 Ctrl + D 快捷键，取消选区，效果如图 4 -1 -30 所示。在【图层】控制面板上方，将“边框”图层的【不透明度】选项设为 10%，如图 4－1－31 所示，图像效果如图 4－1－32 所示。风景插画制作完成。

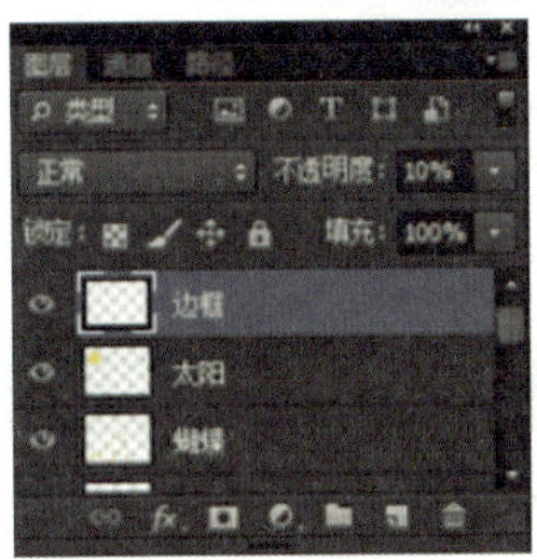

图 4－1－31　修改不透明度

图 4－1－32　出游效果

任务二　绘制绚丽背景

任务分析

本任务要求使用线性渐变工具、画笔工具等制作绚丽的背景，效果如图 4－2－1 所示。

图 4－2－1　绚丽背景效果

相关知识

1. 填充图像

在实际工作中经常需要对图像进行填充处理，Photoshop 中也提供了很多种填充图像的方法，例如【油漆桶工具】【填充】命令及一些快捷键等都可以对选区进行填充操作，也可以对图层进行填充。

（1）使用快捷键进行填充。对于填充实色的操作而言，常用的快捷键如下。

1）Alt＋Delete 快捷键可以为选区或当前图层填充前景色。

2）Ctrl + Delete 快捷键可以为选区或当前用层填充背景色。

3）在背景层中按 Delete 键，可以为选区填充背景色。

（2）【油漆桶工具】。【油漆桶工具】对图像的填充操作除了受选区范围影响，还受到其他参数的限制，其工具选项栏如图 4－2－2 所示。

前景　模式：正常　不透明度：100%　容差：32　消除锯齿　连续的　所有图层

图 4－2－2　【油漆桶工具】选项栏

现对【油漆桶工具】选项栏中的各参数说明如下。

1）【源】：用来选择填充区域的源。选择【前景】将其前景色填充；选择【图案】选项则会将其后的【图案拾色器】激活，并以图案的方式进行填充。

2）【容差】：用于控制【油漆桶工具】填充图像时的颜色容差值，通常以单击处填充点的颜色为基础，容差值越大，填充的范围越广泛。

3）【消除锯齿】：选中该复选框可以消除填充颜色或图案时的锯齿影响。

4）【连续的】：选中该复选框，则将只填充容差值范围内的与单击点相连的颜色；如果未选中此复选框，则可以一次性填充图像中所有容差值范围内的颜色区域。

5）【所有图层】：选中该复选框，填充的操作将用于所有的图层，否则只作用于当前图层。如果当前图层被隐藏，则不能进行填充。

（3）使用渐变工具。在工具箱中单击【渐变工具】，其工具选项栏如图 4－2－3 所示。

模式：浅色　不透明度：100%　反向　仿色　透明区域

图 4－2－3　【渐变工具】选项栏

现对【渐变工具】选项栏中的各参数说明如下。

1）【模式】：选择其中的选项可以设置渐变颜色与底图的混合模式，关于各混合模式的具体内容可参阅本书的相关章节。

2）【不透明度】：可设置渐变的不透明度，其值越大，渐变就越不透明，反之就越透明。

3）【反向】：选中该复选框，可以使当前的渐变反向填充。

4）【仿色】：选中该复选框，可以平滑渐变中的过渡色，以防止在输出混合色时出现色带，导致渐变过渡出现跳跃。

5）【透明区域】：选中该复选框，可以使当前的渐变呈现所设置的透明效果，从而使运用渐变的下层图像区域透过渐变显示出来。

图 4－2－4　线性渐变

【渐变工具】有五种类型，包括【线性渐变工具】【径向渐变工具】【角度渐变工具】【对称渐变工具】和【菱形渐变工具】。选择合适的【渐变工具】后，在图像或选区中拖动光标即可创建对应的渐变效果。如图 4－2－4 所示为线性渐变效果、图 4－2－5 所示为径向渐变效果、图 4－2－6 所示为角度渐变效果、图 4－2－7 所示为对称渐变效果、图 4－2－8 所示为菱形渐变效果。

图 4－2－5　径向渐变

图 4－2－6　角度渐变

图 4－2－7　对称渐变

图 4－2 8　菱形渐变

（4）编辑渐变颜色。虽然 Photoshop 自带的渐变类型很丰富，但大多数情况下仍需要自定义新渐变，以配合图像的整体效果。

单击【渐变工具】选项栏中渐变效果显示框右边的三角按钮，弹出如图 4－2－9 所示的【渐变】拾色器，用户可以选择系统自带的几种渐变效果。如果直接单击渐变效果显示框，则会弹出如图 4－2－10 所示的【渐变编辑器】对话框，用户可以对预设的渐变效果进行修改，也可以自定义新的渐变。

图 4－2－9　【渐变】拾色器

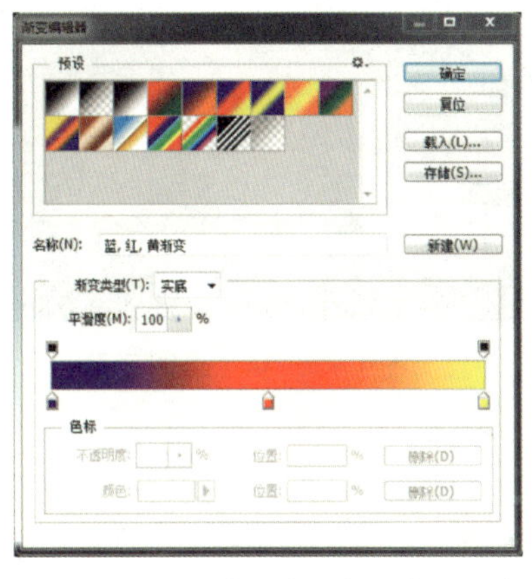

图 4－2－10　【渐变编辑器】对话框

（5）创建透明渐变。如果想要在渐变中增加一个透明渐变区城，首先在【渐变编辑器】对话框中的渐变条上方单击，增加一个不透明度色标，如图 4－2－11 所示。

保持该色标处于选中状态，再在【不透明度】框中输入数值，如输入 30，表示将此滑块所对应的位置定义为 30% 透明，如图 4－2－12 所示。

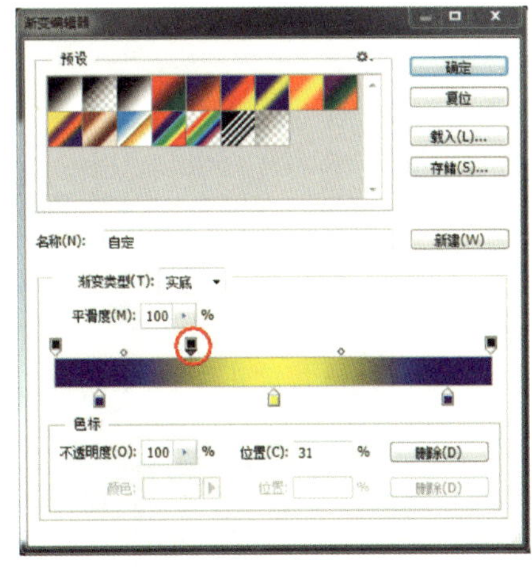

图 4－2－11　增加不透明度色标

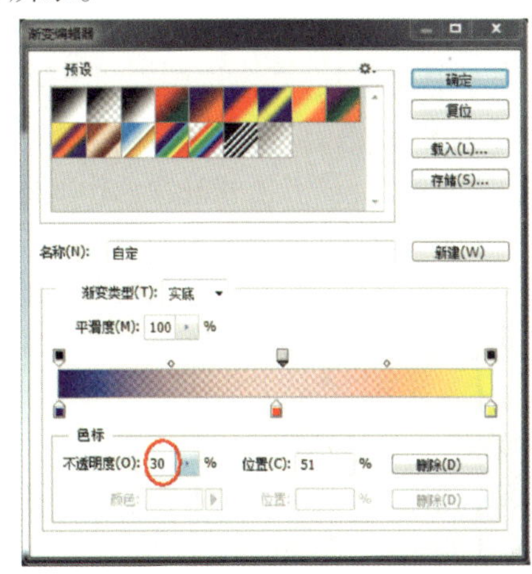

图 4－2－12　定义透明度

（6）保存和管理渐变。单击【变器】对话框中的【存储】按钮可以将当前新变保存为一个文件。需要时单击【载入】按钮可以将保存的文件载入。

2. 设置绘图的不透明度和效果模式

在前面的章节中已经介绍了【画笔】工具的选项栏包括画笔、模式、不透明度、流量和喷枪，如图 4－2－13 所示。

图 4－2－13　【画笔】工具选项栏

我们将会对【不透明度】和【模式】选项做详细介绍。

（1）【不透明度】选项。设置绘图时画笔的不透明度，如图 4－2－14 和图 4－2－15 所示。

图 4－2－14　透明度高

图 4－2－15　透明度低

（2）模式。

1）【正常】：默认的模式，处理图像时直接生成结果色。

2）【溶解】：在处理图像时直接生成结果色，但在处理过程中，将基本色和混合色随机溶解开。

3）【背后】：只能在图层的透明层上编辑，效果是画在透明层后面的层上。

4）【清除】：去掉颜色。

5）【变暗】：将基本色和混合色中较暗的部分作为结果色。

6）【正片叠底】：基本色和混合色相加。

7）【颜色加深】：基本色加深后去掉反射混合色。

8）【线性加深】：颜色按照线形逐渐加深。

9）【变亮】：将基本色和混合色中较亮的部分作为结果色。

10）【滤色】：基本色和混合色相加后取其负项，所以颜色会变浅。

11）【颜色减淡】：基本色加亮后去掉反射混合色。

12）【线性减淡】：颜色按照线形逐渐减淡。

13）【叠加】：图像或是色彩加在像素上时，会保留其基本色的最亮处和阴影处。

14）【柔光】：其效果类似于图像上漫射聚光灯，当绘图颜色灰度小于 50% 时则会变暗，反之则变亮。

15）【强光】：效果类似于在图像上投射聚光灯。

16）【亮光】：变亮的幅度大。

17）【线性光】：线形逐渐变亮。

18）【点光】：通过增加或减少对比度来加深或减淡颜色，具体取决于混合色。

19）【实色混合】：选择此模式后，该图层图像的颜色会和下一个图层图像中的颜色进行混合。这种模式会根据使用实色混合模式图层的填充不透明度设置使下面的图层产生色调分离。填充不透明度设置高会产生极端色调分离，而填充不透明度设置低则会产生较光滑的图像。

20）【差值】：将基本色减去混合色或是将混合色减去基本色。

21）【排除】：效果类似于前者【差值】，但更柔和。

22）【色相】：用基本色的饱和度和明度与混合色的色相产生结果色。

23）【饱和度】：用基本色的饱和度和明度与混合色的饱和度产生结果色。

24）【颜色】：用基本色的明度与混合色的色相和饱和度产生结果色。

25）【明度】：产生与【颜色】相反的效果。

（7）3D 材质拖放工具。此工具是油漆桶工具箱中专门对 3D 材质选区的一个工具。

任务实施

（1）新建文件。使用 Ctrl + N 快捷键新建一个 600×420 像素的文件。

（2）线性渐变。在工具箱中选择【渐变工具】，如图 4－2－16 所示，然后在其选项栏中选择【线性渐变】和【色谱】。在画布中由左上角到右下角拉出渐变，如图 4－2－17 所示。渐变的效果如图 4－2－18 所示。

模式：正常　不透明度：100%　反向　仿色　透明区域

图 4－2－16　【渐变工具】选项栏

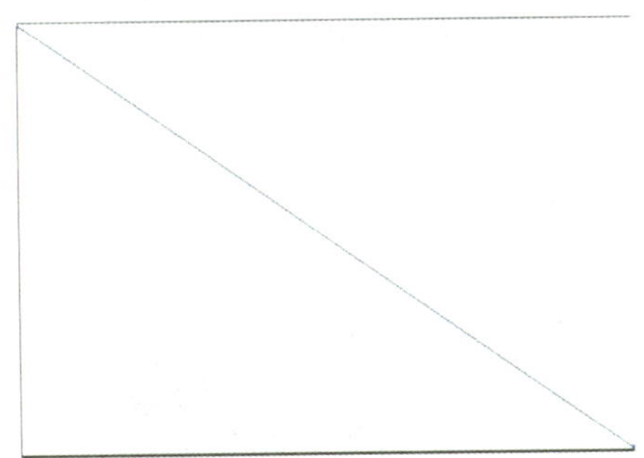

图 4－2－17　拉出渐变

图 4－2－18　渐变效果

（3）设置画笔。

1）在工具箱中选择【画笔工具】，再执行【窗口】→【画笔】命令，或者直接使用快捷键 F5，打开【画笔】面板。

在该面板中设置【主直径】为 100 像素，如图 4－2－19 所示。

2）在【画笔笔尖形状】中勾选【间距】，并设置【间距】为 100%，【硬度】为 100%，如图 4－2－20 所示；在【形状动态】中设置【大小抖动】为 100%，【最小直径】为 50%，如图 4－2－21 所示；在【散布】中设置"散布"为 100%，"数量"为 5，"数量抖动"为 1%，如图 4－2－22 所示；在【纹理】中设置【缩放】为 10%，如图 4－2－23 所示；在【其他动态】中设置【不透明度抖动】【流量抖动】均为 50%，如图 4－2－24 所示。

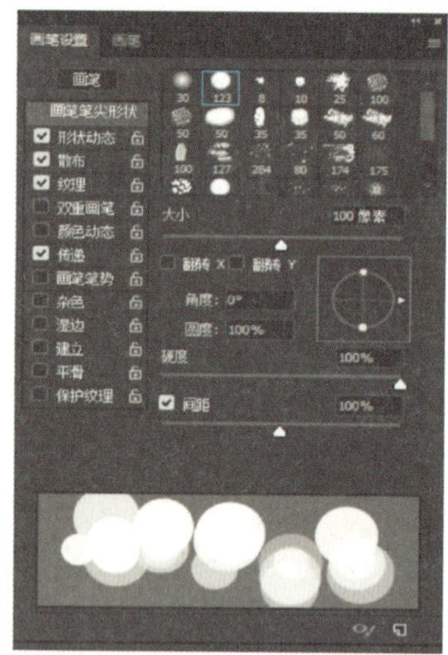

图 4 –2 –19　设置主直径

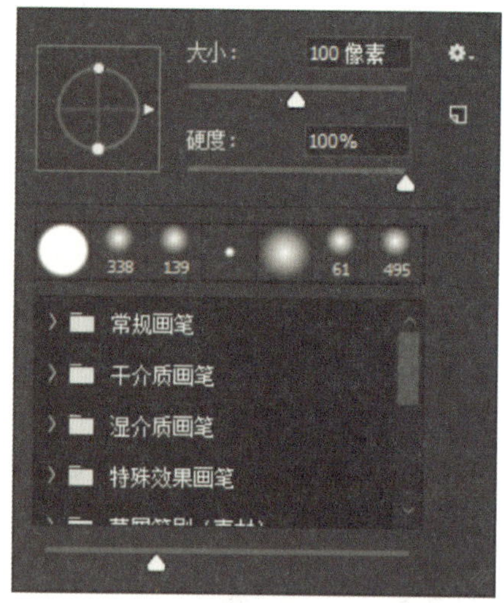

图 4 –2 –20　调整间距、硬度

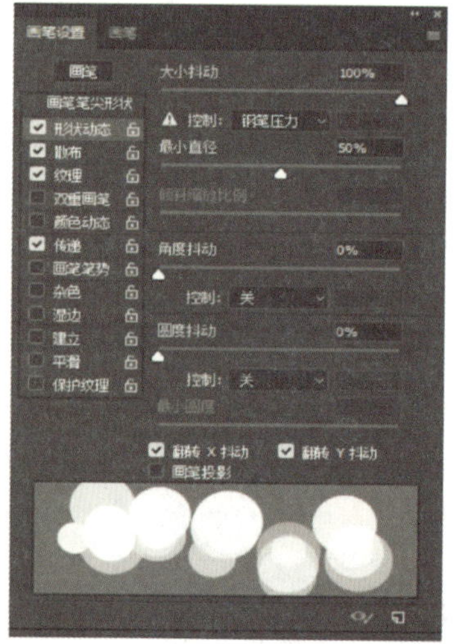

图 4 –2 –21　设置大小抖动、最小直径

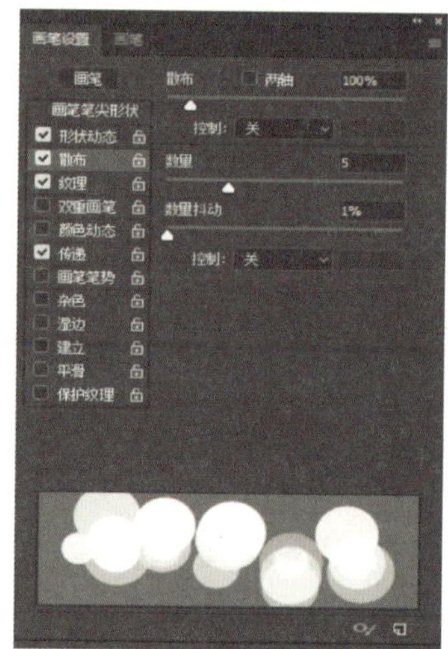

图 4 –2 –22　设置散布、数量、数量抖动

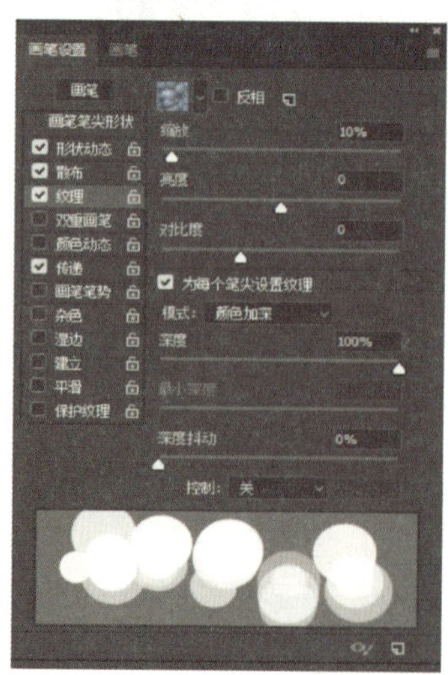

图 4 –2 –23　纹理面板设置

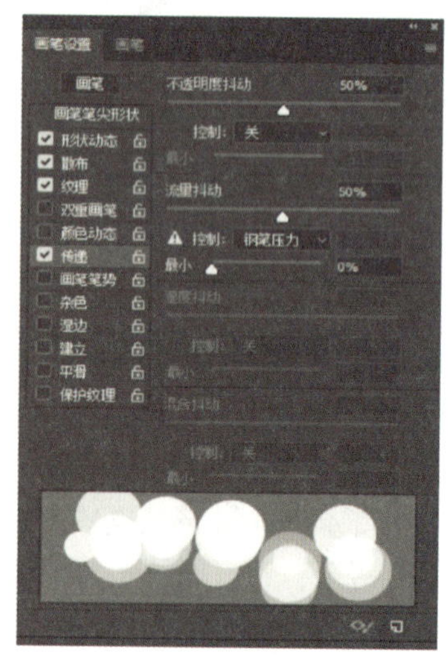

图 4 –2 –24　其他动态面板设置

（3）在工具箱中将前景色设为白色，然后在画布中单击鼠标左键或者按住左键进行拖拽，即可绘制出不同的图案，如图 4－2－25 所示。

图 4－2－25　绚丽背景效果完成

（4）保存文件。使用 Ctrl ＋ S 快捷键保存文件。

小结

Photoshop 的画笔工具及填充工具的使用技巧是本项目的重点，掌握渐变填充和画笔工具会为以后学习 Photoshop 打下坚实的基础。

思考与练习

1. 判断题（对的打“√”，错的打“×”）

（1）画笔工具和铅笔工具都属于修复工具。（　　）

（2）在使用图案图章工具时首先要定义图案。（　　）

2. 选择题

（1）（　　）适合绘制像素画。

A. 画笔工具　　B. 铅笔工具　　C. 油漆桶工具　　D. 喷枪

（2）画笔工具组包括（　　）。

A. 画笔工具　　B. 铅笔工具　　C. 涂抹工具　　D. 历史记录画笔工具

项目实训

1. 制作年画（图 4 –5 –1）的粗边效果，效果图如图 4 –5 –2 所示。

图 4 –5 –1　原图

图 4 –5 –2　效果图

2. 结合本项目学习内容绘制花朵，未填色花朵如图 4 –5 –3 所示。填色后效果如图 4 –5 –4所示。

图 4 –5 –3　未填色花朵

图 4 –5 –4　填色花朵

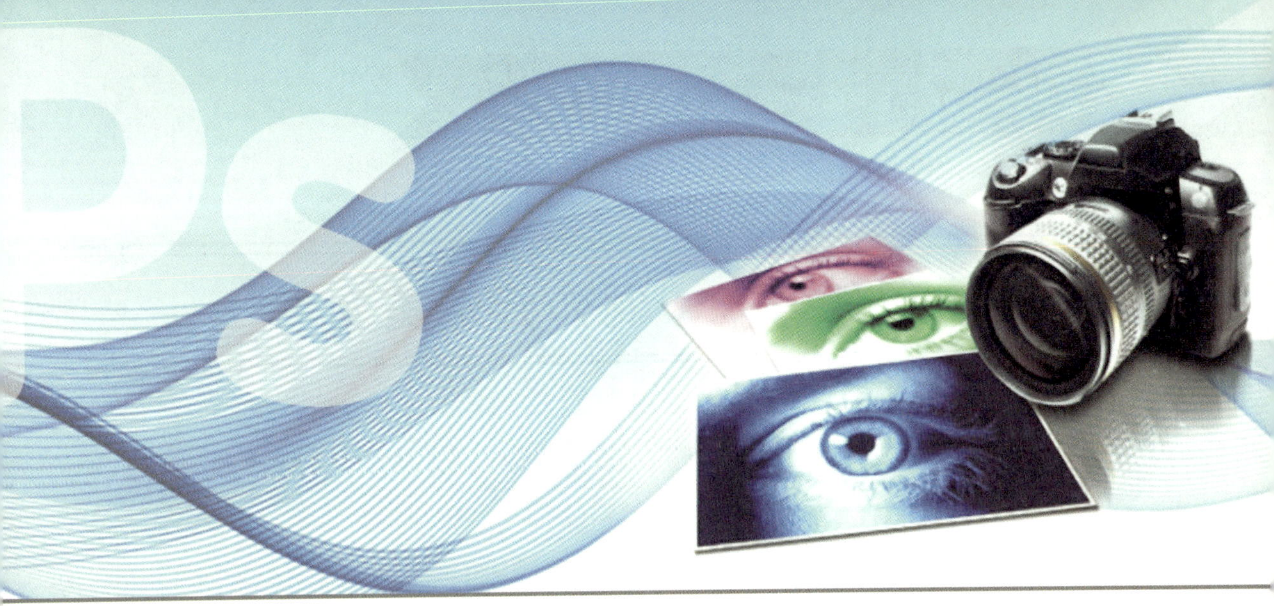

项目 5

修饰工具

项目介绍

本项目主要介绍了 Photoshop 的图像修饰功能，利用这些功能，用户可以轻松修复破损的照片，或者使局部模糊的照片变得清晰，还可以将图像中的某一对象元素克隆成两个、三个甚至更多。本项目内容也是 Photoshop 的重点内容，只有掌握好本项目内容才能更方便地处理图像。

培养目标

- 会使用工具修饰图像的局部。
- 掌握使用工具擦除多余图像的技术。
- 复制修复图像。
- 了解模糊、锐化和涂抹工具的相关知识。

任务一　制作云端美女

任务分析

本任务要求使用背景橡皮擦等工具，并结合所给素材，如图 5－1－1、图 5－1－2、图 5－1－3 所示，制作云端美女的效果图如图 5－1－4 所示。

图 5－1－1　素材 1

图 5－1－2　素材 2

图 5－1－3　素材 3

图 5－1－4　制作云端美女效果图

相关知识

1. 修饰图像的局部

随着电脑和数码相机的普及，越来越多的人都想把自己的照片变成电子格式，永久地保存起来。由于有些照片会有一些不完美的地方，这就需要在 Photoshop 中做进一步的修饰，在本书中将会详细介绍如何进行图像修饰。

（1）【模糊】工具。【模糊】工具可以使操作区域内的图像变得模糊或减少图像的细节，它可以对图像中的硬角边缘进行模糊处理，使用该工具在某区域内操作的次数越多，该区域的图像会越模糊。其选项栏如图5-1-5所示。

图5-1-5 【模糊工具】选项栏

现对该选项栏中的各参数说明如下。

1)【画笔】：用来选择一种合适的画笔。也可以单击选项栏右侧的【切换画笔面板】按钮，在弹出的【画笔】面板中设置画笔。选择的画笔直径越大，被模糊的图像区域也越大。

2)【模式】：用来选择操作时的混合模式，其中包括【正常】【变暗】及【变亮】等7种，选择不同模式得到的操作效果也不相同。

3)【强度】：用来控制【模糊】工具操作时笔尖的压力值，其值越大，则图像被模糊的程度越大，被操作区域的模糊效果也越明显。

4)【对所有图层取样】：选中该复选框，将使【模糊】工具的操作应用在图像所有的图层中，否则操作效果只作用在当前图层中。

设置合适的参数后，使用该工具在图像中单击鼠标或拖拽鼠标即可对某个区域内的图像进行模糊。

(2)【锐化】工具。【锐化】工具可以增加操作区域图像的对比度，从而使外观变得清晰。它可以用来对图像的柔边缘进行锐化，使用该工具的某个区域内操作的次数越多，该区域内图像锐化的程度越高。【锐化】工具的工具选项与【模糊】工具的工具选项完全一样，在此不再复述。

(3)【涂抹】工具。【涂抹】工具 模拟了手指在湿油漆中拖过所呈现的效果，在使用该工具时，首先会拾取开始位置的原色，然后沿着拖动的方向展开这种颜色，最终改变图像以得到特殊的效果。其选项栏如图5-1-6所示。如果选中【对所有图层取样】复选框，表示可以利用所有可见层中的颜色数据进行涂抹，其他选项同【模糊】工具中的一样，在此不再复述。

图5-1-6 【涂抹工具】选项栏

(4)【减淡】工具。【减淡】工具 操作区域内的图像颜色变亮，其工具选项栏如图5-1-7所示。

图5-1-7 【减淡工具】选项栏

现对该选项栏中的各参数说明如下。

1)【范围】：用于选择作用于操作区域的色调范围。选择【阴影】选项，减淡操作将作用于图像的暗区域；选择【高光】选项，减淡操作将作用于图像的亮区域；选择【中间调】选项，减淡操作将作用于图像的中色调区域。

2)【曝光度】：用于设置【减淡工具】操作时的亮化程度。该百分数越大，减淡的效果就越明显。

3）【喷枪】按钮：可以将画笔用作喷枪。

4）【保护色调】：勾选此项可以防止颜色发生色相偏移。

（5）【加深】工具。【加深】工具的操作方法和【减淡】工具一样，只是得到的效果完全相反，其效果是将操作区域的图像变暗。此外，两者的工具选项栏及使用方法完全相同，在此不再复述。通常【加深】工具与【减淡】工具配合使用，会将图像中的阴影变得更暗，高光变得更亮，从而使图像具有立体感。

（6）【海绵】工具。【海绵】工具可以更改操作区域的颜色饱和度。当图像为灰度模式时，该工具可以使操作区域内的图像远离或靠近中间灰色，从而增加或降低图像的对比度。其选项栏如图 5－1－8 所示。其中【模式】用来选择更改颜色的方式，选择【饱和】，表示增加颜色的饱和度；选择【降低饱和度】，表示降低颜色的饱和度；勾选【自然饱和度】将会智能地处理图像中不饱和的部分和已经饱和的部分，可以避免过度处理图像的暗部和亮部，使图像看上去更自然。

45 模式： 降... 流量： 50% 自然饱和度

图 5－1－8 【海绵】工具选项栏

2. 擦除图像像素

Photoshop 提供了三个用于擦除图像像素的工具，分别是【橡皮擦】工具、【背景橡皮擦】工具和【魔术橡皮擦】工具。这些工具的使用方法都比较简单，其作用与日常生活中所使用的橡皮擦的作用基本相同，都可以擦除不需要的图像区域的像素。

（1）【橡皮擦】工具。【橡皮擦】工具可以擦除图像的像素使该部分显示为背景色或透明，其选项栏如图 5－1－9 所示。其中【模式】用于设置橡皮擦的擦除模式，选择【画笔】或【铅笔】，可以使橡皮擦像【画笔】工具或【铅笔】工具一样工作，从外观看，画笔擦除的边缘比较柔和，而铅笔擦除的边缘比较生硬，且其流量不可选；选择【块】，只能用固定大小和锋利边缘的块状擦除图像，且【笔刷】【不透明度】【流量】均不可选；勾选【抹到历史记录】复选框表示系统不再以背景色或透明填充被擦除的区域，而是以【历史记录】面板中选择的图像状态覆盖当前被擦除的区域。

13 模式： 画笔 不透明度： 100% 流量： 100% 抹到历史记录

图 5－1－9 【橡皮擦】工具选项栏

（2）【背景橡皮擦】工具。【背景橡皮擦】工具同样用于擦除图像，但使用此工具将使被擦除的区域变为透明。此外，根据其工具选项栏中设置的参数不同，在擦除像素的同时还可以保留图像边缘。在进行擦除操作时，背景橡皮擦会采集画笔中心的颜色色样，并擦除此工具操作范围内任何位置出现的与采样相同或相似的颜色。其选项栏如图 5－1－10 所示。

13 限制： 连续 容差： 50% 保护前景色

图 5－1－10 【背景橡皮擦】工具选项栏

现对该选项栏中的各参数说明如下。

1）【取样】按钮：用来选择不同的取样模式进行擦除处理。单击【连续】取样按钮可随着鼠标的拖动连续地进行颜色取样；单击【一次】取样按钮，可擦除第一次单击鼠标左键时区域内的颜色；单击【背景色板】取样按钮，将以背景色进行取样，只擦除图像中有背景色的区域。

2）【限制】：用来选择擦除的限制类型。选择【连续】选项，只擦除样本颜色并相互连接区域的颜色；选择【不连续】选项，可以擦除操作区域内的取样颜色；选择【查找边缘】选项，可以擦除包含样本颜色的连续区域，并在擦除颜色时保留图像中对比明显的边缘。

3）【容差】：用来设定擦除图像时的色值范围。低容差时仅擦除与采样颜色非常相似的区域；高容差时将擦除范围更广的颜色。效果如图5－1－11、图5－1－12所示。

图5－1－11　高容差

图5－1－12　低容差

4）【保护前景色】：选择该复选框，可以在擦除的过程中保护图像中填充有前景色的图像区域不被擦除。

（3）【魔术橡皮擦】工具。使用【魔术橡皮擦】工具 可以一次性选择并擦除容差值范围内的所有颜色，此工具包含了【魔棒】工具和【橡皮擦】工具的功能，其选项栏如图5－1－13所示。

图5－1－13　【魔术橡皮擦】工具选项栏

现对该选项栏中的各参数说明如下。

1）【容差】：用来设定擦除图像颜色的容差范围，此数值越大，则一次操作后被擦除的图像区域也越大。

2）【连续】：选中该复选框，则【魔术橡皮擦】工具只对连续的、符合颜色容差要求的像素进行擦除；如果不选中此复选框，则可以擦除当前图像中所有在容差值范围内的像素。

3）【对所有图层取样】：选中该复选框，表示利用所有可见图层中的组合数据来采集擦除的颜色。

4）【不透明度】：用来设定擦除的强度，100%表示完全擦除符合的颜色。

5）【消除锯齿】：选中该复选框，可以使擦除后的图像边缘变得光滑。

任务实施

(1) 打开本书配套光盘中的"素材文件—素材 1. jpg"文件，如图 5－1－14 所示。

图 5－1－14　素材 1

(2) 在【背景橡皮擦】工具的选项栏中设置画笔的【大小】为 47 px、【硬度】为 0，然后单击【取样：一次】，接着设置【限制】为【连续】，【容差】为 50%，并勾选【保护前景色】选项，如图 5－1－15 所示。

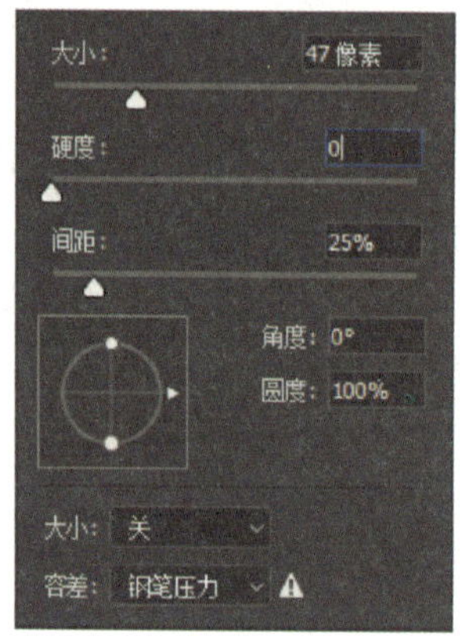

图 5－1－15　设置【背景橡皮擦】工具参数

(3) 使用【吸管】工具吸取胳膊部分的皮肤颜色，作为前景色，然后使用【背景橡皮擦】工具沿着人物头部的边缘擦除背景，如图 5－1－16 所示。

(4) 在选项栏中设置画笔的【大小】为 14 px，然后使用【背景橡皮擦】工具擦除贴近皮肤的细节部分。如图 5－1－17 所示。

图 5－1－16　擦除背景

图 5－1－17　擦除皮肤细节部分

(5) 使用【吸管】工具吸取裙子上的红色作为前景色，然后使用【背景橡皮擦】工具擦除裙子的边缘部分。

(6) 使用【吸管】工具吸取大腿上的皮肤颜色作为前景色，如图 5－1－18 所示，然后使用【背景橡皮擦】工具擦除腿部附近及手臂附近的背景，如图 5－1－19 所示。

(7) 继续使用【背景橡皮擦】工具擦除所有的背景，完成后的效果如图 5－1－19 所示。

(8) 按住 Alt 键的同时双击【背景】图层的缩略图，将其转换为普通图层。然后打开“素材文件—素材 2. jpg”接着将其拖拽到“素材—素材 3”的操作界面中，并将其放置在人像的上一层。最终效果如图 5－1－20 所示。

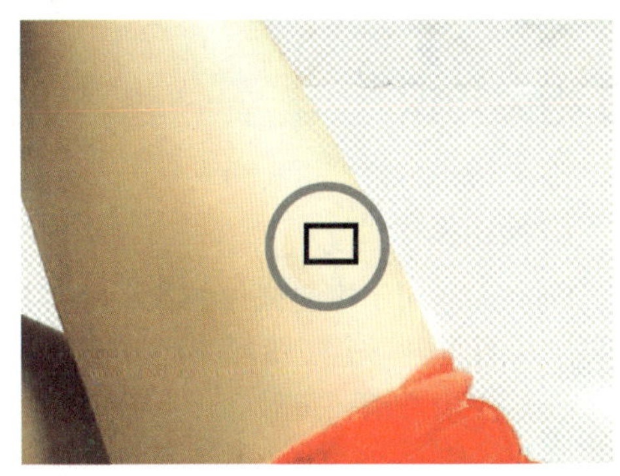

图 5－1－18 吸取大腿皮肤颜色并擦除背景

图 5－1－19 擦除背景

图 5－1－20 打开素材 2 调整图层后的效果图

任务二 制作双生小狗

任务分析

本任务要求使用【仿制图章】工具和【历史记录画笔】工具等制作双生小狗的效果。素材图如图 5－2－1 所示，效果如图 5－2－2 所示。

图 5－2－1 双生小狗素材

图 5－2－2 双生小狗效果图

Ps 相关知识

1. 撤销操作

Photoshop 用于恢复操作的命令和工具非常丰富，不仅可以撤销上一步或上几步的操作，还可以利用历史画笔使图像的局部恢复至某一历史操作状态。

（1）使用撤销和重做命令。执行【编辑】菜单下的【还原】【前进一步】及【后退一步】命令，能对上一步或系统设置步骤以内的操作步骤进行向前或向后的转换。默认状态下通过执行【前进一步】和【后退一步】命令只能向前重做或向后返回 20 个操作步骤内的动作，但可以通过更改系统设置改变还原和重做的步骤数。

执行【编辑】→【首选项】→【性能】命令，弹出如图 5－2－3 的对话框，在其中修改【历史记录状态】即可完成此操作。

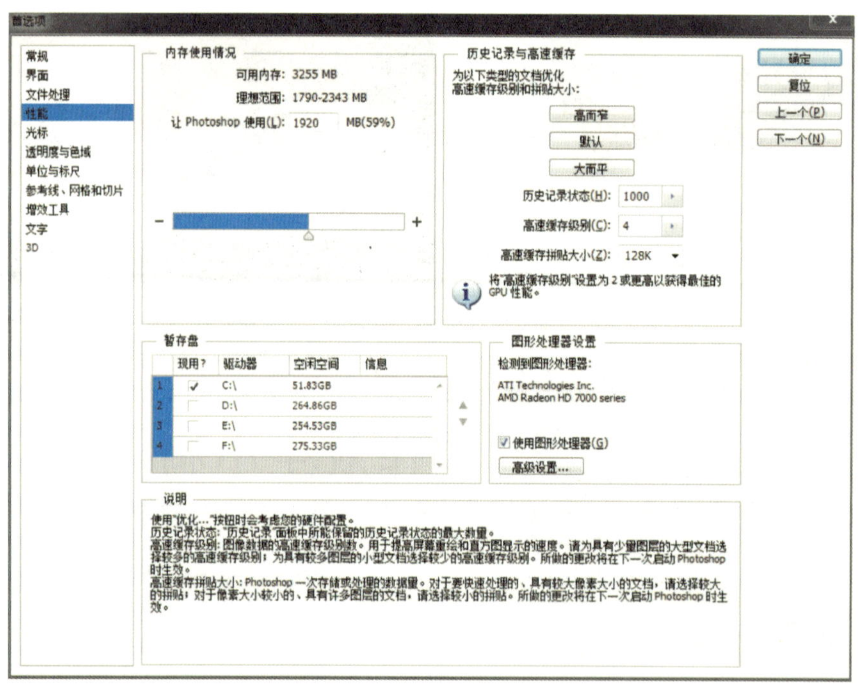

图 5－2－3　修改历史记录

（2）【历史记录】面板。如果要更直观地控制撤销和重做步骤，可以使用【历史记录】面板，当前图像文件可以撤消和重做的步骤都显示在【历史记录】面板中。选择【窗口】【历史记录】命令，弹出如图 5－2－4 所示的【历史记录】面板，记录着当前图像的操作步骤。

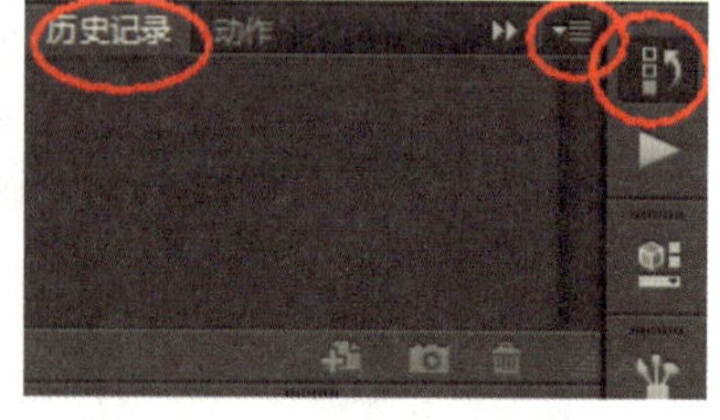

图 5－2－4　【历史记录】面板

如果需要回退到某一个历史状态，直接在操作步骤列表区单击该操作步骤即可。如果单击【创建新快照】按钮，可以把当前操作状态下的图像保存为快照，在以后的操作过程中，无论何时在面板上方单击此快照栏，都可以将图像恢复为保存快照时的操作状态；如果单击【从当前状态创建新文档】按钮，可以将当前历史状态下的图像复制到一个新文件中，新文件将具有当前图像文件的通道、图层及选区等相关信息；如果单击【删除当前状态】按钮，可以删除当前的历史状态，退回到上一操作状态；如果单击【历史记录】面板右上角的按钮，在弹出菜单中选择【清除历史记录】命令，则可以清除【历史记录】面板中除当前选择栏以外的其他历史状态栏，而图像仍保持编辑后的状态。

(3)【历史记录画笔】工具。【历史记录画笔】工具可以将图像的某一区域恢复至某一历史状态，以形成特殊效果。此工具需要结合【历史记录】面板使用。

(4)【历史记录艺术画笔】工具。【历史记录艺术画笔】工具与【历史记录画笔】工具的功能基本相同，区别在于使用【历史记录艺术画笔】工具进行绘图时，可以选择一种笔触样式，以绘制出具有艺术风格的图像作品，其选项栏如图5－2－5所示。其中【样式】用来选择一种绘图样式；【区域】用于设置绘制时所覆盖的像素范围，其数值越大，画笔所覆盖的范围就越大，反之就越小；【容差】用于限定可以应用绘画描边的区域，低容差时可在图像中的任何地方绘制无数条描边，高容差时则会将绘画描边限定在与源状态或快照中的颜色明显不同的区域。

图5－2－5 【历史记录艺术画笔】工具选项栏

2. 复制和修复图像

对于缺损的、被破坏的或不理想的局部图像，可以使用下面介绍的工具进行操作，这些工具在处理数码照片时应用非常广泛。

(1)【仿制图章】工具。【仿制图章】工具用于对图像中的图像元素进行复制。它可以将图像的某一部分复制到同一图像的另一个位置，或者复制到具有相同颜色模式的任何打开的文档中。其选项栏如图5－2－6所示。

图5－2－6 【仿制图章】工具

现对该选项栏中的各参数说明如下。

1)【对齐】：勾选此项表示对当前取样点仅使用一次，取消此项表示可以多次使用当前取样点。

2)【样本】：用来指定取样的图层。有【当前图层】【当前和下方图层】【所有图层】三个选项。

3)【仿制源按钮】：单击该按钮可以打开【仿制源】面板，如图5－2－7所示。用户可以在该面板中设置其他的仿制源，最多可以设置五个不同的仿制源。

现对【仿制源】面板中的各选项说明如下。

A.【位移】：指定 X、Y 的值可以相对于取样点的位置进行复制。

B.【W、H】：用来缩放仿制源，默认情况下将会约束缩放比例。如果不想约束缩放比

图5－2－7　【仿制源】面板

例，可以单击后调整按钮。

C.【旋转仿制源】：用来设置仿制源的旋转角度。

D.【复位变换】按钮：可以将仿制源复位到其初始大小和方向。

E.【帧位移】：如果要使用与初始取样的帧相关的帧进行绘制，可以设置此项。如果此项为负值，表示要使用的帧在初始取样的帧之前；如果此项为正值，表示要使用的帧在初始取样的帧之后。

F.【锁定帧】：勾选此选项表示始终使用初始取样的相同帧进行复制。

G.【显示叠加】：勾选此选项可以显示仿制的源的叠加效果。

H.【已剪切】：勾选此选项可以将叠加剪切到画笔大小。

I.【自动隐藏】：勾选此选项可以在复制时隐藏叠加帧。

J.【反相】：用来将叠加的颜色反相显示。

K.【不透明度】：用来设置叠加的不透明度。

L.【模式】：用来设置叠加的外观。

（2）【图案图章】工具。【图案图章】工具可以使用图案来描绘图像区域。因此，首先要创建需要的图案，也可以直接应用系统自带的图案。其选项栏如图5－2－8所示。

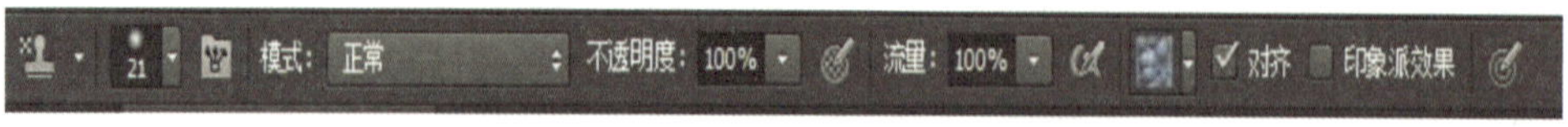

图5－2－8　【图案图章】工具选项栏

1）【图案】：用来选择图案样式。其中列有系统自带和自定义的所有图案。

2）【对齐】：勾选此选项可以保持图案与原始起点的连续性。

3）【印象派效果】：用于设置绘制图案的效果。如果选中此复选框，则创建的图像会具有印象主义艺术效果。

（3）【污点修复画笔】工具。【污点修复画笔】工具用于去除照片中的杂色或污斑。使用此工具时不需要采样操作，只需用此工具在图像中有杂色或污斑的地方单击即可，Photoshop 能够自动分析单击处及周围图像的不透明度、颜色与质感，从而进行自动采样与修复操作。其选项栏如图 5－2－9 所示，选择【近似匹配】表示使用要修补区域周围的像素来修复图像；选择【创建纹理】表示使用图像中的所有像素创建一个纹理来修复图像。

图 5－2－9 【污点修复画笔】工具选项栏

（4）【修复画笔】工具。【修复画笔】工具可以对有皱纹或雀斑等瑕疵的人物脸部照片进行修复操作，当然也可以处理有污点或划痕的图像，其选项栏如图 5－2－10 所示。选择【取样】后按住Alt键单击取样，将已取样点的图像覆盖要修改的区域。此时，【修复画笔】工具与【仿制图章】工具的使用方法相似，不同之处是该工具能使复制得到的图像更好地与被修复区域融合。选择【图案】并在后面的下拉列表中选择一个合适的图案，就可以用该图案去修复需要改变的地方。

图 5－2－10 【修复画笔】工具选项栏

（5）【修补】工具。【修补】工具可以用其他区域的图案来修复选中的区域，其选项栏如图 5－2－11 所示。选择【源】表示选中的区域将作为要修补的区域；选择【目标】表示选中的区域将作为用于修补的区域。

图 5－2－11 【修补】工具选项栏

（6）【红眼】工具。【红眼】工具用于修饰数码照片的工具，主要用于去除照片中人物的红眼，其选项栏如图 5－2－12 所示。其中【瞳孔大小】用于设置瞳孔的大小；【变暗量】用于设置瞳孔变暗的程度。此工具的使用方法非常简单，只需要设置参数后，在图像中的红眼位置单击一下即可。如图 5－2－13 所示的原图，使用【红眼】工具后的效果如图 5－2－14 所示，左右眼对比效果如图 5－2－15 所示。

瞳孔大小： 80% 变暗量： 90%

图 5－2－12 【红眼】工具选项栏

图 5－2－13 原图效果

图 5－2－14　使用红眼工具后的效果

图 5－2－15　左右眼对比效果

任务实施

（1）打开文件，使用 Ctrl + O 快捷键打开素材文件“双生小狗．jpg”，如图 5－2－16 所示。

（2）处理素材图片，在工具箱中选择【仿制图章】工具，在其选项栏中设置【笔触大小】为 175 px。然后按住 Alt 键并在左侧小狗的鼻子处单击鼠标左键进行取样。放开 Alt 键，将光标拖动右侧小狗处进行涂抹，直到将右侧的小狗覆盖，效果如图 5－2－17 所示。

（3）在工具箱中选择【图案图章】工具，如图 5－2－18 所示。在其选项栏中设置【笔触大小】为 150 px，图案为草。使用该工具在整个画布上拖拽鼠标，直到将整个画布涂满，如图 5－2－19 所示。

图 5－2－16　打开素材文件

图 5－2－17　处理右边小狗

图 5－2－18　【图案图章】工具选项栏

（4）执行【窗口】→【历史记录】命令打开【历史记录】面板，如图 5－2－20 所示。在工具箱【历史记录画笔】工具，在其选项中设置【笔触大小】为 125 px。

图5-2-19　将画布涂满

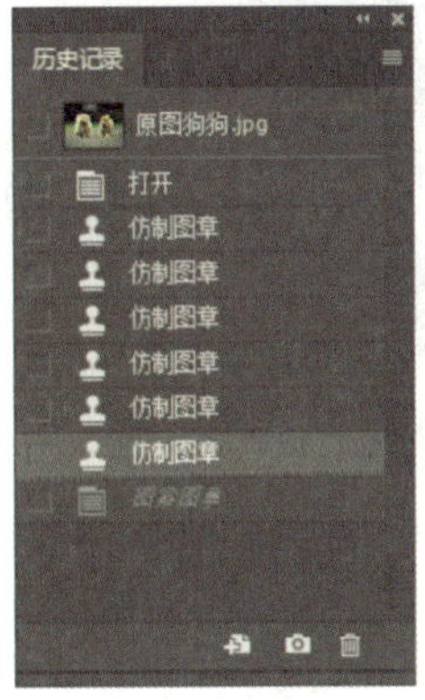

图5-2-20　打开历史记录面板

（5）然后在【历史记录】面板中将“仿小狗上方制图章”步骤作为历史记录画笔的源，如图5-2-21所示。

（6）再使用【历史记录画笔】工具在两只小狗上涂抹，将它们显示出来，如图5-2-22所示。

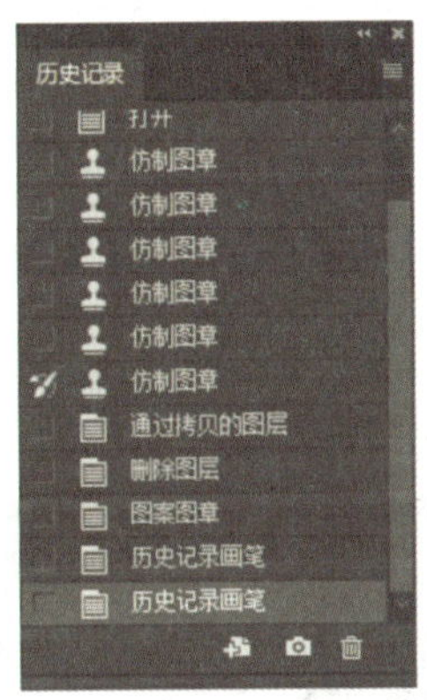

图5-2-21　选择历史记录画笔的源

图5-2-22　制作双生小狗完成效果

（7）使用Ctrl+S快捷键保存文件。

任务三　为美女祛斑

任务分析

本任务要求使用【仿制图章】工具、【污点修复画笔】工具、【修复画笔】工具和【修补】工具等工具为美女祛斑，素材如图5-3-1所示，祛斑后效果如图5-3-2所示。

图5-3-1　祛斑素材图

图5-3-2　祛斑效果图

任务实施

1. 打开文件

使用Ctrl + O 快捷键打开素材文件“斑点.jpg”，如图5-3-3所示。

2. 修饰照片

人物的脸上有5个明显的斑点，此案例分别采用4种不同的方法将斑点消除。

（1）消除额头的斑点。在工具箱中选择【仿制图章】工具，将其【笔触大小】设为15 px，比斑点稍大些，再按住Alt键，在斑点周围的皮肤上单击进行取样。放开Alt键，在斑点上单击即可将该斑点消除，如图5-3-4所示。

图5-3-3　打开素材文件

图5-3-4　消除额头斑点

（2）消除眉毛两边的斑点。在工具箱中选择【污点修复画笔】工具，将其笔触设得比斑点稍大，然后在斑点上单击即可将其消除，如图5-3-5所示。

（3）消除唇部斑点。在工具箱中选择【修复画笔】工具，将其笔触设得比斑点稍大，再按住Alt键，在斑点周围的皮肤上单击进行取样。放开Alt键，在斑点上单击即可将斑点消除，如图5-3-6所示。

（4）在工具箱中选择【修补】工具，用该工具将斑点圈起来，如图5-3-7所示。把光标放到斑点上，将圈着的斑点移到附近的皮肤，即可用该皮肤来修复斑点，效果如图5-3-8所示。

图5－3－5 消除眉毛两边的斑点

图5－3－6 消除唇部斑点

图5－3－7 圈起斑点

图5－3－8 去除斑点后效果

3. 保存文件

使用Ctrl＋S快捷键保存文件。

任务四 制作图片的景深效果

任务分析

本任务要求把如图5－4－1所示的景深素材图片处理成如图5－4－2所示的具有景深效果的图片。

图5－4－1 景深素材

图5－4－2 景深效果

任务实施

1. 打开文件

使用 Ctrl + O 快捷键打开素材文件“人物．jpg”，如图 5－4－3 所示。

2. 模糊图像

将前景色设为 R：241、G：249、B：31，然后在工具箱中选择【画笔工具】，并在其选项栏将“笔触大小”设为 1200 px，“硬度”为 0%。使用该画笔在画布中间单击，可以看到在画布上绘制了一个很大的黄色圆点，拖动笔触模糊图像，效果如图 5－4－4 所示。

图 5－4－3　打开素材文件

图 5－4－4　模糊图像

3. 处理景深效果

在工具箱中选择【历史记录画笔】工具，并将【画笔大小】设为 200 px，使用该画笔在人物的脸部单击，此时人物的脸部将会变得清晰，如图 5－4－5 所示。如果想继续扩大清晰的范围，可以使用该画笔多次单击。如图 5－4－6 所示的是单击 3 次后的效果。

图 5－4－5　处理景深效果

图 5－4－6　处理后的效果图

4. 保存文件

按 Ctrl + S 快捷键保存文件。

小结

图像修饰工具是 Photoshop 的重点之一，熟练掌握这些工具的用法，是学好 Photoshop 最关键的一步。由于 Photoshop 对图形图像几乎所有的处理操作都涉及工具的使用，故读者应通过实际操作熟练掌握这些工具。

思考与练习

1. 判断题（对的打“√”，错的打“×”）

（1）油漆桶工具和渐变工具都是为图像填充色彩的工具。（ ）

（2）减淡工具和加深工具的选项栏相同。（ ）

2. 选择题

（1）（ ）适合绘制像素画。

A. 画笔工具 B. 铅笔工具

C. 油漆桶工具 D. 喷枪

（2）使用（ ）处理图像可以创建手指画效果。

A. 画笔工具 B. 铅笔工具

C. 涂抹工具 D. 历史记录画笔工具

（3）（ ）是利用图案来描绘图像区域的。

A. 图案图章工具 B. 修复画笔工具

C. 仿制图章工具 D. 模糊工具

项目实训

本项目要求使用【仿制图章】工具将如图 5－7－1 所示的素材图片中的两只小狗处理为如图 5－7－2 所示的消失一只小狗的效果。

图 5-7-1　两只小狗素材图

图 5-7-2　消失一只小狗效果图

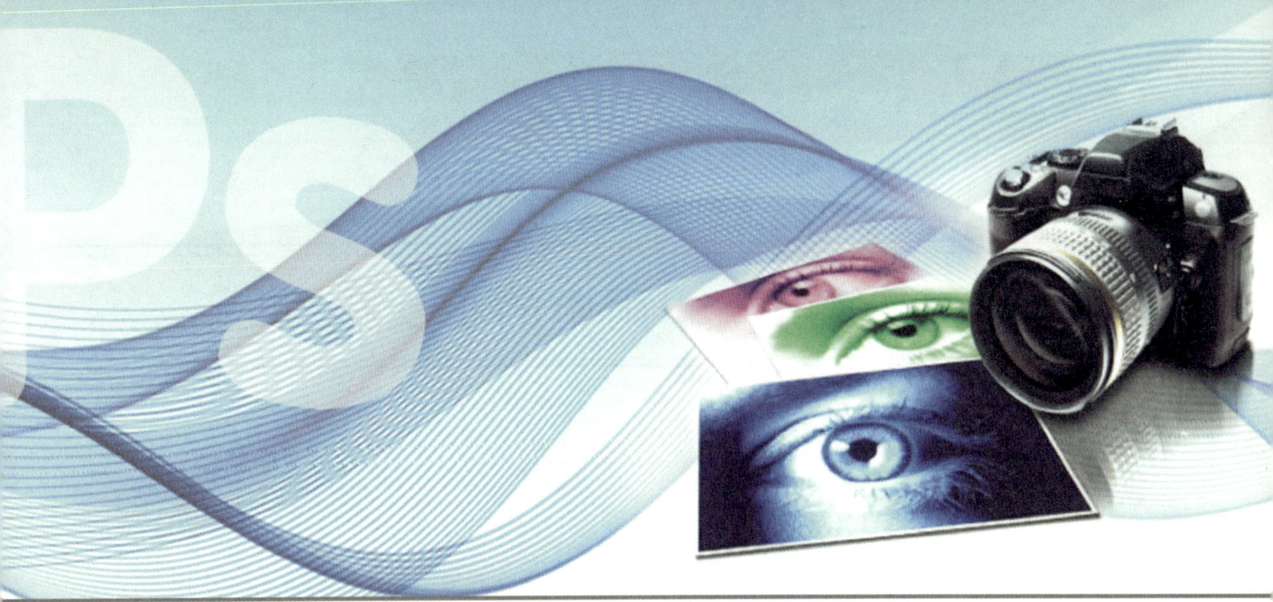

项目 6

图层的初级应用

项目介绍

本项目介绍了图层的基本特性、图层的基本操作、图层面板的操作和图层组的使用等基础知识。着重介绍了图层的基本操作、图层编辑、图层组的使用；图层面板操作和图层的基本操作是本项目难点。通过本项目学习，读者可以学会创建和使用图层，懂得在处理图像时图层的重要性和使用普遍性，从而更有效地去编辑和处理图像。

培养目标

- 掌握图层的基本特性。
- 了解图层面板的一些操作。
- 掌握图层的基本操作。
- 掌握图层组的使用。

任务一　雨中的小女孩

任务分析

通过给定的素材，原图如图 6－1－1 所示，拼合成的最终效果如图 6－1－2 所示。

图 6－1－1　雨中的小女孩原图

图 6－1－2　雨中的小女孩效果图

相关知识

图层是 Photoshop 在图像处理时使用最多的功能之一，它是 Photoshop 的基石与核心，对图形的任何操作与处理都是基于图层的。使用图层可以非常方便地管理和处理图像，还可以创建各种特效。

1. 图层的概念

Photoshop 中的图层具有以下几个基本特性。

（1）编辑特性。使用绘画工具如画笔工具、涂抹工具、加深和减淡等工具时，只能编辑当前选定的一个图层，而滤镜也只能用在当前图层上。在进行移动、缩放和旋转等变换操作时，则可以同时对所选定的图层进行处理。

（2）透明度与混合特性。图层是堆叠在一起的，透过上面图层的透明部分可以看到下面图层的内容。通过【图层】面板输入框中的数值可以控制当前图层的不透明度，数值越小则当前图层越透明。

（3）共同属性。同一图像中的所有图层都具有相同分辨率、相同的通道数量和同一图像模式（RGB、CMYK 或其他模式）。

2. 图层面板

通常在进行图像处理时，【图层】面板必须打开，这样可以方便观察当前操作是针对哪一个图层。执行【窗口】→【图层】命令，或者按下 F7 键，可以打开【图层】面板，如

图6-1-3所示。【图层】面板列出了图像中所有图层、图层组和图层效果。可以使用【图层】面板来显示和隐藏图层、创建新图层及处理新图层。

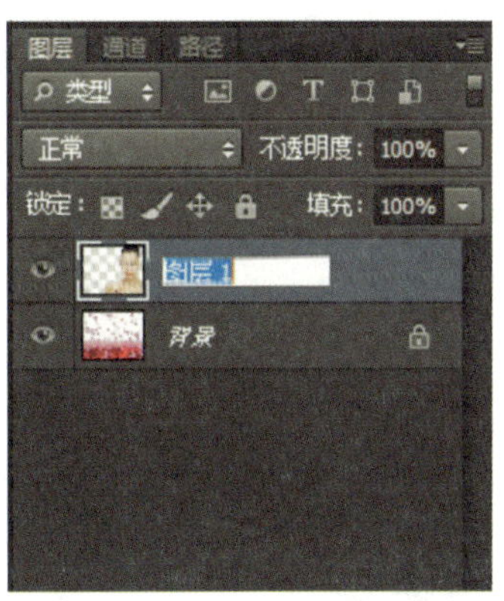

图6-1-3　【图层】面板　　　图6-1-4　修改图层名称

下面介绍【图层】面板中主要选项的作用。

(1)【图层名称】。显示各图层的名称，一般显示在缩览图的右边。如果需要修改图层的名称，则在图层名称处双击鼠标或执行【图层】→【图层属性】命令，然后在弹出的图层属性对话框中修改图层的名称即可。如图6-1-4所示。

提示：此命令只对普通图层起作用，对于锁定的背景层不起作用。

(2)【设置图层的混合模式】。用来设置当前图层的图像与其下面图层图像的混合模式，从而创建图像的混合效果。

(3)【不透明度】。通过输入框中数值可以控制当前图层的不透明度，数值越小则当前图层越透明。

(4)【锁定】。决定锁定图层的方式，包括锁定透明像素、锁定图像像素、锁定位置和锁定全部4种方式。这些方式只对普通层起作用，对背景层无效。这些将在后面详细介绍。

(5)【填充】。它与图层不透明度相似，也是用来设置图层不透明度的选项。它只对当前图层起作用，而不透明度是在图层混合时起作用的。

(6)【图层缩览图】。用于显示本图层的缩览图，它随着图层图像的变化而及时更新。图层缩览图的大小是可以调整的，单击右上角的【方向】按钮，在弹出的下拉列表中选择面板选项对话框，从缩览图大小选项中选择合适的显示范围即可调整图层缩览图的大小。面板选项中有一项【缩览图内容】的选择项，选择【整个文档】可以用来显示整个文档的内容；选择【图层边界】则可将缩览图限制为图层上对象的像素。

(7)【指示图层的可见性】。用来显示或隐藏图层，显示此图标的图层为可见图层，没有此图标的图层为隐藏图层。

(8)【链接图层】。单击此按钮，可以链接选定的多个图层。

(9)【添加图层样式】。单击此按钮，在以下菜单中可以为当前图层添加图层样式。

(10)【添加图层蒙版】。单击此按钮，可以为当前图层添加图层蒙版，当前图层后面就会显示蒙版图标，背景图层不能创建蒙版。

（11）【创建新的填充或者调整图层】 。单击此按钮，在弹出的下拉列表中可以选择一个填充图层或者填充图层命令，来创建新的填充图层或调整图层。

（12）【创建新组】 。单击此按钮，可以新建一个图层组。

（13）【创建新图层】 。单击此按钮，可以新建一个图层。

（14）【删除图层】 。单击此按钮，可以删除当前选定的图层或图层组。

3. 图层的类型

在 Photoshop 中可以创建不同类型的图层，这些图层都有各自的功能和特点，大致可以将图层分为背景图层、普通图层、文字图层、形状图层、调整图层、蒙版图层和填充图层等 7 种。

（1）背景图层。在 Photoshop 中新建文件时，如果【背景内容】选择白色或背景色，在新建的文件中就会自动创建一个背景图层，并且该图层还有一个锁定的标志 ，如图 6－1－5 所示。

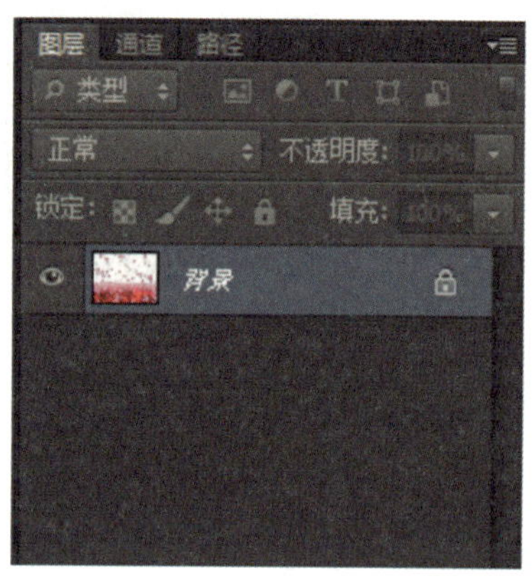

图 6－1－5 背景图层

背景图层不能进行一些图层的操作，如修改画面不透明度（图层面板上的 不透明度: 为灰色）等，如果要对背景图层进行这些操作，则必须先将其转换为普通图层，方法如下。

1）在图层面板上双击 手指的位置，会弹出如图 6－1－6 所示的对话框。

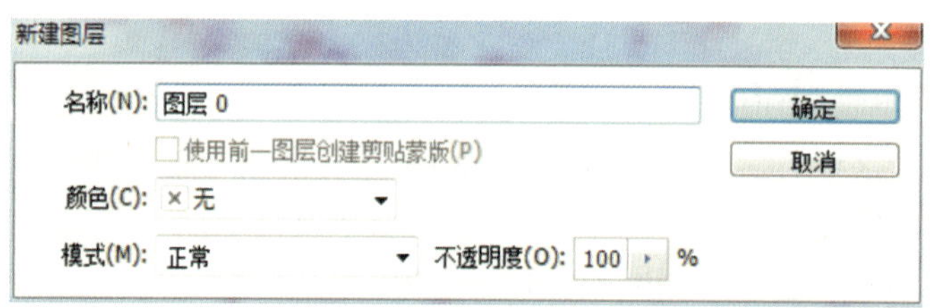

图 6－1－6 背景图层对话框

2）设置好各参数后单击 确定 按钮，背景就转换成为一个普通图层，图层面板如图 6－1－7 所示。

图 6－1－7 普通图层

（2）普通图层。普通图层是一种最常用的图层，是没有进行添加样式或者其他特别设置的图层。要对图层进行操作及在图层上对图像进行处理，首先要建立图层，执行【图层】→【新建】→【图层】命令，建立普通图层，如图 6－1－8 所示。

（3）文字图层。文字图层是一种特殊的图层，是在图像中输入文字时生成的图层，用于存放文字信息。文字图层的创建方法是在工具栏中单击 T 工具，选择横排文字工具，在图像中任意单击，在它在【图层】面板中会自动

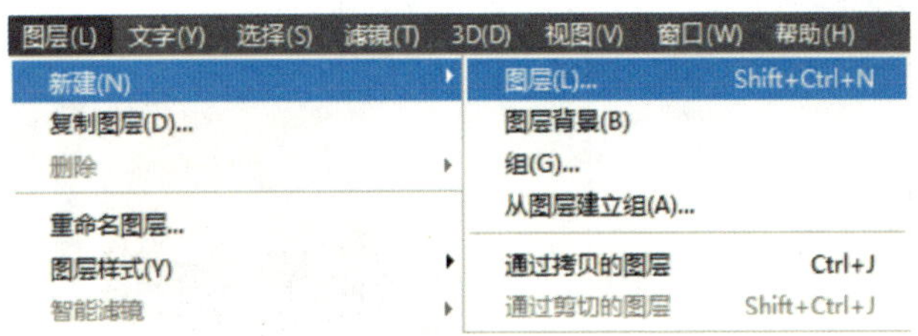

图 6－1－8　新建图层

生成一个图层，缩览图显示为一个“T”状的标志。然后在图像上输入文字。文字图层不能应用色彩调整和滤镜，也不能使用绘画工具进行编辑。如果要处理，可以执行【图层】→【栅格化】→【文字】命令，将文字图层栅格化。

（4）形状图层。形状图层一般是使用工具箱中的形状工具（【矩形工具】、【圆角矩形】工具、【椭圆】工具、【多边形】工具、【直线】工具、【自定形状】工具或【钢笔】工具）绘制图形后而自动创建的图层。形状图层包含定义形状颜色的填充图层和定义形状轮廓的链接矢量蒙版，适合于创建 Web 图形。

提示：要创建形状图层，一定要先在选项栏中选择【形状图层】按钮 形状 。关于形状工具组的使用方法会在下文中详细讲解。

（5）调整图层。调整图层可将颜色或色调调整应用于图像，而不会永久更改像素值。单击【图层】面板底部的创建新的填充或调整图层按钮，可以打开一个下拉列表，下拉列表中包含了 14 种调整图层；也可以执行【图层】→【新建调整图层】下拉菜单中的命令来新建调整图层。

（6）填充图层。填充图层是向图层中填充纯色、渐变和图案创建的特殊图层。同调整图层一样，填充图层建立在当前图层的上面，所以在新建填充层前，应选好当前层。

单击【图层】面板底部的【创建新的填充或调整图层】按钮，可以打开下拉列表，下拉列表中包含了 3 种填充图层命令；也可以选择【图层】→【新建】→【填充图层下拉菜单中命令】。执行一个命令之后，即可在当前选定的图层上面创建相应的填充图层。

（7）蒙版图层。使用蒙版可以显示或者隐藏图层的部分图像，也可以保护区域以免被破坏。读者可以创建两种类型的蒙版。

1）图层蒙版：此蒙版是与分辨率有关的位图图像，它们是由绘画或者选择工具创建的。单击【图层】面板下方的【添加图层蒙版】按钮，或者执行【图层】→【图层蒙版】命令，在子命令中选择合适的命令项，即可创建图层蒙版。

2）矢量蒙版：此蒙版与分辨率无关，是由钢笔或者形状工具创建的。选择【图层】→【矢量蒙版】命令，在子命令中选择合适的命令项，即可创建矢量蒙版。

Ps 任务实施

（1）新建文件，画布大小 27 厘米 ×20 厘米，如图 6－1－9 所示。

（2）设置前景色，RGB 值分别为 250，143，125，如图 6－1－10 所示，双击背景图层解锁，填充背景图层。

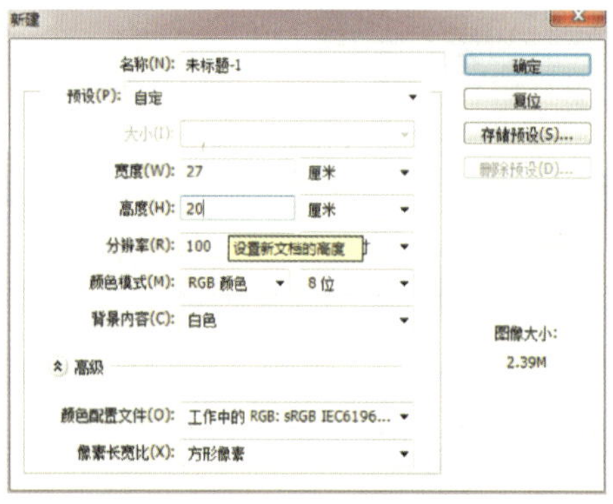

图 6－1－9　新建画布

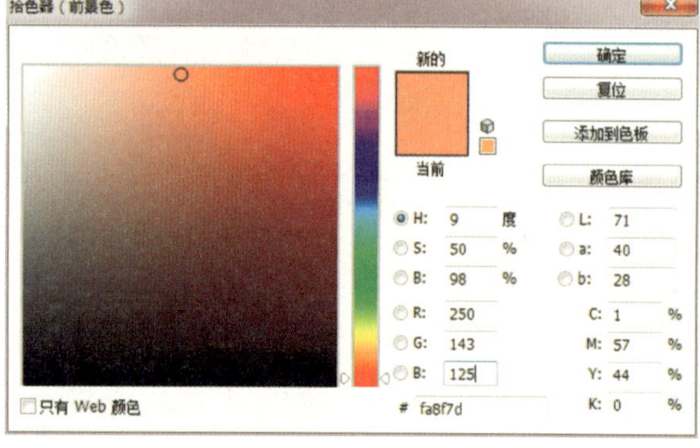

图 6－1－10　设置前景色

（3）导入雨天素材，如图 6－1－11 所示。导入红藤、黄藤素材，使用移动工具，摆放到合适位置，如图 6－1－12 所示。

图 6－1－11　雨天

图 6－1－12　导入藤条素材

（4）导入猫咪素材，调整位置大小，如图 6－1－13 所示。

（5）导入文字素材，调整位置大小，最后的效果如图 6－1－2 所示。

图 6－1－13　导入猫咪素材

任务二　制作风景画

任务分析

本任务要求通过改变图层顺序、图层编组等内容，把图 6－2－1 所示的风景画原图改变成效果如图 6－2－2 所示的风景画。

图 6－2－1　风景画原图

图 6－2－2　风景画效果图

相关知识

1. 图层的编辑

图层的编辑包括图层的建立、选择、移动、复制、重命名、删除和锁定图层等。

（1）新建图层。新建图层是图层操作中比较基础，但是非常重要的操作类型之一。可以有以下几种方法创建新的图层。

1）执行【图层】→【新建】→【图层】命令，创建新的图层。

2）使用 Shift ＋ Ctrl ＋ N 快捷键，创建新的图层。

3）单击图层控制面板右侧的三角形按钮，在弹出的菜单中选择【新建图层】命令，如图 6－2－3 所示。

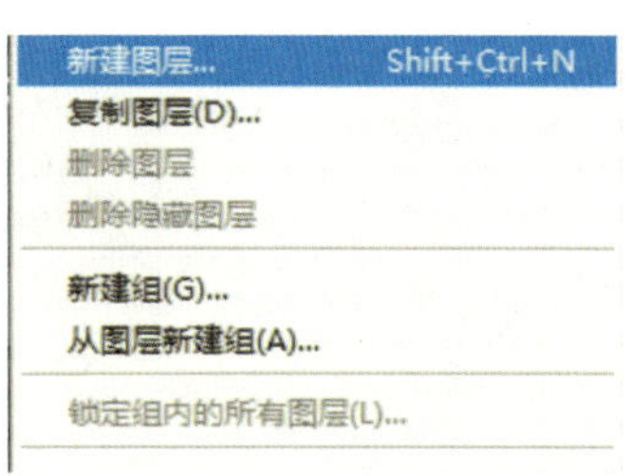

图 6－2－3　新建图层

4）单击【新建图层】按钮，可以直接创建一个 Photoshop 默认的新图层，这也是创建新图层最常用的方法。

（2）选择图层。在 Photoshop 中可以选择一个或多个图层进行编辑（如绘画及调整颜色和色调），但一次只能在一个图层上工作。单个选定的图层会呈现蓝色，如图 6－2－4 所示，称为现用图层。现用图层的名称将出现在文档窗口的标题栏中。可以通过以下几种方法选择图层。

1）选择单个图层：在图层面板中任意单击一个图层，即可选择此图层。

2）选择多个连续的图层：可以先单击第一个图层，然后按住Shift键单击最后一个图层，即可选中所有图层。

3）选择多个非连续图层：可以按住Ctrl键并在图层面板中分别单击所需图层。

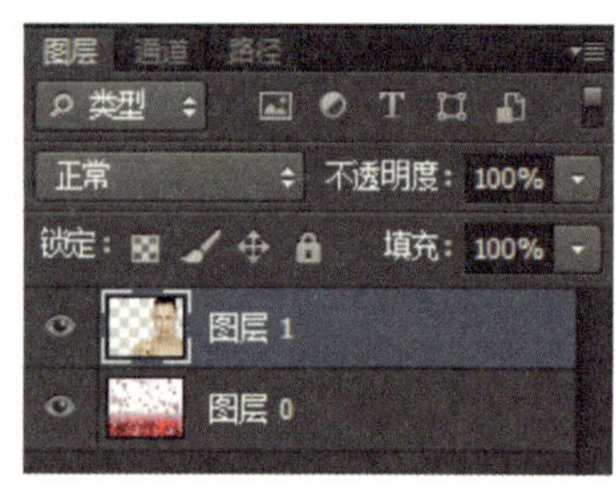

图 6－2－4　选择图层

4）选择所有图层：执行【选择】→【所有图层】命令。

5）不选择任何图层：在【图层】面板中的背景图层或底部图层下方单击，或者执行【选择】→【取消选择图层】命令。

（3）移动图层。图像中的各个图层间彼此是有层次关系的，层次效果的最直接体现就是叠加。位于图层面板下方的图层层次是较低的，越往上层次越高。就好像从桌子上渐渐往上堆叠起来的一样。位于较高层次的图像内容会遮挡较低层次的图像内容。图层的移动方法有以下几种。

1）在图层面板中，将图层上下拖动。

2）执行【图层】→【排列】命令来调整图层的顺序。

①置为顶层：可以将当前选择的图层移动到图层面板的最顶层，如图 6－2－5 所示。

②前移一层：可以将当前选择的图层向前移动一层，如果该图层已经处于最顶层，此命令不能被使用。

③后移一层：可以将当前选择的图层向下移动一层，如果该图层已经处于最底层，即背景层的上方，此命令不能被使用。

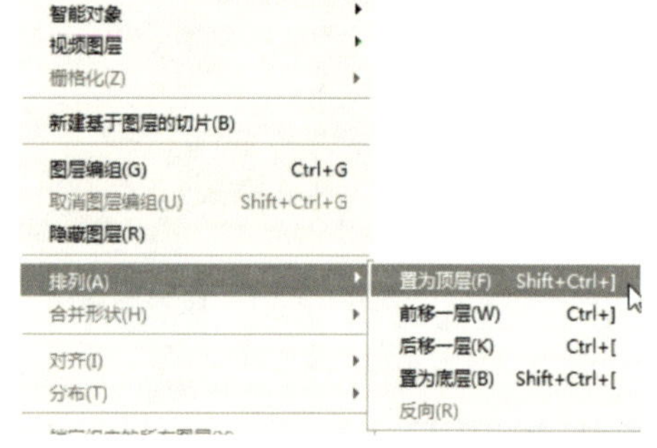

图 6－2－5　置为顶层

（4）复制图层。图层的复制是图像处理操作中常用的命令，复制图层实际上就是创建图层副本。要复制图层，首先要将复制的图层选中为当前图层，然后可以进行以下操作。

1）执行【图层】→【复制图层】命令，弹出【复制图层】的对话框，在【为（A）】文本编辑框中键入新的图层名称即可，如图 6－2－6 所示。

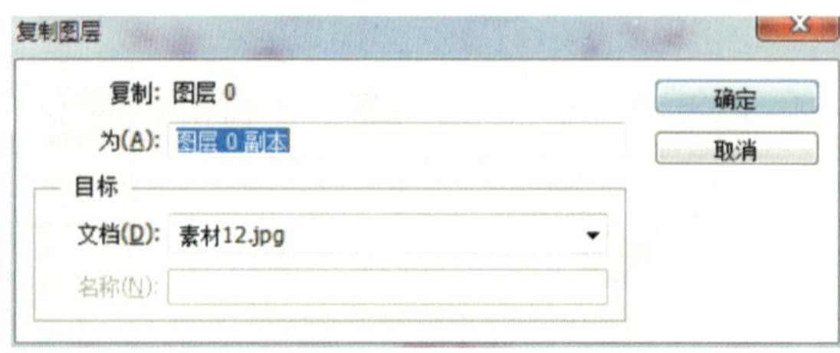

图 6－2－6　【复制图层】对话框

2）在图层面板中选中要复制的图层，单击右键，在弹出的菜单中选择“复制图层”选项。

3）选中当前图层，直接拖到控制面板上【创建新的图层】的按钮 上释放鼠标即可，这也是最为简单、常用的一种图层复制方式。

4）按下Ctrl＋J快捷键，可以直接复制当前图层。

5）不同图像之间的图层复制：在进行图像编辑处理时，如果需要将一个图像中的多个图层复制到另一个图像中，只需将所要复制的多个图层全部选中，使用移动工具拖到新的图像中即可。

（5）重命名图层。在新建图层时，系统会自动为图层命名，例如“图层1”“图层2”等。当新建图层数量较多时，为了在【图层】面板中便于识别，可以为图层重新命名。为图层重新命名可以有以下几种方法。

1）显示各图层的名称，一般显示在缩览图的右边。如果需要修改图层的名称，则在图层名称处双击鼠标即可。

2）执行菜单栏【图层】→【重命名图层】命令，也可以对图层进行重命名。

（6）删除图层。在处理编辑图像的图层数量较多时，删除不需要的图层可以减小图像的文件大小。删除图层的方式有以下几种。

1）单击图层控制面板下方的【删除图层】按钮，然后单击按钮 是(Y) ，就可删除图层，如图6－2－7所示。

图6－2－7　删除图层

2）执行【图层】→【删除】→【图层】命令，进行删除图层。

3）在当前图层上单击右键，在弹出的菜单中执行【删除图层】命令，进行删除图层。

（7）锁定图层。在图层面板中单击【锁定】按钮，可对当前图层编辑操作进行部分或完全锁定。如果要取消锁定，可选择被锁定图层，然后再次单击相应的锁定按钮即可。锁定图层的方式有以下4种。

1）【锁定透明像素】：单击此按钮，可保护图层的透明部分，编辑操作的范围将被限制在图层中不透明的部分。

2）【锁定图像像素】：单击此按钮，可防止绘画工具破坏此图层的像素。

3）【锁定位置】：单击此按钮，图层的位置被固定，将不会被随便移动。

4）【锁定全部】：单击此按钮，将锁定以上图层的所有属性。

提示：这些方式只对普通图层起作用，对背景图层无效。

2. 图层组

图层组是用来方便管理图层的。图层组的使用包括图层组的建立、将图层移入或移出图层组、复制和删除图层组等。

（1）创建图层组。利用图层组可以方便地对大量的图层进行管理，并可以对图层组中所有图层进行统一设置。要建立图层组，执行【图层】→【新建】→【组】命令，建立图层组，或者在图层控制面板中单击【创建新组】按钮，可建立一个新的图层组，如图 6－2－8 所示。

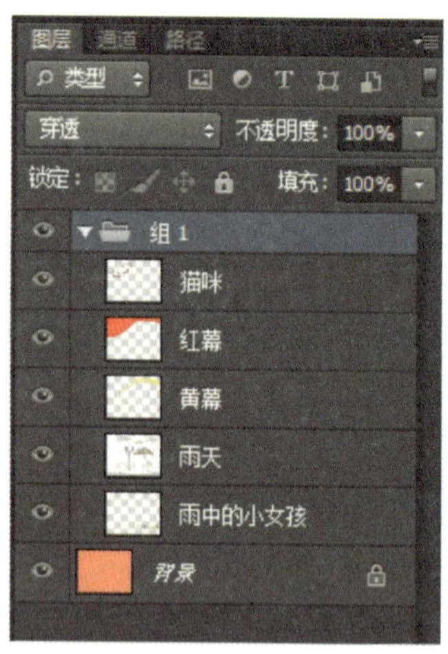

图 6－2－8　建立图层组

（2）将图层移入或移出图层组。创建图层组之后，单击图层组前面的图标可以折叠或者展开图层组。展开图层组时，图层会展开以显示出此图层组中包含的图层；折叠图层组时，图层会合并以占用【图层】面板较少的空间。

1）将图层移出图层组：当图层组展开时，将图层拖动到图层组的图标上，可将此图层移出此组，如图 6－2－9 所示。

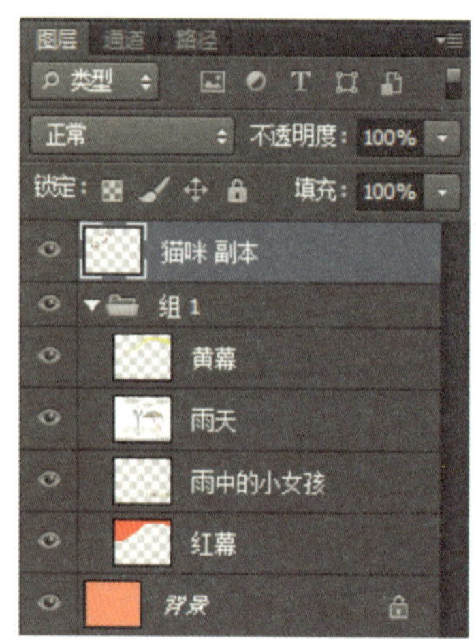

图 6－2－9　移出图层组

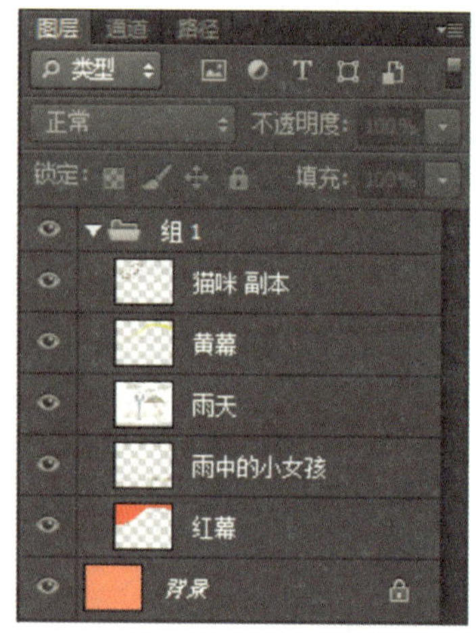

图 6－2－10　移入图层组

2）将图层移入图层组：当图层组折叠时，将图层拖动到图层组中需要的位置，可将此图层移入此组，如图 6－2－10 所示。

（3）复制和删除图层组。创建图层组之后，可以根据画面需求进行复制图层组和删除图层组。

1）复制图层组：将图层组拖到创建新图层的按钮上，可以复制图层组和组内包含的图层。也可以选择图层组，然后单击【图层】面板中的按钮，在打开的面板菜单中执行【复制组】命令，弹出【复制组】对话框，如图 6－2－11 所示。在【为（A）】文本编辑框内输入图层组的名称，选择将图层组复制到当前文档，或者新建的文档中。

2）删除图层组：将图层组直接拖动到删除图层按钮上，可以删除图层组及组内包含的所有图层。或者选择相应的图层组，然后单击【图层】面板上删除图层按钮，弹出如图 6－2－12 所示对话框，单击 组和内容(G) 按钮，可以删除图层组及组中的图层；单击 仅组(O) 按钮，可删除图层组，但保留组中图层；单击 取消(C) 按钮，则取消当前操作。

图6－2－11　复制组

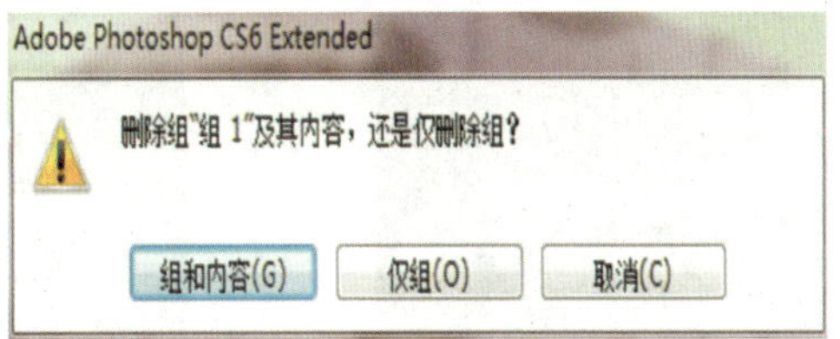

图6－2－12　删除图层组

任务实施

（1）打开素材“风景.psd”，图层顺序如图6－2－13所示。

（2）移动“枫叶”图层。在【图层】面板中选中该图层，并按住鼠标左键不放将其拖拽到图层的最上方，图层顺序如图6－2－14所示。

（3）移动“树干”图层。在【图层】面板中选择该图层，再按住鼠标左键不放将其拖拽到“枫叶”图层下方，如图6－2－15所示。

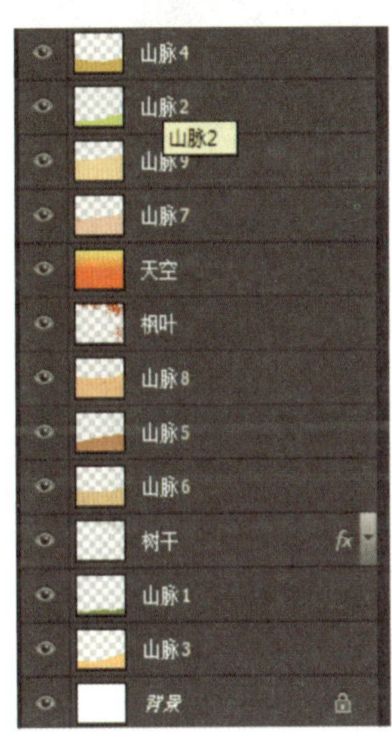

图6－2－13　原图层

图6－2－14　移动“枫叶”图层

图6－2－15　移动“树干”图层

（4）移动“天空”图层，单击该图层并将其拖拽到“背景”图层上方，如图6－2－16所示。

（5）移动“山脉1”图层，将其拖拽到“天空”图层上方，如图6－2－17所示。

（6）移动“山脉2”图层，将其拖拽到“山脉1”图层上方，如图6－2－18所示。

（7）移动“山脉4”图层，将其拖拽到“山脉3”图层上方，如图6－2－19所示。

（8）移动“山脉5”图层，将其拖拽到“山脉4”图层上方，如图6－2－20所示。

（9）移动“山脉7”图层，将其拖拽到“山脉6”图层上方，如图6－2－21所示。

（10）选中“山脉9”至“山脉1”之间的所有图层，再执行【图层】→【排列】→【反向】命令，如图6－2－22所示。

（11）选中“山脉9”至“山脉1”之间的所有图层，编组命名为“山脉”，图层顺序如图6－2－23所示，最后效果图如图6－2－2所示。

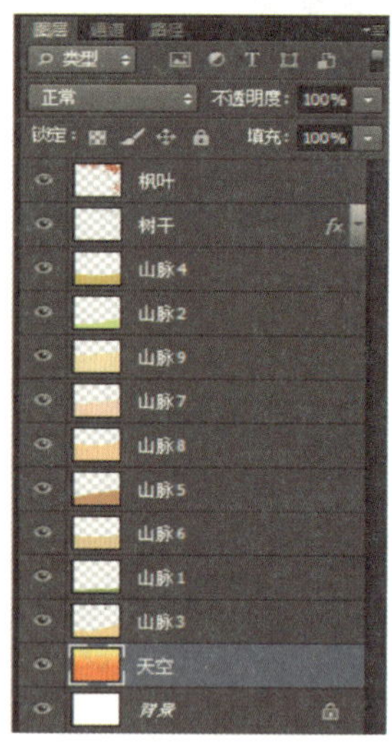

图 6－2－16　移动“天空”图层

图 6－2－17　移动“山脉 1”图层

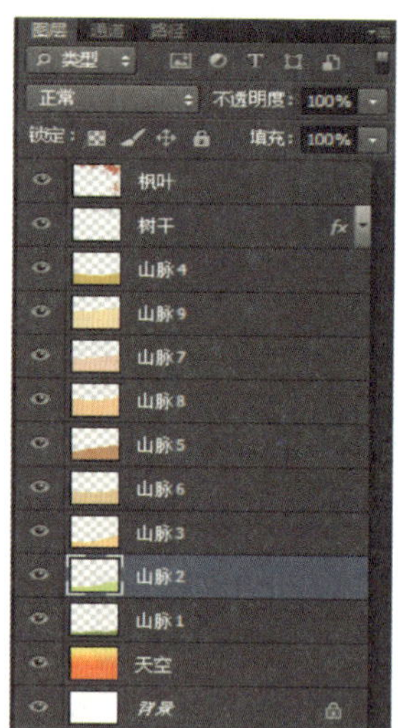

图 6－2－18　移动“山脉 2”图层

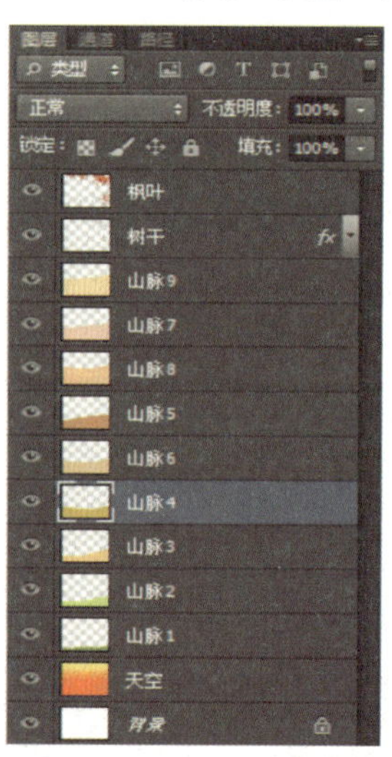

图 6－2－19　移动“山脉 4”图层

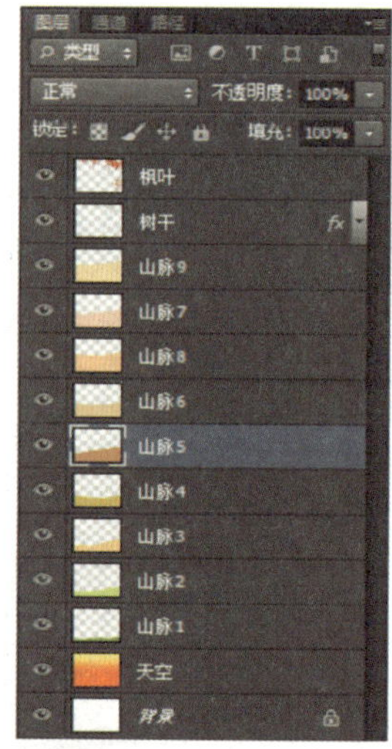

图 6－2－20　移动“山脉 5”图层

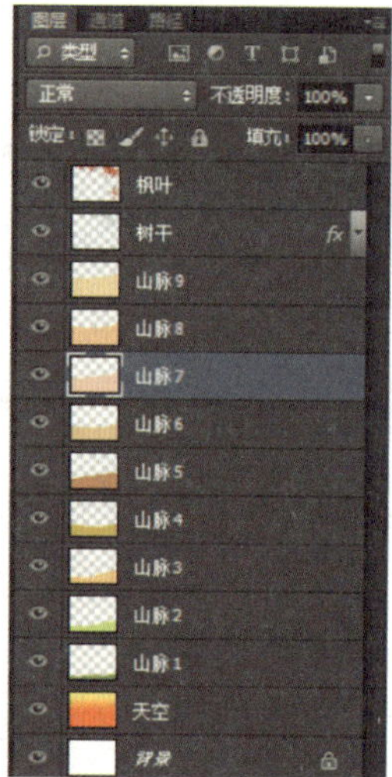

图 6－2－21　移动“山脉 7”图层

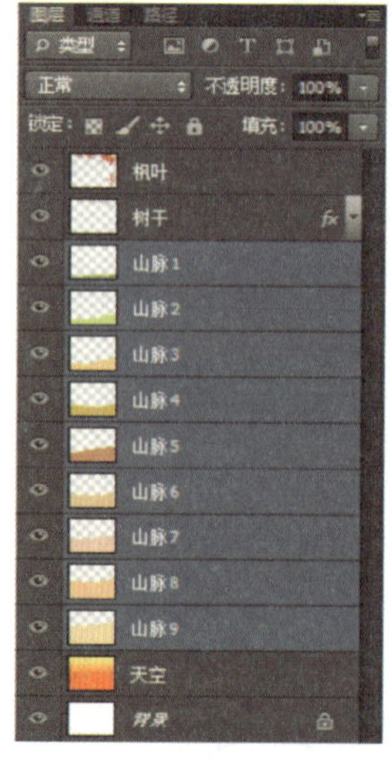

图 6－2－22　反向

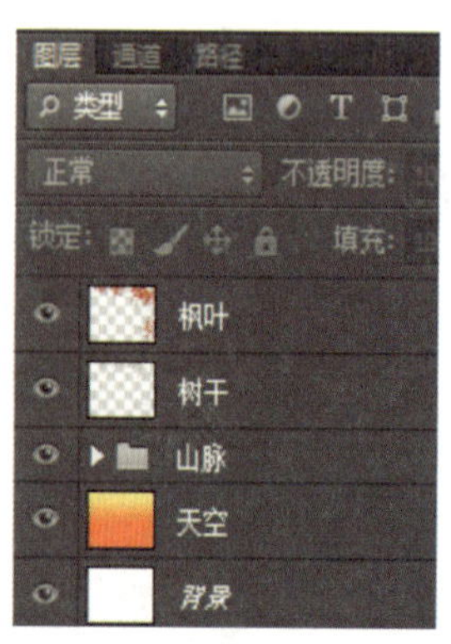

图 6－2－23　图层编组

任务三 制作相机广告

任务分析

本任务要求通过制作一张简单的相机广告，运用图层的基本操作，强化图层知识，以熟练掌握图层相关操作，学会对图像、图形及文字等元素进行有效的管理和归类，原图如图 6－3－1所示，效果如图 6－3－2 所示。

图 6－3－1 相机广告原图

图 6－3－2 相机广告效果图

相关知识

图层的编辑包括新建、选择、移动、复制、重命名、删除和锁定图层等。

任务实施

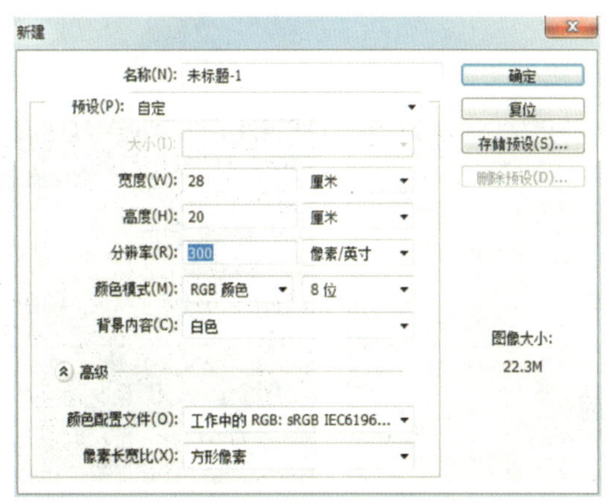

图 6－3－3 新建文档

（1）执行菜单栏的【文件】→【新建】命令（或按住 Ctrl + N 快捷键），在弹出的【新建】对话框中设置【宽度】为 28 厘米、【高度】为 20 厘米，设置【分辨率】为 300 像素/英寸、【颜色模式】为 RGB 颜色、【背景内容】为白色，设置各选项及参数后的新建对话框，创建一个空白的图像文件，如图 6－3－3 所示。

（2）打开素材“Camera”“Camera1”“Camera2”，利用【移动】工具，按住鼠

标左键不放，将图片直接拖拽到新建文件窗口中，并调整图片的位置，效果如图 6-3-4 所示，图层顺序图如图 6-3-5 所示。

图 6-3-4　摆放素材

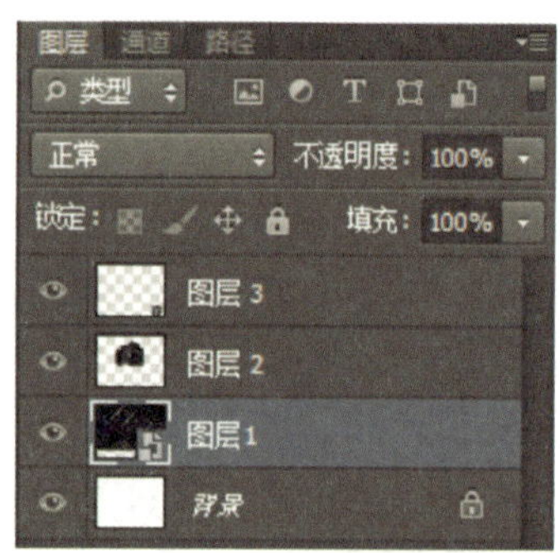

图 6-3-5　排列的图层顺序

（3）单击【图层】面板下方的【创建新的图层】按钮，创建一个新的“图层 4”图层，选择工具箱中的【矩形选框】工具，在新建的图层上画上一个矩形，如图 6-3-6 所示。

（4）设置前景色，RGB 值为（37，30，29），如图 6-3-7 所示，填充矩形，得到图层 4，如图 6-3-8 所示。

图 6-3-6　新建图层

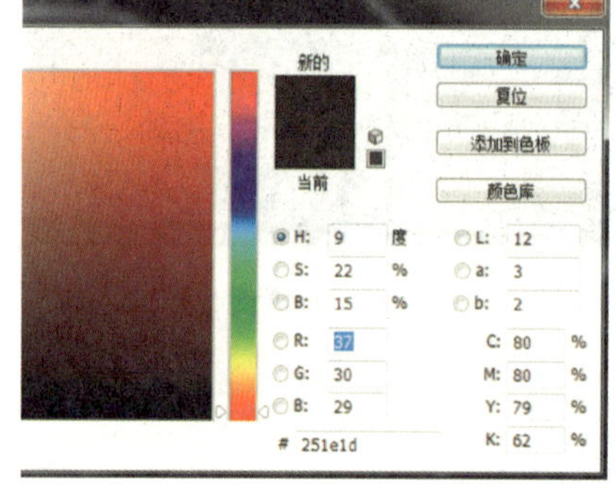

图 6-3-7　填充颜色

（5）选择图层 3，移动至图层 4 上方，并使用 Ctrl + J 快捷键复制图层 3，效果如图 6-3-9所示。

（6）使用文字工具，输入广告词“canon 350D”，得到最后的效果，最终的图层顺序如图 6-3-10 所示。

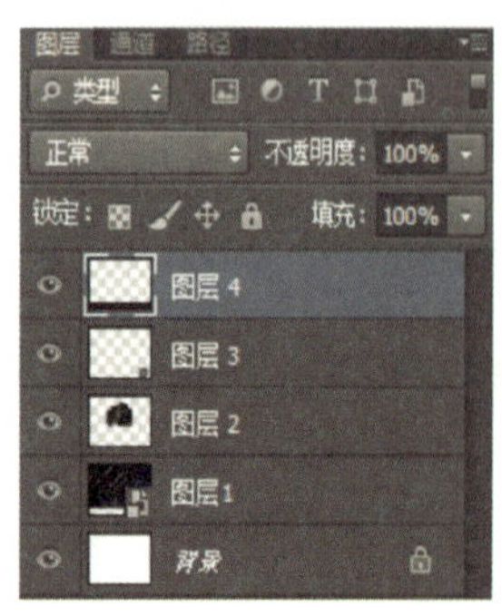

图 6-3-8　填充矩形

图 6-3-9　复制图层

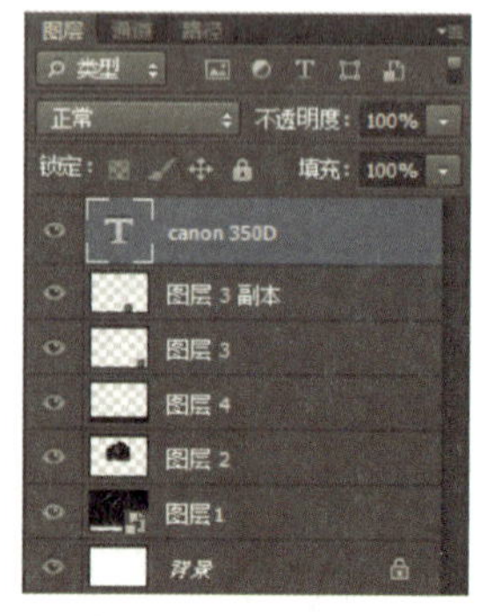

图 6-3-10　最终图层顺序图

小结

通过本项目的学习，读者可以了解图层的概念、分类及特点，重点掌握图层新建、删除、编组、移动、复制等相关操作，学会建立不同类型的图层，懂得在处理图像时图层的重要性和使用的普遍性，从而更有效地去编辑和处理图像。

思考与练习

选择题

(1) 以下是用来锁定图层的按钮是（　　）。

A. 　　B. 　　C. 　　D.

(2) 以下哪个是复制图层的快捷键？（　　）

A. Ctrl + N　　B. Ctrl + J　　C. Ctrl + Z　　D. Ctrl + O

(3) 以下哪个是用来新建图层的快捷键？（　　）

A. Shift + Ctrl + N　　B. Ctrl + N　　C. Ctrl + Z　　D. Ctrl + O

(4) 删除图层的方式有以下哪几种？（　　）

A. 单击图层控制面板下方的【删除图层】按钮

B. 执行【图层】→【删除】→【图层】命令

C. 在图层上单击右键，在弹出菜单中选择【删除图层】命令

D. 快捷键 Ctrl + N

项目实训

根据素材，制作飞舞的蝴蝶，其效果如图6-6-1所示。

图6-6-1　飞舞蝴蝶效果

项目 7

图层的高级应用

项目介绍

本项目介绍了更改图层或组的次序、链接图层的基本操作、图层的混合模式、图层样式的使用方法、图层的对齐与分布、样式面板使用等知识。着重介绍了图层的样式、图层的对齐与分布、样式面板操作，而图层的样式、图层的混合模式是本项目难点。通过本项目的学习，读者可以非常方便地管理和修改图像，还可以创建各种特效。

培养目标

- 掌握链接图层的基本操作。
- 掌握图层的混合模式。
- 掌握图层样式的调整。
- 掌握图层的对齐与分布。

任务一 移动、复制保龄球球瓶

任务分析

本任务利用移动工具在同一文档中移动复制图像，并对图层进行有效地合并、对齐处理，原图如图7－1－1所示，操作后得到效果如图7－1－2所示。

图7－1－1 原图

图7－1－2 复制球瓶效果

相关知识

1. 更改图层或组的次序

在Photoshop中，图层和组的排列是按照创建的先后顺序堆叠在一起的，改变图层或组的顺序会影响图像的最终效果。可以通过以下方法调整图层或者组的顺序。

（1）在【图层】面板中，直接将图层或组向上或者向下拖动，当突出显示的线条出现在要放置图层的位置时，松开鼠标即可调整图层或组的顺序。

（2）执行【图层】→【排列】下拉菜单中的一个命令，可以改变图层或组的顺序，如图7－1－3所示。

（3）要反转图层或组的顺序，执行【图层】→【排列】→【反向】命令。此命令用于调整至少2个图层或组的顺序。

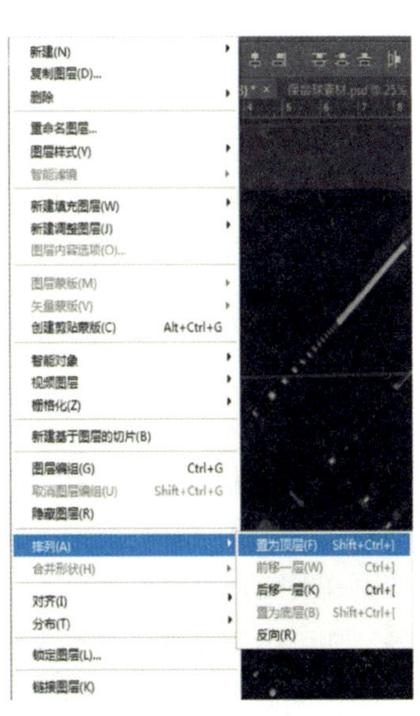

图7－1－3 排列图层菜单

2. 建立和取消链接图层

如果要将Photoshop中多个图层一起移动又不改变相对位置，这就要用到图层的链接功能。与同时选定的多个图层不同，链接的图层将保持关联，直至取消它们的链接为止。

在 Photoshop 中使用图层链接编辑图像时非常方便，应用建立和取消链接的方式如下。

（1）建立链接图层。建立链接图层的方法有以下 3 种。

1）在【图层】面板中选择要链接的 2 个或者多个图层，如图 7－1－4 所示。单击【图层】面板底部的链接图层按钮，可将它们链接，如图 7－1－5 所示。

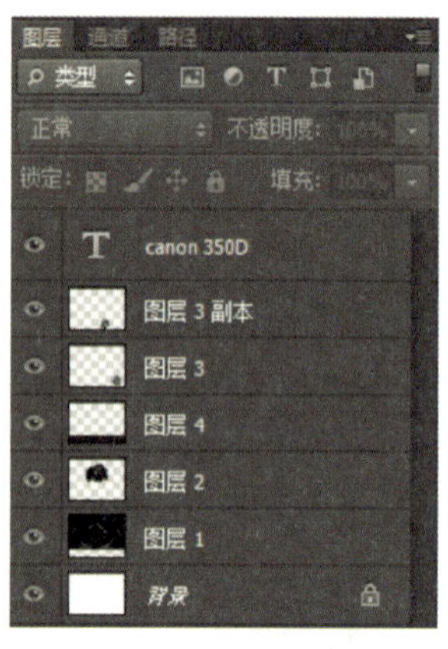

图 7－1－4　图层链接前

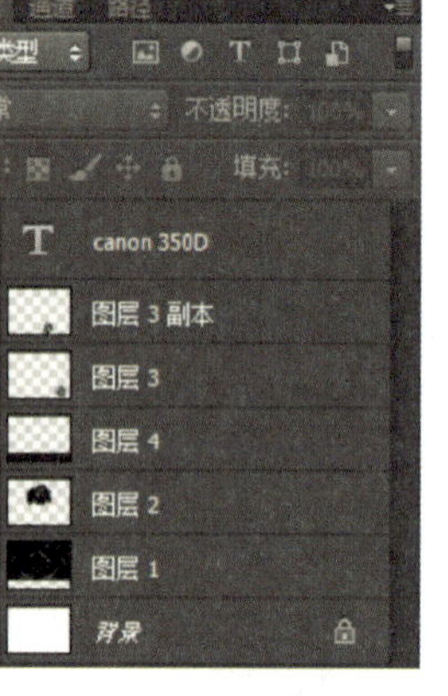

图 7－1－5　图层链接后

2）执行【图层】→【链接图层】命令，将选中的 2 个或者多个图层链接在一起。

3）单击【图层】面板中按钮，在弹出的菜单中选择【链接图层】选项，即可将选中的图层链接在一起。

（2）取消链接图层。要取消链接的图层，有以下 3 种方法。

1）在【图层】面板中选择一个链接的图层。单击【图层】面板底部的链接图层按钮，可将它们取消。

2）按住 Shift 键后选择所需图层，单击链接图层面板左下方的链接图标，松开后再次按住 Shift 键单击链接侧图标即可取消链接。

3）单击其中任意一个链接图层，然后选择执行【图层】→选择【链接图层】命令，选中所有的链接图层，接着单击图层面板下方的【链接图层】按钮，即可取消链接图层。

（3）锁定链接图层。选中所有的链接图层，然后执行【图层】→【锁定图层】命令，弹出【锁定图层】对话框，选中其中一个复选框，然后单击 确定 按钮，即可完成对链接图层的锁定。

3. 对齐图层

在 Photoshop 中如果需要完全对齐几个图层中的图像或将几个图层中的图像平均分布，最好的办法就是利用对齐和分布图层命令。

在【图层】面板中选择需要对齐的 2 个或者多个图层后，可以执行【图层】→【对齐】下拉菜单中的命令进行对齐图层，如图 7－1－6 所示。如果当前使用的工具为移动工具，则可以直接在工具选项栏中单击按钮进行对齐，如图 7－1－7 所示。

图层的对齐方式有以下 6 种。

（1）【顶对齐】。将选定图层上的顶端像素与所有选定图层上最顶端的像素对齐，或与选区边框的顶边对齐。

(2)【垂直居中对齐】。将选定的图层上的垂直中心像素与所有选定图层的垂直中心像素对齐，或与选区边框的垂直中心对齐。

(3)【底对齐】。将选定图层上的底端像素与选定图层上最底端的像素对齐，或与选区边框的底边对齐。

(4)【左对齐】。将选定图层上左端像素与最左端图层的左端像素对齐，或与选区边框的左边对齐。

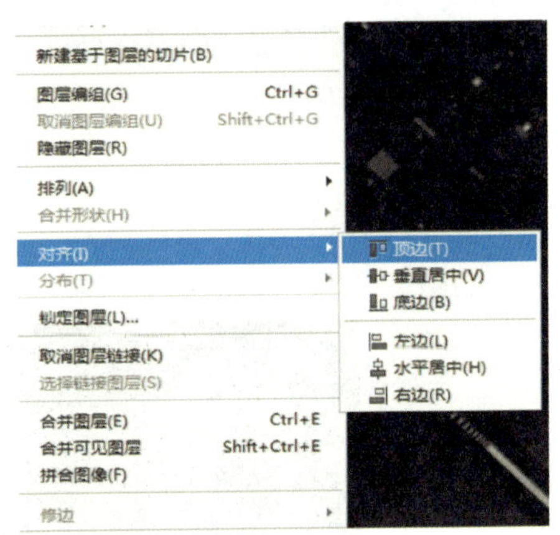

图7-1-6 图层对齐菜单

(5)【水平居中】。将选定图层上的水平中心像素与所有选定图层的水平中心像素对齐，或与选区边框的水平中心对齐。

图7-1-7 图层对齐工具栏

(6)【右对齐】。将链接图层上的右端像素与所有选定图层上的最右端像素对齐，或与选区边框的右边对齐。

4. 分布图层

使用图层对齐命令时，只需2个工作图层即可操作，而使用图层分布命令，则需建立3个或3个以上的图层。

可以执行【图层】→【分布】下拉菜单中的命令对图层进行分布，如图7-1-8所示。如果当前使用的工具为移动工具，则可以直接在工具选项栏中单击按钮进行分布。

图层的分布方式有以下6种。

(1)【按顶分布】。从每个图层的顶端像素开始，间隔均匀地分布图层。

(2)【垂直居中分布】。从每个图层的垂直中心像素开始，间隔均匀地分布图层。

(3)【按底分布】。从每个图层的底端像素开始，间隔均匀地分布图层。

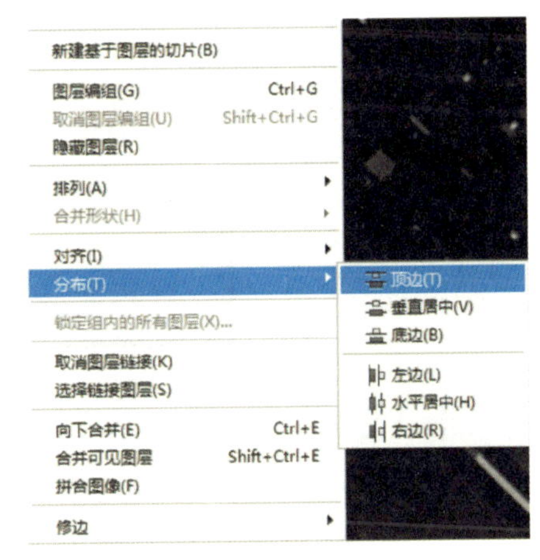

图7-1-8 图层分布菜单

(4)【按左边分布】。从每个图层的左端像素开始，间隔均匀地分布图层。

(5)【水平居中分布】。从每个图层的水平中心开始，间隔均匀地分布图层。

(6)【按右分布】。从每个图层的右端像素开始，间隔均匀地分布图层。

5. 合并多个图层

图像的设计或制作完成后，一般会产生过多的图层，这会导致图像变大，操作速度变慢，因此需要将已经确定的不必再改动的图层或影响不大的图层合并起来作为一个图层，以减小图像文件的大小。

要合并多个图层，可以按住 Ctrl 键在【图层】面板中选择它们，如图 7－1－9 所示。然后执行【图层】→【合并图层】命令，或按下 Ctrl ＋ E 快捷键将它们合并为一个图层，合并后的图层使用上面图层的名称，如图 7－1－10 所示。

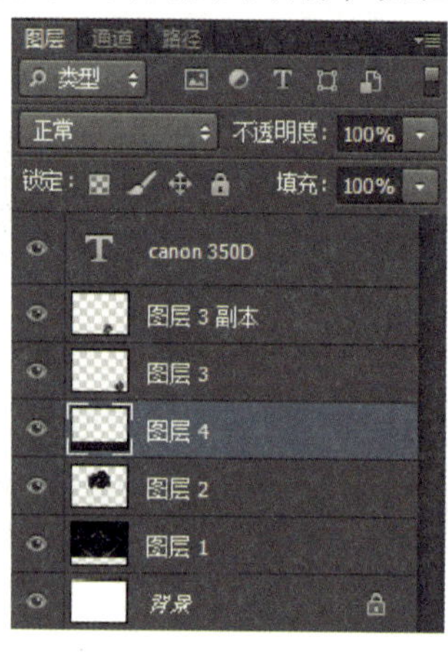

图 7－1－9 【图层】面板

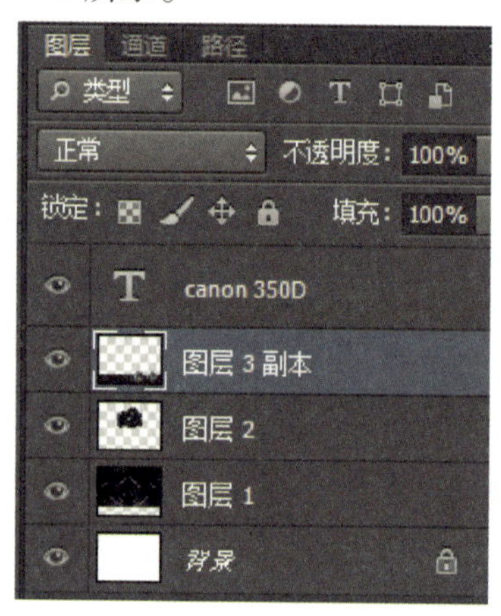

图 7－1－10 合并多个图层

6. 拼合图层

要合并所有图层，执行【图层】→【拼合图像】命令，如果有图层隐藏，拼合的时候就会出现如图 7－1－11 的对话框，如果单击 确定 按钮，原先处在隐藏状态的层都将被丢弃；如果单击 取消(C) 按钮，隐藏的图层都显示出来后，再选择拼合图层命令，所有的图层就会合并为背景图层。

图 7－1－11 隐藏图层对话框

7. 合并可见图层

要合并图像中所有可见的图层，可以执行【图层】→【合并可见图层】命令，或按住 Shift ＋ Ctrl ＋ E 快捷键，【图层】面板中所有显示 的图层都将被合并。

任务实施

（1）打开素材“保龄球及球瓶 . psd”文件。

（2）单击球瓶所在图层，使其处于工作状态。选择【移动工具】，按 Shift 键的同时拖动变换框中的角点将球瓶缩小，并移动图像至如图 7－1－12 所示的位置。

（3）按住 Alt + Shift 快捷键，将鼠标指针移动到图像内，按住鼠标左键向右拖拽，球瓶被复制并水平移动到指定的位置，【图层】面板中产生新的图层，如图 7－1－13 所示。

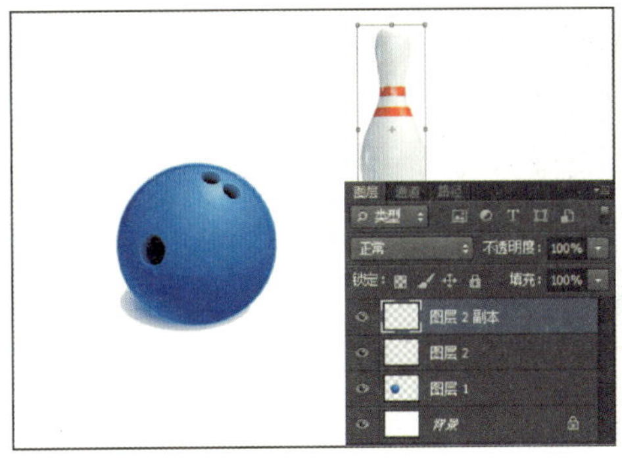

图 7－1－12　移动球瓶

图 7－1－13　复制球瓶

（4）继续移动和复制图像，水平复制出一排球瓶。

（5）为了使每个球瓶均匀分布，确定“图层 2 副本 3”图层为当前工作图层，按住 Shift 键的同时单击“图层 2”，可以将球瓶所在图层同时选中，执行菜单栏上的（【图层】→【分布】→【水平居中】）命令或使用【移动工具】，在属性栏中单击【水平居中分布】按钮，将四个球瓶水平居中对齐。如图 7－1－14 所示。

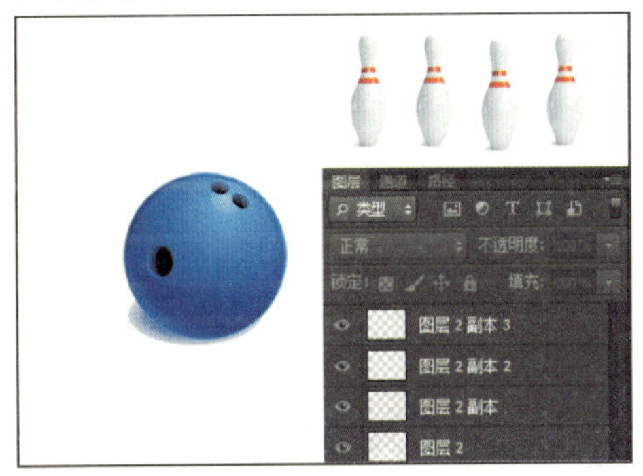

图 7－1－14　球瓶水平居中对齐

图 7－1－15　复制第二排球瓶

（6）重复以上步骤制作第二排球瓶，如图 7－1－15 所示。再复制出第三排球瓶，如图 7－1－16 所示。

图 7－1－16　复制第三排球瓶

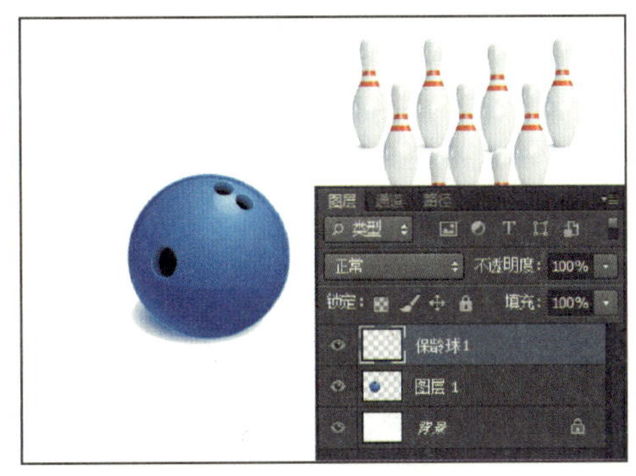

图 7－1－17　合并图层

（7）选择第一排的球瓶的图层并按Ctrl + E 快捷键，或者右键选择【合并图层】合并成一个图层，如图 7－1－17 所示，并命名为“保龄球 1”，依次得到“保龄球 2”“保龄球 3”，最终的图层效果如图 7－1－18 所示。

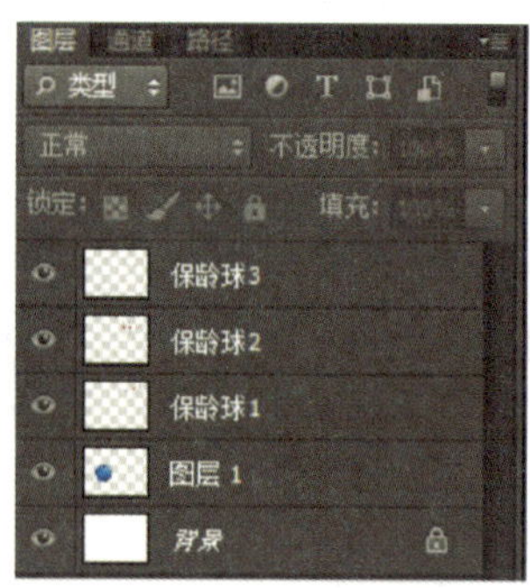

图 7－1－18　最终图层效果

任务二　制作心心相印图标

任务分析

本任务要求为图层添加图层样式，制作心心相印图标，原图如图 7－2－1 所示，完成后效果如图 7－2－2 所示。

图 7－2－1　心形原图

图 7－2－2　心心相印效果图

相关知识

为了使图形在图像处理过程中获得更加理想的效果，Photoshop 中提供了许多图层样式，例如投影、阴影、发光、斜面和浮雕、描边等，这些样式可以取得更为令人满意的图像处理效果。

1. 图层样式

图层样式其实就是图层效果应用。图层样式的类型包括投影、内投影、外发光、内发光、斜面和浮雕、光泽、颜色叠加、图案叠加、渐变叠加、描边等。下文将介绍【图层样式】对话框和几种常用的图层样式。

(1)【图层样式】对话框。

1）单击【图层】面板中的添加图层样式按钮，在打开的下拉列表中选择任意一种样式，如图7－2－3所示，就可以打开【图层样式】对话框，如图7－2－4所示。

图7－2－3　添加图层样式

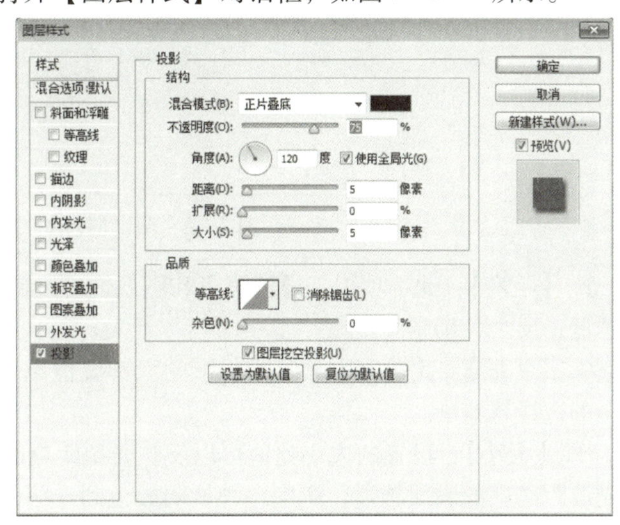

图7－2－4　【图层样式】对话框

2）执行【图层】→【图层样式】命令，在其子命令中选择任意一种样式均可打开【图层样式】对话框。

3）双击图层，调出图层样式对话框。

(2）图层样式。

1)【投影】图层样式:【投影】图层样式可以在图层内容的后面添加阴影，使图像产生立体感的效果。

在【图层样式】对话框中，如图7－2－5所示。【投影】选项右侧的参数的选项作用如下所述。

A.【混合模式下拉表】：设置图层样式与下层图层的混合方式。【投影】选项默认的是“正片叠底”，如图7－2－5所示。

B.【颜色预览框】：单击【混合模式】右侧的颜色预览框，可以设置阴影的颜色。

C.【不透明度】：此选项默认值是75%，一般这个值不需要更改。如果阴影的颜色显示深一些，则增大这个值；反之，应减小。

D.【角度】：该选项用于设置阴影的方向，如果进行微调，则在右侧的文本框中直接输入角度即可。在圆圈中，指针指向光源的方向相反的方向就是阴影显示的位置。

E.【使用全局光复选框】：选中此选项，可以为效果打开全局加亮。全局加亮可以将同一角度应用于选中的【全角】选项的所有效果，从而在图像上呈现一致的光源照明。

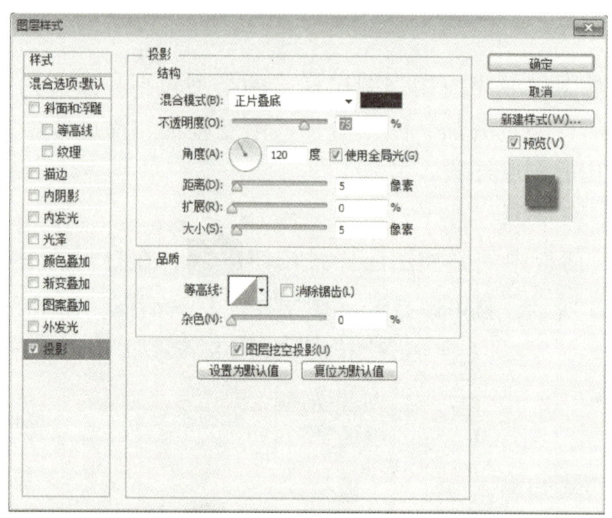

图 7－2－5　【投影】对话框

F. 【距离】：此选项用于设置阴影和图层内容之间的偏移量，设置的值越大，光源的角度越低；反之，则越高。

G. 【扩展】：此选项用于设置阴影的大小。值越大，阴影的边缘显得越模糊；值越小，阴影的边缘越清晰。

H. 【大小】：设置的大小数值可以反映光源距离图层内容的距离。值越大阴影越大，表明光源距离层的表面越近，产生一种从阴影色到透明的效果；值越小阴影越小，表明光源距离层的表面越远。

I. 【等高线】：此选项用于对阴影部分进行进一步设置，等高线的高处对应阴影上暗圆环，低处对应阴影上的亮圆环。使用【投影】图层样式时，等高线允许制定渐隐。用户可以撤选【图层挖空阴影】复选项，此时即可看到等高线的效果。

单击等高线右侧按钮，弹出【等高线拾色器】面板，如图 7－2－6 所示。单击等高线右侧的预览框，弹出【等高线编辑器】对话框，如图 7－2－7 所示。在该对话框中的【预设】下拉列表中可以选择默认的等高线设置。

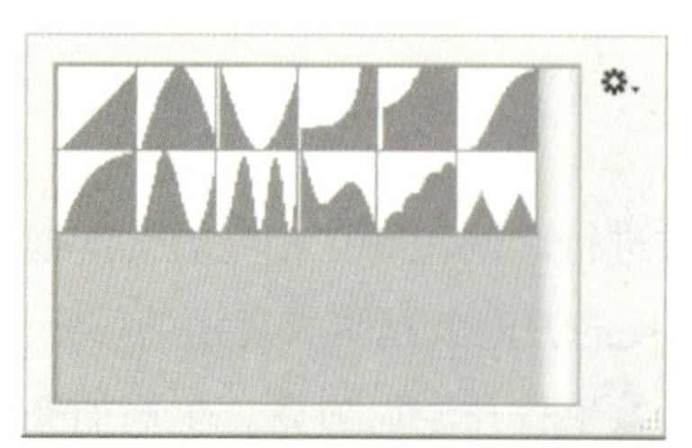

图 7－2－6　【等高线拾色器】面板

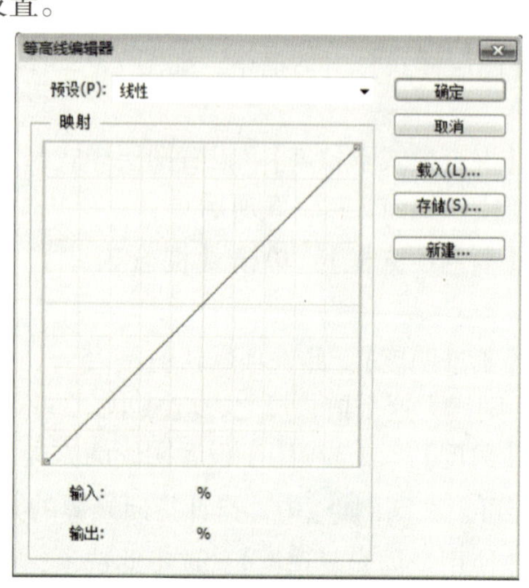

图 7－2－7　等高线编辑器

J.【杂色】：该选项用于设置杂色对阴影部分添加随机的透明点。

K.【图层挖空阴影】：选中此选项，当图层不透明度小于100%时，阴影部分仍然是不可见的，也就是说透明部分对阴影失效。通常必须选中此选项，使用【投影】图层样式时，等高线允许制定渐隐。

2）【内阴影】图层样式：【内阴影】图层样式是紧靠在图层内容的边缘内添加阴影，使图层具有凹陷外观。在【图层样式】对话框中，如图7－2－8所示。【内阴影】选项右侧的参数选项作用和【投影】选项一样，在此不再赘述。而【阻塞】选项是针对【内阴影】的选项设置阴影边缘的渐变程度，单位是百分比，和【投影】效果类似，此值设置也是和【大小】选项的值有关，如果【大小】选项的值设置得越大，阻塞的效果就会越明显。

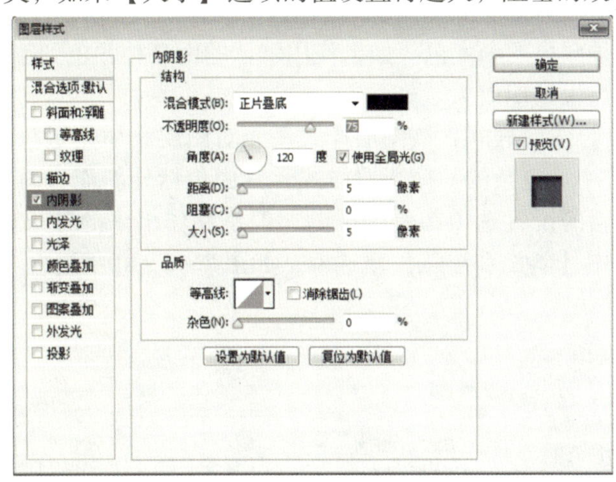

图7－2－8 内阴影

3）【外发光】和【内发光】图层样式。【外发光】和【内发光】图层样式是从图层内容的外边缘和内边缘添加发光的效果。如果发光内容的颜色较深，则发光颜色需要选择较深的颜色，这样制作出来的效果更明显。

【外发光】和【内发光】图层样式的部分选项的作用和【投影】图层样式对应选项的作用相同，如图7－2－9所示，这里不再赘述。其中几个选项的作用如下。

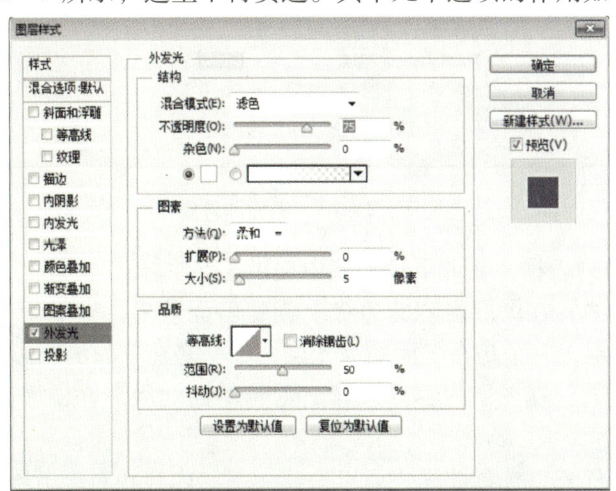

图7－2－9 外发光

A. 设置【发光颜色单选按钮】 ：选中此单选按钮，再单击右侧的颜色框，就可以打开【拾色器】对话框设置一种纯色发光的颜色。

B. 【渐变发光颜色单选按钮】 ：选中此单选按钮，再单击右侧渐变颜色预览框，可以打开【渐变编辑器】对话框，编辑渐变发光颜色。

C. 【方法】：该下拉列表中的【柔和】选项表现出的光线的穿透力要弱一些，【精确】选项可以使光线的穿透力更强一些。

D. 【居中和边缘单选按钮】：设置光源是位于发光内容的中心还是内部边缘。

E. 【范围】：控制发光内容中作为等高线目标的部分或范围。

F. 【抖动】：可以在光线部分产生随机的色点，制作出抖动效果的前提是在颜色设置中必须选择一个具有多种颜色的渐变色。如果使用默认的由某种颜色到透明的渐变，不论怎样设置抖动选项都不能产生预期效果。

4）【斜面和浮雕】图层样式：该图层样式用于对图层添加高光与阴影的各种组合。它是 Photoshop 图层样式中最复杂的一种图层样式，其中包括外斜面、内斜面、浮雕、枕形浮雕，虽然每一项中包括的设置选项都是一样的，但是制作出来的效果却大相径庭。在【图层样式】对话框中选中【斜面和浮雕】复选框，如图 7－2－10 所示。在其右侧的区域可以设置具体的参数选项。

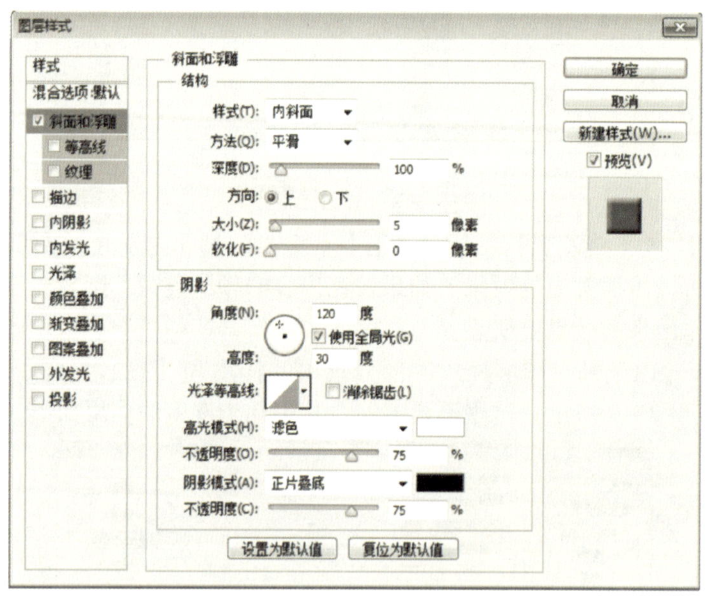

图 7－2－10 斜面和浮雕

A. 【样式】下拉列表框：在此下拉列表中提供了 5 个样式。

a. 【外斜面】样式：在图层内容的边缘上创建斜面效果，被赋予了外斜面样式的图层也会多出两个虚拟的层，一个是在上面的高光层，一个是在下面的阴影层。

b. 【内斜面】样式：在图层内容的边缘上创建斜面效果，好像多出一个高光层和一个投影层。

c. 【浮雕效果】样式：选择此样式可以创建使图层内容相对于下层图层凸出的效果。

d. 【枕状浮雕】样式：选择此样式可以创建将图层内容的边缘凹陷进入下层图层中

效果。

e.【描边浮雕】样式：在图层的描边效果的边界创建浮雕效果。

B.【方法】下拉列表框：在此下拉列表中提供了3种选项。

a.【平滑】：选择此选项可以对斜角的边缘进行模糊，从而制作出边缘光滑的效果。

b.【雕刻清晰】：此选项主要用于消除齿状的硬边杂边，得到的效果边缘变化明显，立体感强。

c.【雕刻柔和】：选择此选项得到效果介于平滑和清晰之间，主要应用丁较大范围的杂边。

C.【深度】滑块：设置此选项的数值可以决定生成浮雕效果后的阴影强度，数值越大阴影颜色越深。但【深度】滑块和【大小】滑块必须结合使用。

D.【方向】单选按钮：此选项决定生成浮雕效果亮部和阴影方向。

E.【大小】滑块：此选项决定生成浮雕效果阴影面积的大小，在【大小】选项一定的情况下，用【深度】滑块可以调整高台的截面梯形斜边的光滑程度。

F.【软化】滑块：此选项将阴影效果模糊处理，使边缘模糊。

G.【高度】：此选项用于设置光源的位置。

以下的几个选项基本同【投影】选项相同，可以自己尝试，在此不再赘述。

2. 编辑图层样式

为图层添加样式后，可以根据需要修改样式参数，添加其他样式；也可以隐藏或者删除样式以恢复图像。编辑图层样式种类很多，下面介绍几种常用的编辑图层样式类型。

（1）展开与折叠样式列表。为图层添加样式后，在【图层】面板中图层名称的右侧会显示图层效果图标 fx，如图7－2－11所示。单击效果图标右侧按钮可以展开样式，以便查看编辑合成样式的效果，再次单击此按钮，可折叠样式，如图7－2－12所示。

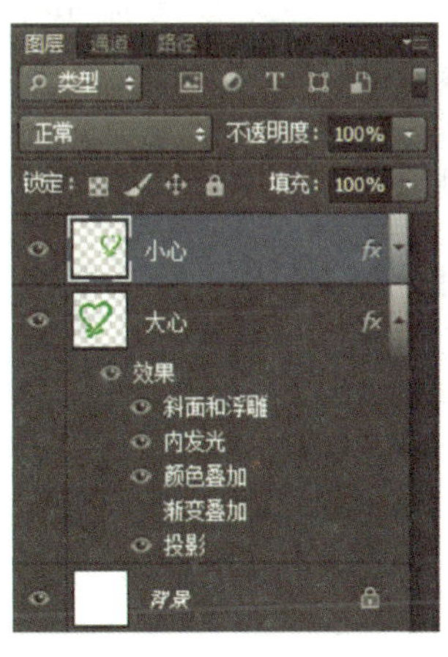

图7－2－11　图层样式展开

图7－2－12　图层样式折叠

（2）修改样式参数。在【图层】面板中双击一个图层效果，可以打开【图层样式】对话框，在对话框内可以修改此效果参数。

（3）显示或隐藏样式。如果要显示或隐藏添加到图层中的样式，有以下3种方法。

1）在【图层】面板中，单击某一效果名称前的图标，可以隐藏此效果；如果再次单击图层前的图标，则会将隐藏添加到此图层中的所有样式；再次单击则可显示效果或样式。

2）在图层样式对话框中，左侧的列表显示了多种不同的样式效果，效果名称前面的方框内有☑，表示在图层效果中添加了此效果。在方框内可取消☑，表示在图层效果中隐藏了此效果。

3）要隐藏或显示图像中所有样式，可执行【图层】→【图层样式】→【隐藏所有效果】命令或者【图层】→【图层样式】→【显示所有效果】命令。

（4）删除样式。在删除样式时，可执行 2 种操作从应用于图层的样式中删除效果，或者从图层中删除整个样式。

1）在【图层】面板中，展开图层样式，将要删除的样式效果直接拖动到图层下方按钮上，可直接删除此效果。

2）在【图层】面板中，选择包含要删除的样式图层，然后执行【图层】→【图层样式】→【清除图层样式】命令，可以删除此图层的图层样式。

【样式】面板是用来保存和管理图层样式的。此外，还可以从【样式】面板中应用Photoshop的预设样式。

3. 应用预设样式

在【图层】面板中选择要添加的样式图层，然后执行【窗口】→【样式】命令，打开【样式】面板中的预设样式，即可为图层添加应用样式。

下面通过实例讲解应用预设样式。

（1）打开“叶子 . psd”，如图 7－2－13 所示。

（2）在【图层】面板中选择要添加的样式图层，然后执行【窗口】→【样式】命令，打开【样式】面板中的预设样式，如图 7－2－14 所示，即可为图层添加应用样式，应用效果如图 7－2－15 所示。如果再单击其他预设样式，则新的样式会替换当前的图层样式。

图 7－2－13　叶子

图 7－2－14　样式面板

图 7－2－15　应用效果

4. 载入样式

除了在【样式】面板中显示的样式外，Photoshop 还提供了其他的样式，这些图层的样式按功能分在不同的库中。例如，Web 样式库中包含了用于创建 Web 的按钮样式，【文字】效果样式库中包含了向文本添加效果的样式。要使用这些样式，首先需要先将它们载入到【样式】面板中。

单击【样式】面板中的右侧按钮，打开面板菜单，菜单底部为 Photoshop 提供的样式库，选择一个样式库，会弹出如图 7－2－16 所示的对话框。

单击 确定 按钮，可以将样式库中的样式添加到【样式】面板中，并替换面板

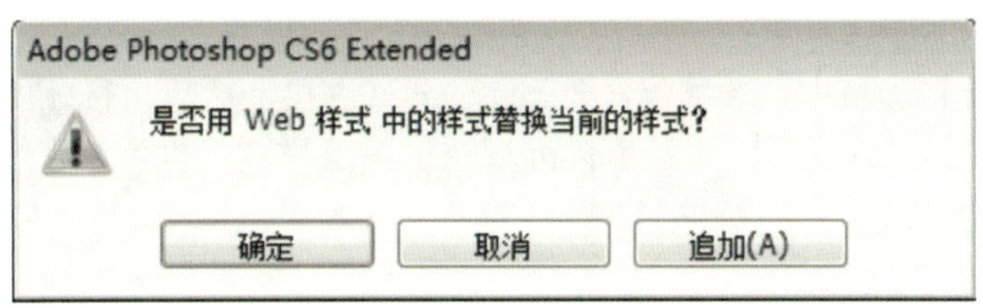

图7-2-16　样式替换对话框

中原有的样式，如图7-2-17所示；单击 取消(C) 按钮，可取消操作；单击 追加(A) 按钮，可以将样式添加到【样式】面板中，原有的样式不会被替换，如图7-2-18所示。

提示：要返回到默认的预设样式库，可以选择【样式】面板菜单中的【复位样式】命令。

图7-2-17　替换样式面板

图7-2-18　追加样式面板

5. 创建新样式

【样式】面板可以保存自定义样式。将自己创建的样式保存在【样式】面板中，以后可以方便其他图像应用相同的样式。创建新样式的方法如下。

(1) 在【图层】面板中选择要存储为预设样式的图层。

(2) 在【样式】面板的空白区域单击（光标会变为），弹出【新建样式】对话框，如图7-2-19所示。在名称后输入预设样式的名称，设置样式选项，然后单击 确定 按钮，即可将样式保存到【样式】面板中。

图7-2-19　【新建样式】对话框

6. 删除样式

在删除样式时，可执行2种操作从应用于图层的样式中删除效果，或者从图层中删除整个样式。

(1) 在【图层】面板中，展开图层样式，将要删除的样式效果直接拖动到图层下方按

钮 上，可直接删除此效果。

（2）在【图层】面板中，选择包含要删除的样式图层。然后执行【图层】→【图层样式】→【清除图层样式】命令，可以删除此图层的图层样式。也可以将效果栏直接拖动到删除按钮 上删除样式。

Ps 任务实施

（1）打开素材“心心相印.psd”。

（2）双击图层，跳出【图层样式】对话框，设置斜面和浮雕效果，如图 7－2－20 所示。

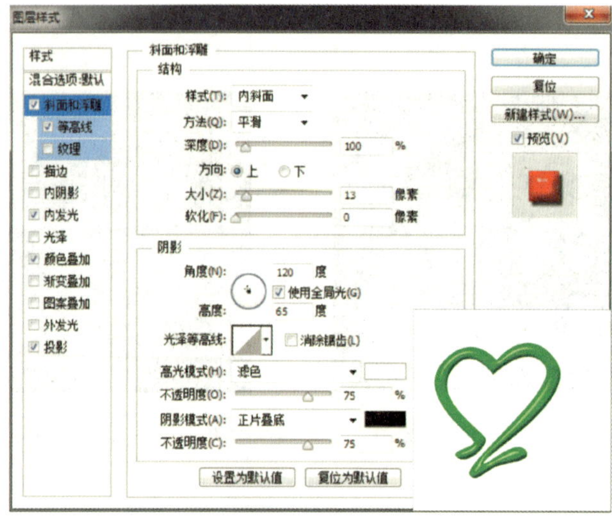

图 7－2－20　斜面和浮雕效果

（3）设置内发光效果，如图 7－2－21 所示。

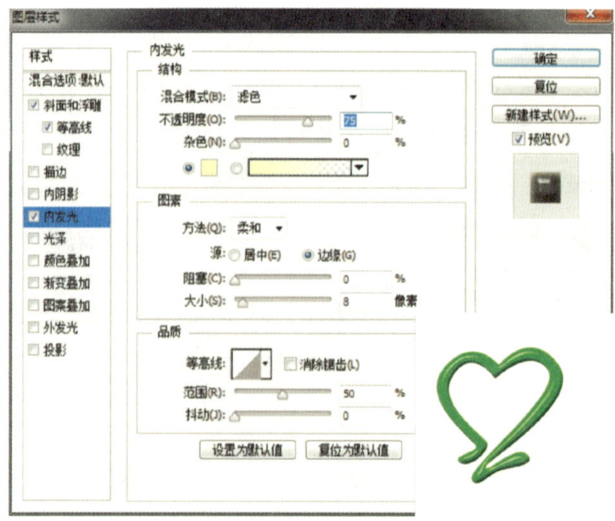

图 7－2－21　内发光效果

（4）设置颜色叠加效果为红色，如图 7－2－22 所示。

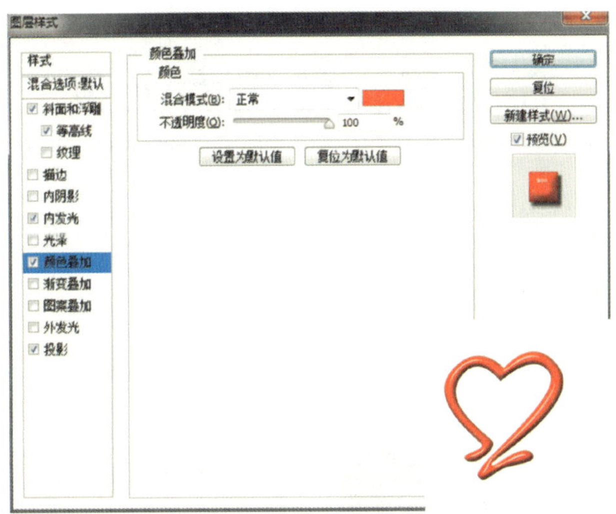

图 7－2－22　颜色叠加效果

（5）设置投影效果，如图 7－2－23 所示。

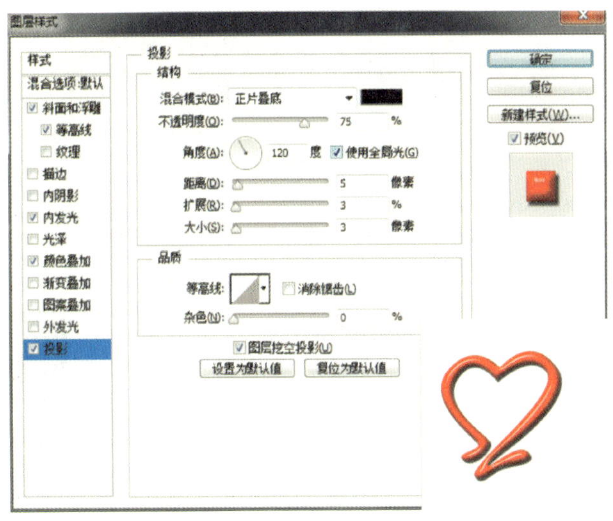

图 7－2－23　投影效果

（6）复制“大心”图层，按住 Shift 键等比例缩放得到“小心”图层，摆放在合适的位置。

（7）按住 Ctrl 键将“大心”图层载入选区，选择【椭圆选框工具】，再按住 Alt 键，将“大心”与“小心”的交接处从选区中减去，将选区羽化 1 个像素，选中“小心”图层，再按 Delete 键将选区内的图像删除，按 Ctrl ＋ D 快捷键取消选区。得到最终的效果图。

任务三　给美女上色

任务分析

本任务利用图层的叠加，制作出梦幻的美女图像，美女上色原图如图 7 –3 –1 所示，美女上色完成后效果如图 7 –3 –2 所示。

图 7 –3 –1　美女上色原图

图 7 –3 –2　美女上色效果图

相关知识

图层混合模式是指一个图层与下面图层的色彩叠加方式，在这之前所使用的是正常模式。除了正常模式以外，还有很多种混合模式，它们都可以产生迥异的合成效果。

选择一个图层，单击【图层】面板中的按钮，可以打开混合模式下拉列表，列表中包含了 6 组，共 27 种混合模式，如图 7 –3 –3 所示。

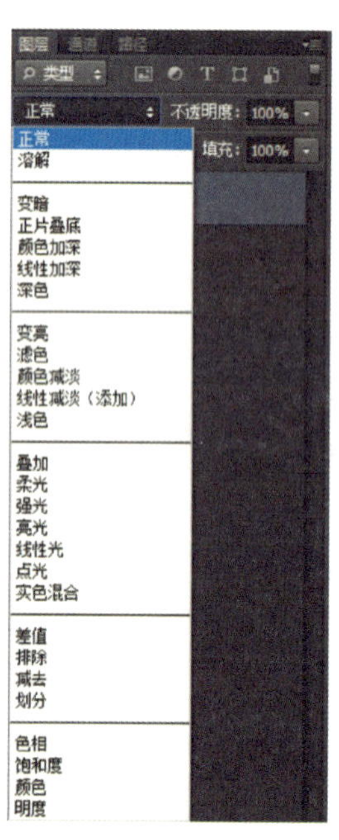

图 7 –3 –3　图层混合模式

1. 混合模式重要模式组

（1）组合模式组。该组中的混合模式需要降低图层的【不透明度】或【填充】数值才能起作用，这两个参数的数值越低，就越能看到 F 层的图像。

（2）加深模式组。该组中的混合模式可以使图像变暗。在混合过程中，当前图层的白色像素会被下层较暗的像素替代。

（3）减淡模式组。该组与加深模式组产生的混合效果完全相反，它可以使图像变亮。在混合过程中，图像中的黑色像素会被较亮的像素替换，而任何比黑色亮的像素都可能提亮F层图像。

（4）对比模式组。该组中的混合模式可以加强图像的差异。在混合时，50%的灰色会完全消失，任何亮度值高于50%灰色的像素都可能提亮下层的图像，亮度值低于50%灰色的像素则会变暗。

（5）比较模式组。该组中的混合模式前图像与下层图像，将相同的区域盟以同化的区域显示为灰色成彩色。如果当前白色，那么白色区域会使下层图像反相，会对下层图像产生影响。

（6）色彩模式组。使用该组中的混合机，Photoshop会将色彩分为色相、饱和度、颜色和明度，然后再将其中的一种或两种应用在混合像中。

2. 混合模式

（1）正常。这是Photoshop默认模式，上层图层完全遮盖住下层图像，只有降低【不透明度】数值后才能与下层图像混合。如图7－3－4所示。

（2）溶解。上方图层具有柔和的透明边缘时，图层混合后创建出像素点状的效果。如图7－3－5所示。

图7－3－4　正常图层

图7－3－5　溶解效果

（3）变暗。上方图层较暗像素替换下方图层对应位置的较亮像素，下方图层较暗像素替换上方图层对应位置的较亮像素。图层互调换上下位置，混合结果相同。任何颜色与黑色混合产生黑色，任何颜色与白色混合保持不变。如图7－3－6所示。

（4）正片叠底。上下图层中较暗的像素合成得到新效果，经常用于制作投影，隐藏白色，如图7－3－7所示。

图7－3－6　变暗效果

图7－3－7　正片叠底效果

（5）颜色加深。增强图像对比度的情况下，将图像整体加深。如图7－3－8所示。

（6）线性加深。加深所有颜色通道的基色，并通过提高其他颜色的亮度来得到混合颜色，与白色混合无影响。如图 7－3－9 所示。

图 7－3－8　颜色加深效果

图 7－3－9　线性加深效果

（7）深色。依据图像的饱和度，用上方图层的颜色直接覆盖下方图层中暗部区域的颜色。如图 7－3－10 所示。

（8）变亮。上方图层中较亮的像素代替下方图层对应位置的较暗像素，并以下方图层中较亮的像素取代上方图层对应位置的较暗像素。如图 7－3－11 所示。

图 7－3－10　深色效果

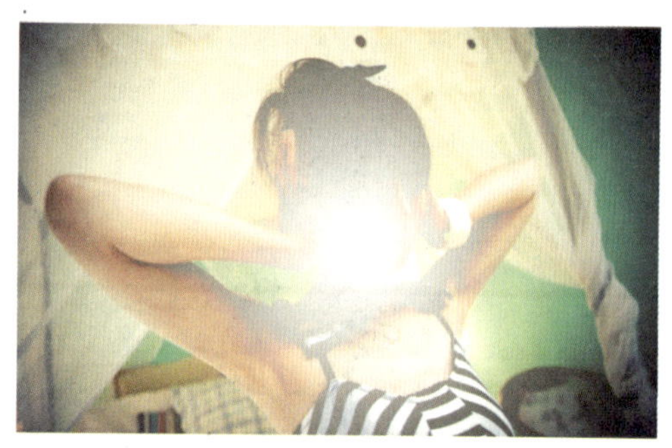

图 7－3－11　变亮效果

（9）滤色。上下图层中较亮的像素合成得到新效果，隐藏黑色。如图 7－3－12 所示。

（10）颜色减淡。增强图像对比度的情况下，将图像整体提亮，通常用来创建光源中心极亮的效果。如图 7－3－13 所示。

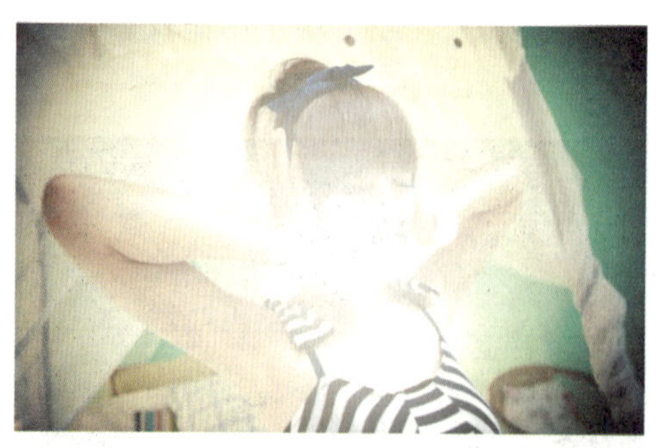

图 7－3－12　滤色效果

图 7－3－13　颜色减淡效果

（11）线性减淡。查看每个通道的颜色信息，并通过增加亮度使基色变亮以影响混合色，与黑色混合则不发生变化。如图 7－3－14 所示。

（12）浅色。与深色模式相反，依据图像饱和度，用当前图层中的颜色直接覆盖下方图层中高光区域。如图 7－3－15 所示。

图7－3－14　线性减淡效果

图7－3－15　浅色效果

（13）叠加。效果主要取决于下方图层，但上方图层的明暗对比效果也将影响整体效果。如图7－3－16所示。

（14）柔光。上方图层的像素比50%灰色亮，则图像变亮；反之，变暗。如图7－3－17所示。

图7－3－16　叠加效果

图7－3－17　柔光效果

（15）强光。与柔光效果类似，但加亮和变暗的程度高许多。如图7－3－18所示。

（16）亮光。如果上方色比50%灰色亮，则图像通过降低对比度来加亮；反之，则通过提高对比度来使图像变暗。如图7－3－19所示。

图7－3－18　强光效果

图7－3－19　亮光效果

（17）线性光。如果上方色比50%灰色亮，则图像通过提高对比度来加亮；反之，则通过降低对比度来使图像变暗。如图7－3－20所示。

（18）点光。如果上方图层颜色比50%灰色亮，则比源文件亮的像素会被置换，而比源文件暗的像素没变化。如图7－3－21所示。

图 7－3－20　线性光效果

图 7－3－21　点光效果

（19）实色混合。可创建一种具有较硬边缘的图像效果。如图 7－3－22 所示。

（20）差值。从上方图层中减去下方图层相应处像素颜色值，通常使图像变暗并得到反相效果。如图 7－3－23 所示。

图 7－3－22　实色混合效果

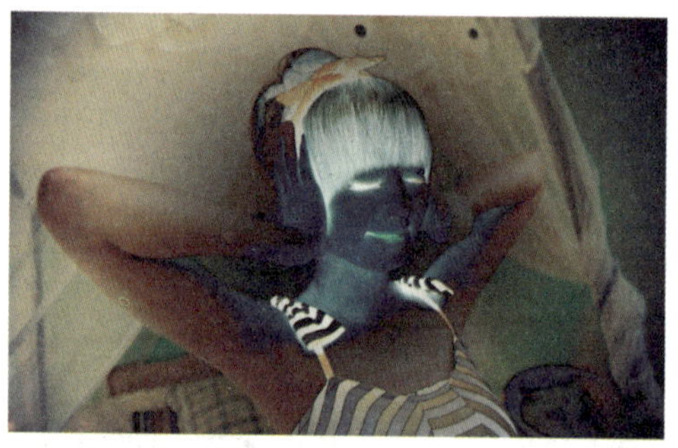

图 7－3－23　差值效果

（21）排除。与差值模式相似但对比度较低的效果。如图 7－3－24 所示。

（22）减去。从目标通道中相应的像素减去原通道中的像素值。如图 7－3－25 所示。

图 7－3－24　排除效果

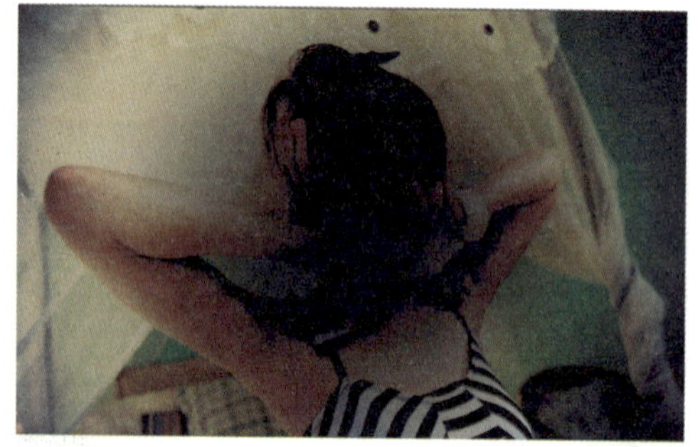

图 7－3－25　减去效果

（23）划分。比较每个通道中的颜色信息，然后从底层图像中划分上层图像。如图 7－3－26 所示。

（24）色相。最终效果由下方图层的亮度、饱和度和上方图层的色相构成。如图 7－3－27 所示。

（25）饱和度。最终效果由下方图层的亮度和上方图层的色相、饱和度构成。如图 7－3－28 所示。

（26）颜色。最终效果由下方图层的亮度和上方图层的颜色构成。如图7－3－29所示。

图7－3－26　划分效果

图7－3－27　色相效果

图7－3－28　饱和度效果

图7－3－29　颜色效果

（27）明度。最终效果由下方图层的色相、饱和度和上方图层的亮度构成。如图7－3－30所示。

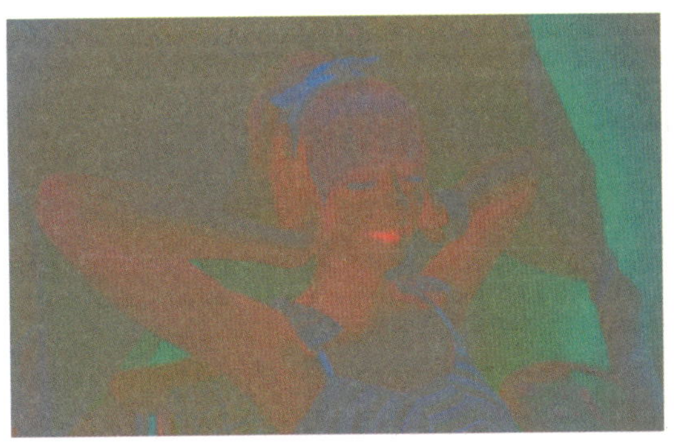

图7－3－30　明度效果

任务实施

（1）打开素材“美女”。

（2）新建图层，设置前景色为RGB（199，162，178），如图7－3－31所示。用柔边画笔绘制背景，得到图层2，如图7－3－32所示。

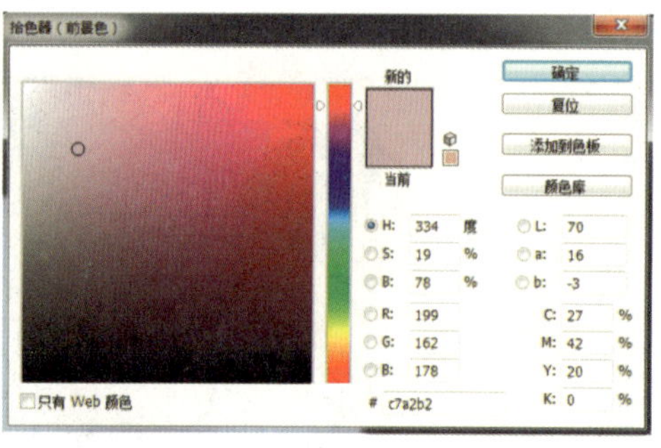

图 7－3－31　设置前景色

图 7－3－32　图层 2

（3）将背景图层复制，移动到最上方，利用【魔棒】工具，将人像抠出，如图 7－3－33 所示。

图 7－3－33　复制人像

图 7－3－34　输入文字

（4）输入文字“PINK GIRL”，如图 7－3－34 所示。双击文字图层，设置斜面和浮雕图层样式，如图 7－3－35 所示。

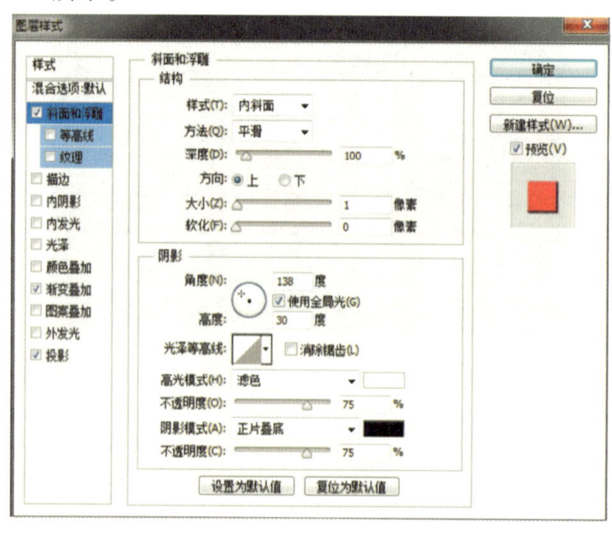

图 7－3－35　设置斜面和浮雕效果

（5）设置渐变叠加图层样式，如图 7－3－36 所示。设置投影样式，如图 7－3－37 所示。

（6）新建图层命名为“红色”，设置前景色为粉色 RGB（343，165，147），如图 7－3－38 所

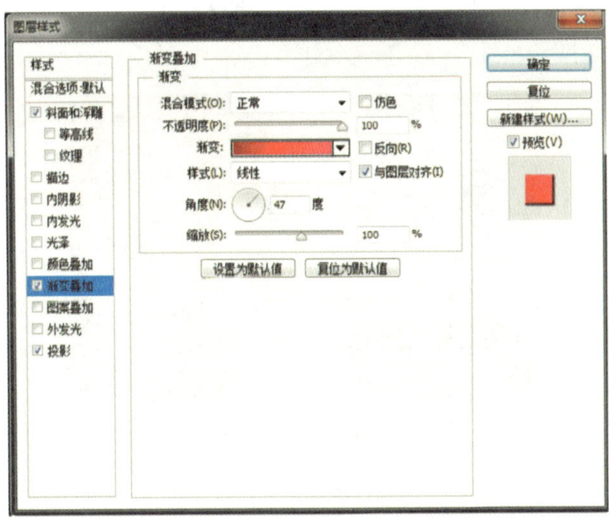

图7-3-36　设置渐变叠加图层样式

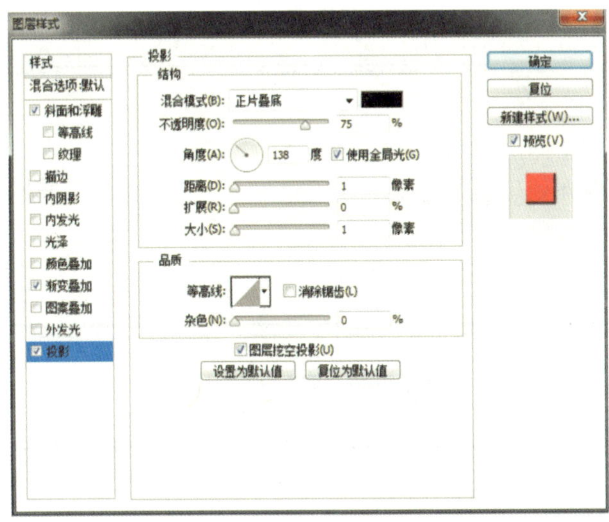

图7-3-37　设置投影样式

示。在任务面部区域进行涂抹，注意不要涂抹眼睛区域，如图7-3-39所示。

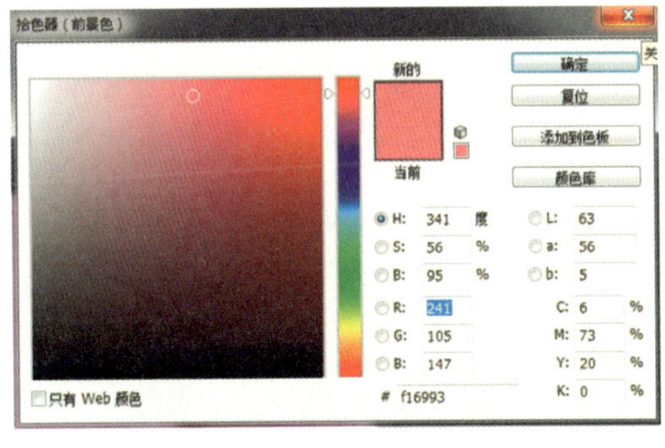

图7-3-38　设置前景色

图7-3-39　画笔涂抹

（7）调整“红色”的图层混合模式为滤色，效果如图 7－3－40 所示，加入光斑素材，最终效果如图 7－3－2 所示。

图 7－3－40　滤色模式

小结

本项目详细地介绍了图层的高级运用。读者通过学习，可以学会制作图层样式效果和运用图层混合功能，懂得在处理图像时图层样式和图层混合功能的重要性和使用普遍性，从而创作出绚丽多彩的图像效果。

思考与练习

1. 填空题

（1）Photoshop 中定义了一套系统样式，该样式可以通过（　　）菜单下的（　　）命令打开。

（2）图层的特殊效果包括阴影效果（　　）、（　　）、（　　）、（　　）、（　　）、（　　）、（　　）、（　　）。

（3）常用的图层的混合模式有（　　）、（　　）、（　　）、（　　）、（　　）、（　　）、（　　）、（　　）。

（4）混合模式共有（　　）种，可以分为 6 组，主要有（　　）、（　　）、（　　）、（　　）、（　　）、（　　）。

2. 判断题（对的打“√”，错的打“×”）

（1）要反转图层或组的顺序，执行【图层】→【排列】→【反向】命令。（　　）

（2）执行【图层】→【链接图层】命令，可以将选中的两个或者多个图层链接在一起。（　　）

（3）图层样式不可以复制。（　　）

（4）图层混合模式可以调整填充和不透明度等参数。（　　）

（5）在绘图工具和修饰工具的选项栏，在图层样式对话框中含有混合模式。（　　）

项目实训

（1）利用图层样式制作圣诞文字，完成后效果如图 7－6－1 所示。

图 7－6－1　圣诞文字效果

（2）利用图层混合模式制作炫色唇彩，原图如图 7－6－2 所示，完成后效果如图 7－6－3 所示。

图 7－6－2　唇部

图 7－6－3　炫色唇彩效果

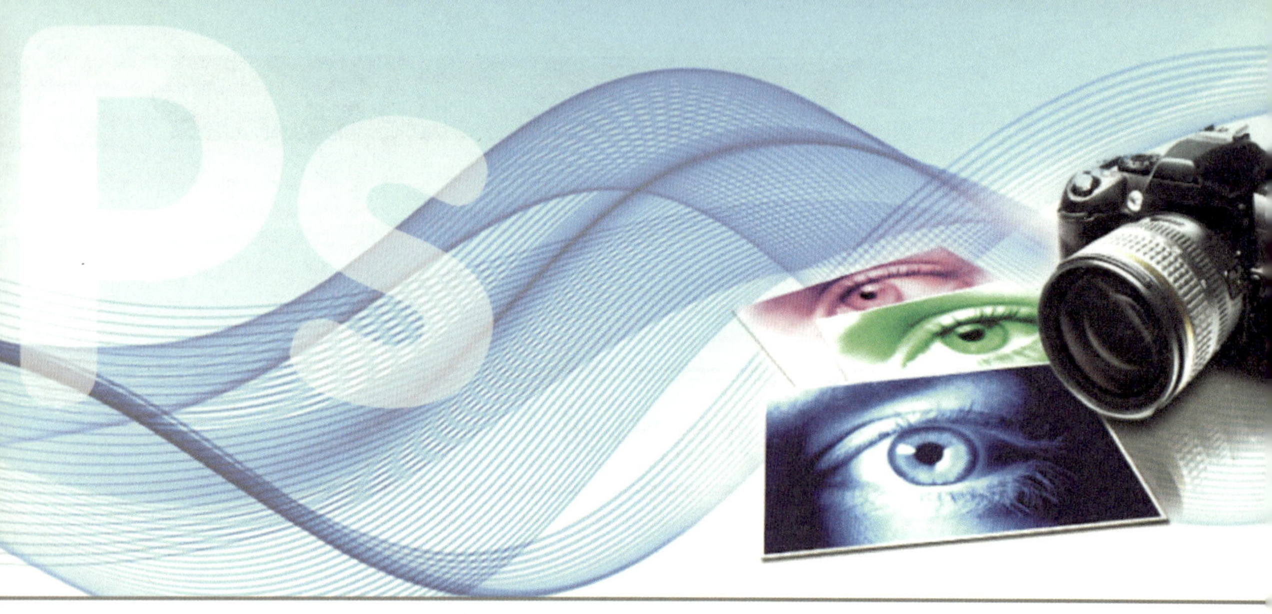

项目 8

调整图像的色彩

项目介绍

图像颜色与色调的调整是图片处理的基础，同时也是一张图片能否处理好的关键环节。本项目将重点介绍色彩的相关知识及各种调色的命令，项目难点是如何运用这些调整命令对图像进行细微的调整，还可以对图像进行特殊颜色的处理。读者通过这些调整方式的配合运用，要达到自由地调整图像的颜色，从而制作出亮丽绚烂的图片。

培养目标

- 了解色彩的相关知识。
- 掌握快速调整图像颜色与色调的命令。
- 掌握图像颜色与色调的基本调整命令。
- 了解特殊色调的调整命令。

任务一　转换图像的色彩模式

任务分析

本任务要求熟练掌握在 Photoshop CS6 中打开一个图像文件（图 8－1－1），同时对这个文件进行转换图像模式的操作，不同模式效果如图 8－1－2、图 8－1－3、图 8－1－4 所示。

图 8－1－1　色彩模式原图

图 8－1－2　RGB 颜色模式效果

图 8－1－3　CMYK 颜色模式效果

图 8－1－4　灰度模式效果

相关知识

在 Photoshop CS6 中，图像的常用色彩模式可分为 RGB 颜色模式、CMYK 颜色模式、灰度模式、位图模式、双色调模式、索引颜色模式和 Lab 颜色模式等，下面介绍转换图像色彩模式的操作方法。

1. 常用色彩模式

颜色模式决定了用来显示和打印所处理图像的颜色方法。显示器颜色一般是由光的三原色构成的 RGB 模式，而除了 RGB（红、绿、蓝）模式外，较为常用的颜色模式还有 CMYK（青、品红、黄和黑）模式、Lab 模式、位图模式和索引颜色模式等。要查看或修改图像的颜色模式，可以执行【图像】→【模式】下拉菜单中的命令，命令前带有"√"号的为当前文件的颜色模式，如图8－1－5所示。

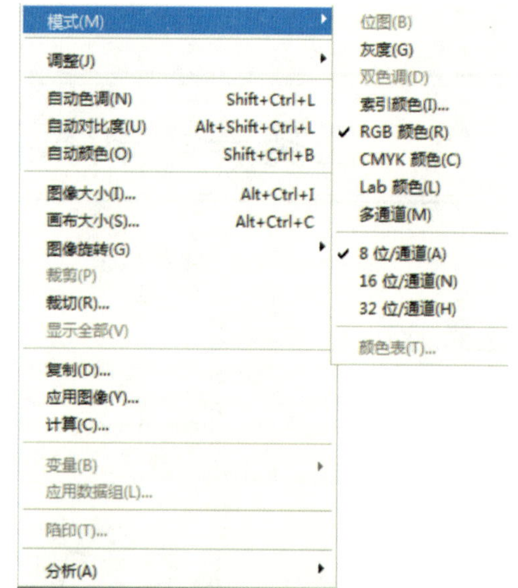

图 8－1－5　当前文件的颜色模式

（1）RGB 颜色模式。RGB 颜色模式是利用红色、绿色和蓝色三种基本颜色进行颜色加法，在屏幕上重现颜色的。Photoshop 中 RGB 颜色模式使用 RGB 模型，并为每个像素分配一个强度值。在 8 位通道的图像中，这三种基色中的每一种都有一个从 0～255 的范围。彩色图像中的每个 RGB（红色、绿色、蓝色）分量的强度值都为 0 时，颜色是纯黑色；当每个 RGB 分量的强度值都为 255 时，颜色是纯白色；当三个分量的强度值相等时，颜色是中性灰。

（2）CMYK 颜色模式。CMYK 颜色模式是一种印刷模式，有青色、品红色、黄色和黑色 4 个颜色通道。在制作要用印刷色打印的图像时要使用 CMYK 颜色模式。CMYK 颜色模式与 RGB 颜色模式的区别在于色彩产生的原理不同，RGB 颜色模式用加色法合成颜色，而 CMYK 颜色模式则用减色法合成颜色。

在 CMYK 颜色模式下，可以为每个像素的每种印刷油墨指定一个百分比值。为最亮（高光）颜色指定的印刷油墨颜色百分比较低；而为较暗（阴影）颜色指定的百分比较高。例如，亮红色可能包含 2% 青色、93% 品红、90% 黄色和 0 黑色。

（3）灰度模式。灰度模式的图像只有灰度信息而没有彩色信息。颜色容量为 8 位，每个像素可以分配 0～255 共 256 种不同灰度级别，0 表示灰度最弱的黑色，255 表示灰度最强的白色，其他值是黑白中间过渡的灰色。灰度模式可以与 HSB 模式、RGB 模式、CMYK 等模式相加转换，但由于彩色的图像转换为灰度模式后，色彩信息都将被删除，因此灰度模式下图像的表现力远远不及彩色图像。

（4）位图模式。位图模式的图像只显示黑、白两种颜色。这种模式的图像占用的磁盘空间较小，适合于黑白两色构成、没有灰色阴影的图像。只有灰度模式和双色调模式的图像可以转换为位图模式。因此，首先应将其他模式的图像转换为灰度模式，然后才能转换为位图模式。

（5）双色调模式。双色调模式可以弥补灰度图像的不足。因为灰度图像虽然拥有 256 种灰度级别，但是在印刷输出时，印刷机的每滴油墨最多只能表现出 50 种左右的灰度。这意味着如果只用一种黑色油墨打印灰度图像，图像将非常粗糙。【双色调选项】对话框如图 8－1－6 所示。

1）类型：【类型】下拉列表中可以选择一种套印形式，有"单色调""双色调""三色调"和"四色调"。如图 8－1－7 所示。

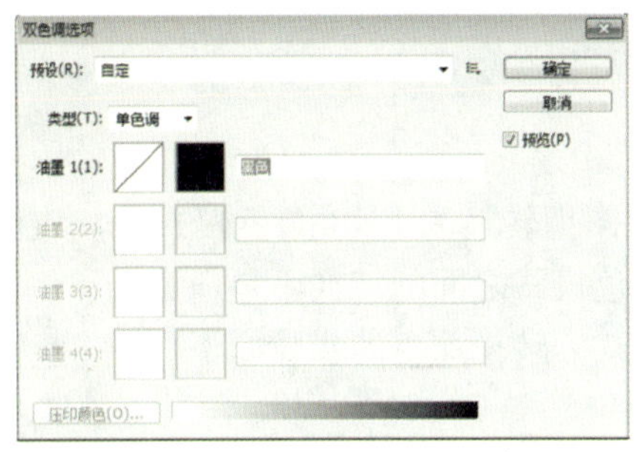

图8－1－6　【双色调选项】对话框

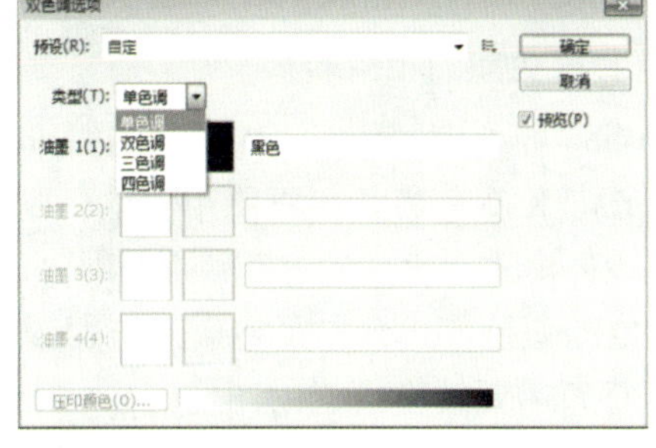

图8－1－7　【类型】下拉列表

2）油墨：选择了套印类型后，即可在各色通道中用曲线工具调节套印效果。

（6）索引颜色模式。与灰度模式基本相似，索引颜色模式可生成最多256种颜色的8位图像文件。但是与灰度模式不同，它的图像可以是彩色的。当图像转换为索引模式时，Photoshop将构建一个颜色查找表（CLUT），用以存放索引图像中的颜色。如果原图像中的某种颜色没有出现在该表中，则程序将选取最接近的一种，或使用仿色，就是以现有颜色来模拟该颜色，尽管索引模式的调色板很有限，但索引颜色能够在保持多媒体演示文稿、Web页等所需的视觉品质的同时减少文件大小。

1）面板：选择在转换为索引颜色模式时使用的面板。还可以设置【强制】选项，把某些颜色强制添加到颜色列表中，若选择黑色，可以把纯黑和纯白强制添加到颜色列表中。如图8－1－8所示。

2）选项：在【杂边】列表框中选择一种颜色，用来填充透明区域或透明区域的边缘，在【仿色】列表框中选择颜色像素混合方式。如图8－1－8所示。

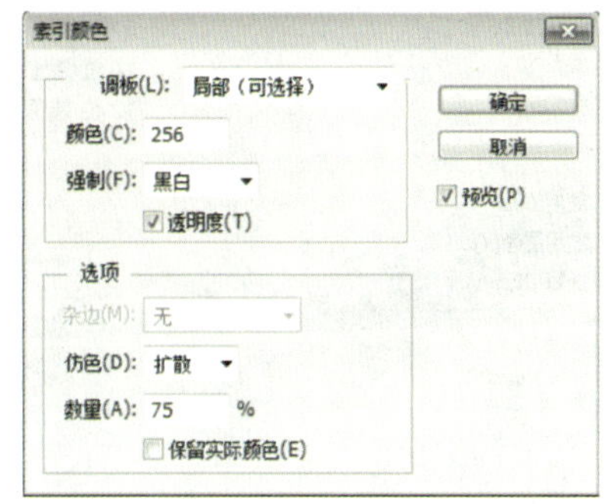

图8－1－8　【索引颜色】对话框

（7）Lab颜色模式。Lab颜色模式具有明度L、a（从绿～红）、b（从蓝～黄）共3个通道。其中，明度通道表现了图像的明暗度，其范围是0～100；a通道和b通道是2个专色通道。

（8）多通道模式。多通道模式图像在每个通道中包含256个色阶，对于特殊打印很有用。

（9）8位/16位/32位通道模式。

1）8位通道模式：不管对于何种颜色模式，其通道颜色的容量最大都为8位，每个通道颜色数最多为256色。

2）16位通道模式：各颜色模式的通道具有16位的颜色容量，即每个通道的颜色数最多可以达到2的16次方。颜色数的剧增会使得文件大小也急剧增加，这也是其缺点所在。

3）32位通道模式：通道颜色的容量最大为32位，表现出来图像的色调比8位、16位的图像更细致。但文件也更大，操作速度也慢。

提示：16位图像只能保存为PSD、RAW和TIF格式。

为图像选取另外一种颜色模式，就永久更改了图像中的颜色值，例如，将RGB图像转为CMYK模式时，位于CMYK色域（由【颜色设置】对话框中的CMYK工作空间设置定义）外的RGB颜色值将被调整到色域之内，因此，如果将图像从CMYK模式转换成RGB模式，一些图像数据可能会丢失并无法恢复。

2. 色彩模式间的相互转换

Photoshop 在处理图像时，常常要在不同的模式之间转换。比如为了打印输出，要将图像转换为 CMYK 颜色模式；要使用滤镜，则要将图像转换为 RGB 颜色模式等。将一种模式转换成另一种模式，大致的过程都是相同的。颜色模式之间的转换不是任意的，例如要将图像转换为位图颜色模式，先要转换为灰度颜色模式。转换颜色的步骤如下。

（1）打开需要转换模式的图像。

（2）执行【图像】→【模式】的命令，弹出子菜单。如图 8－1－9 所示。

（3）在颜色模式子菜单中，图像模式表示当前颜色模式，呈灰色显示的是不可选的模式。

（4）在菜单中单击需要转换的模式即可。如图 8－1－10 所示。

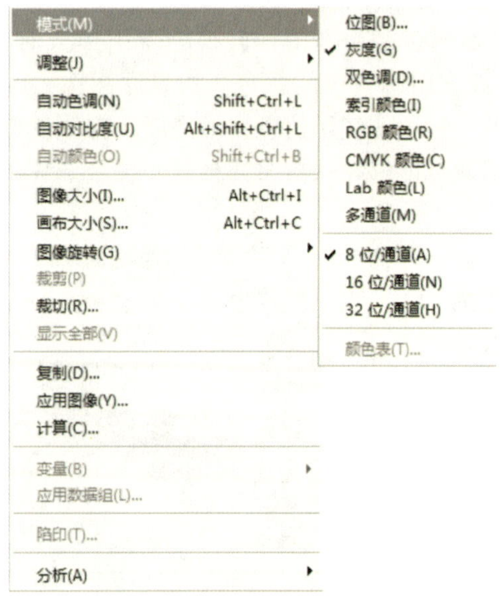

图 8－1－9　当前文件的色彩模式为“灰度”

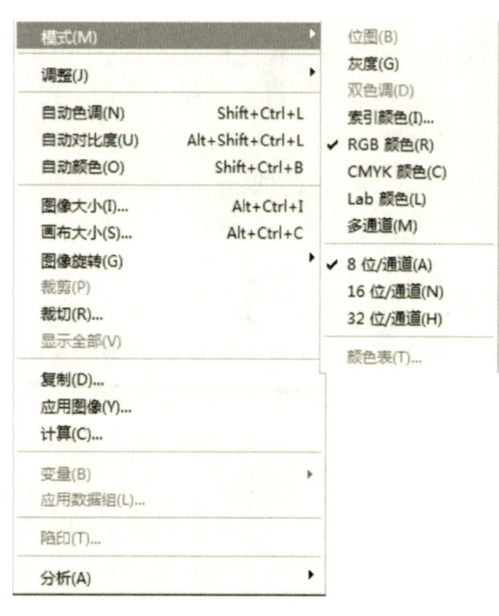

图 8－1－10　当前文件的色彩模式为“RGB 颜色”

任务实施

1. RGB 颜色模式的操作方法

（1）打开“任务一＼色彩模式素材.jpg”文件，单击【图像】主菜单。在弹出的下拉菜单中，执行【模式】命令，在弹出的下拉菜单中，执行【RGB 颜色】命令，如图 8－1－11 所示。

（2）通过以上方法即可完成进入 RGB 颜色模式的操作，如图 8－1－12 所示。

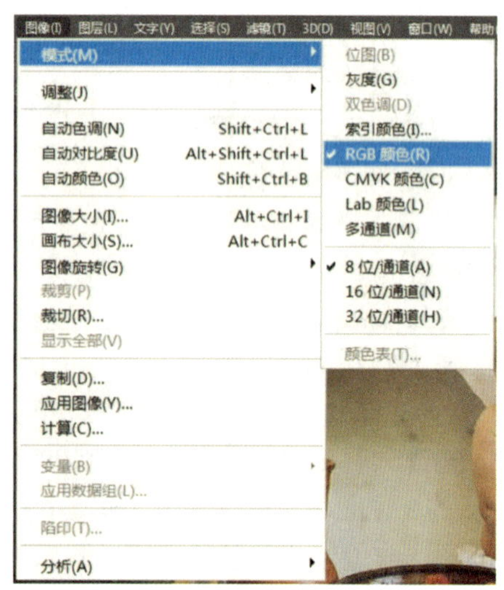

图 8－1－11　执行【RGB 颜色】命令

图 8 - 1 - 12　RGB 文件效果

2. CMYK 颜色模式的操作方法

（1）打开“任务一\ 色彩模式素材 . jpg”文件，单击【图像】主菜单，在弹出的下拉单中，执行【模式】命令，在弹出的下拉菜单中，执行【CMYK 颜色】命令，如图 8 - 1 - 13 所示。

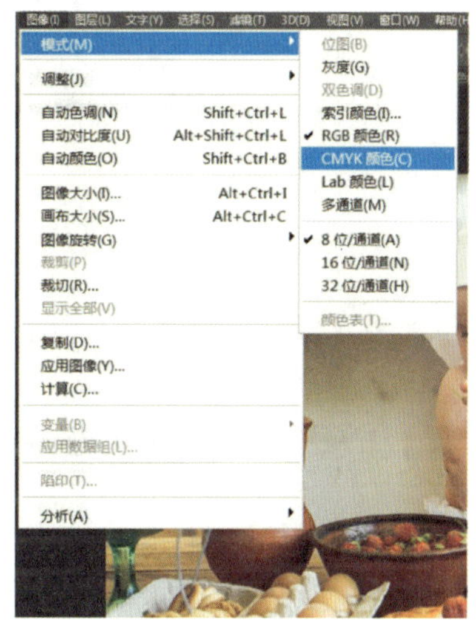

图 8 - 1 - 13　执行【CMYK 颜色】命令

（2）在弹出【Adobe Photoshop CS6 Extended】对话框中，单击 确定 按钮，确认图像顺色转换，如图 8 - 1 - 14 所示。

（3）通过以上方法即可在 Photoshop CS6 中完成进入 CMYK 颜色模式的操作，如图 8 - 1 - 15 所示。

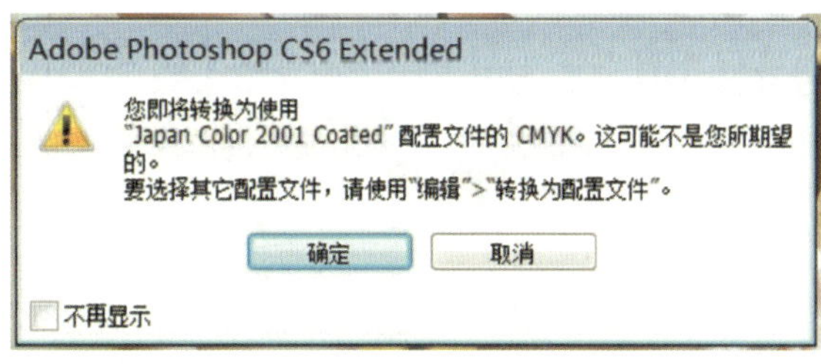

图 8 - 1 - 14　【Adobe Photoshop CS6 Extended】对话框

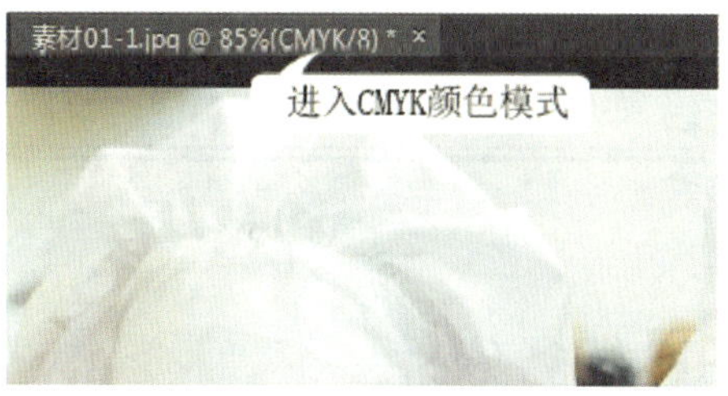

图 8 - 1 - 15　CMYK 文件效果

3. 灰度模式的操作方法

（1）打开“任务一\色彩模式素材.jpg”文件，单击【图像】主菜单，在弹出的下拉菜单中，执行【模式】命令，在弹出的下拉菜单中，执行【灰度】命令，如图8-1-16所示。

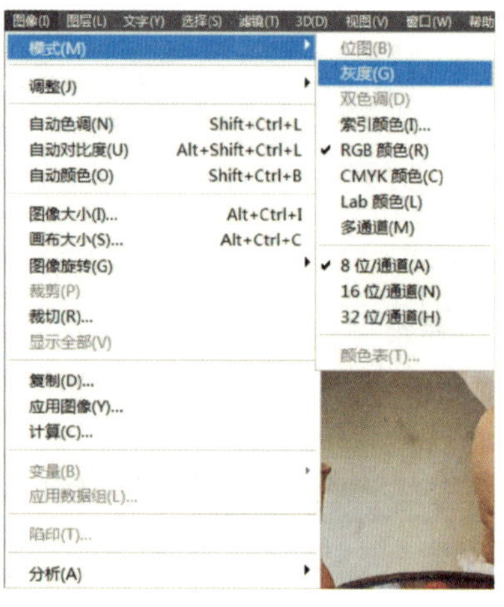

图8-1-16 执行【灰度】命令

（2）弹出【信息】对话框，单击【扔掉】按钮，确认图像颜色转换，如图8-1-17所示。

（3）通过以上方法即可在 Photoshop CS6 中完成进入灰度模式的操作，如图8-1-18所示。

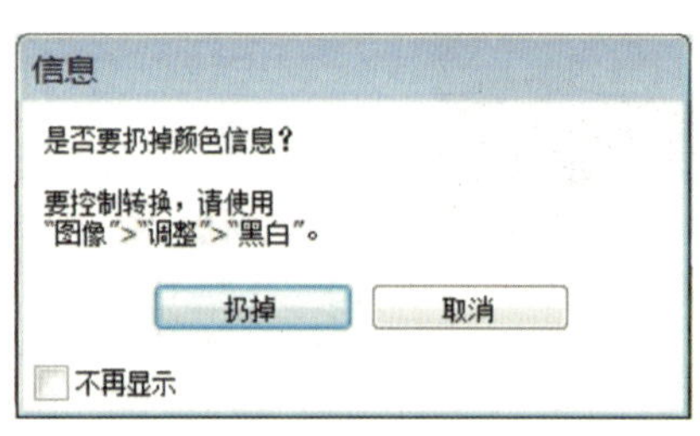

图8-1-17 【信息】对话框

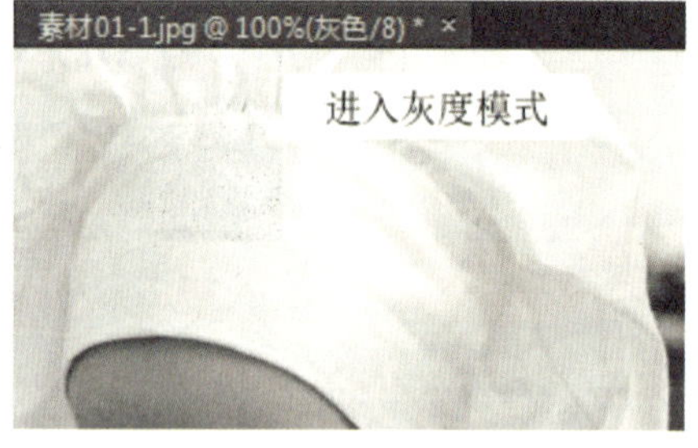

图8-1-18 灰度文件效果

任务二 用基本调色命令调整偏色图像

任务分析

本任务要求掌握【色彩平衡】命令的使用方法，利用【亮度/对比度】等技巧调整偏色图像，再使用文字排列更富有趣味，原图如图8-2-1所示，完成后效果如图8-2-2

所示。

图8－2－1　调整偏色图像原图

图8－2－2　调整偏色图像效果图

相关知识

1．【直方图】

（1）【直方图】面板。执行【窗口】→【直方图】命令可以打开【直方图】面板，如图8－2－3所示。【直方图】面板用来显示图像的色调和颜色信息，其左侧用来显示图像中阴影的细节，中间用来显示图像中间色调的细节，右侧用来显示图像高光部分的细节。一幅色彩匀称的图像应该在所有部分都有细节显示出来，因此用户可以在该面板中查看并确定图像的颜色是否需要校正。图8－2－3所示为【直方图】面板，图8－2－4、图8－2－5、图8－2－6所示的分别是曝光过度、正确曝光和曝光不足的图像。

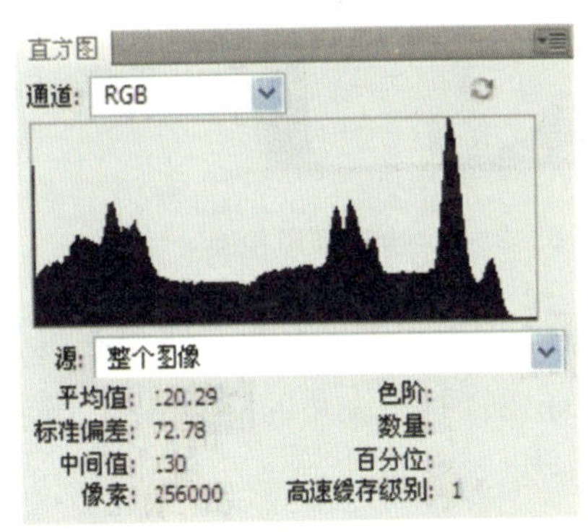

图8－2－3　【直方图】面板

图8－2－4　曝光过度

图8－2－5　正确曝光

图8－2－6　曝光不足

（2）直方图视图。默认情况下，【直方图】面板会以【紧凑视图】方式显示，这种视图中不会显示图像的详细数据，【紧凑视图】如图 8－2－7 所示。

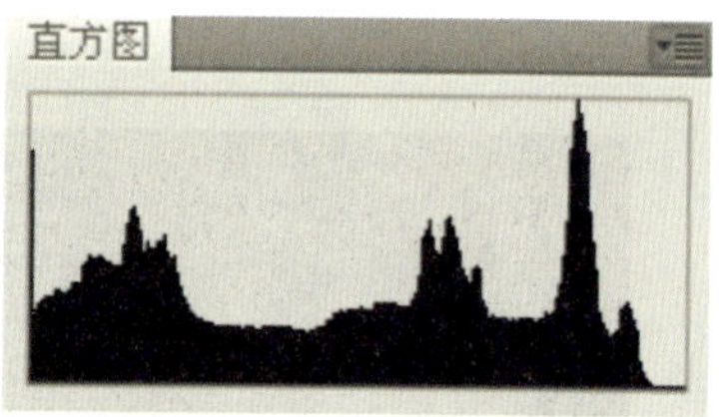

图 8－2－7　紧凑视图

单击面板右上角的按钮，可以选择【扩展视图】和【全部通道视图】。【扩展视图】可以显示图像的统计数据，按不同的颜色查看直方图及选择显示特定图层的数据，【扩展视图】如图 8－2－8 所示。

【全部通道视图】除了包含【扩展视图】中的显示内容以外，还可以显示每个颜色的单独直方图。如图 8－2－9 所示。

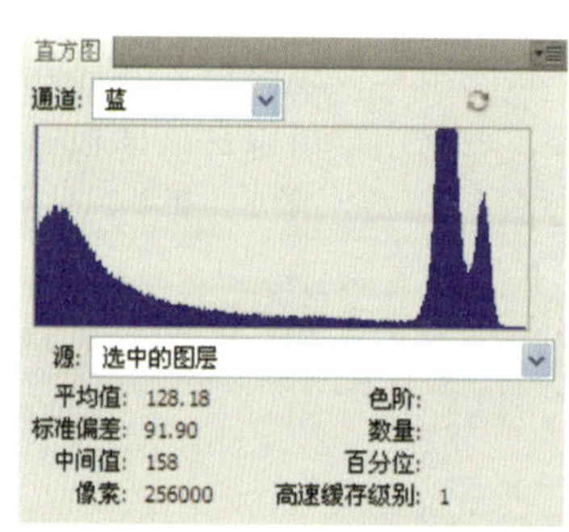

图 8－2－8　扩展视图

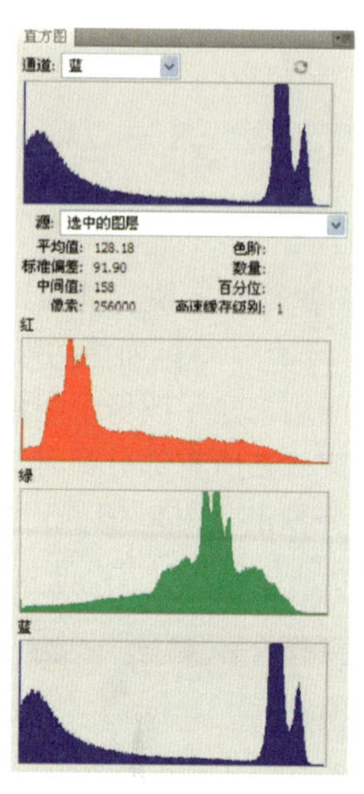

图 8－2－9　全部通道视图

（3）查看图像的统计数据。选择【扩展视图】或【全部通道视图】时，可以在【直方图】面板中查看图像的统计数据。如果没有显示，可以单击面板右上角的按钮，选择弹出的菜单中的【显示统计数据】命令即可。

（4）按颜色查看数据。默认情况下，【直方图】面板显示的是整个图像的色调范围，如果想要显示某个颜色的数据，可以在【通道】下拉菜单中进行选择。

2. 快速校正图像

Photoshop 提供了三个自动调整色彩的命令，当选择这些命令后，系统会根据图像的色彩自动调整颜色以达到最佳的效果。

（1）【自动色调】。自动通过定义每个颜色通道中最亮和最暗的像素来调整图像中的白点和黑点，然后重新分布中间像素值的色调，从而去除多余灰调，使图像更清晰、自然。图 8－2－10、图 8－2－11 所示的是使用【自动色调】命令的前后对比效果。

（2）【自动对比度】。根据图像的明暗色调重新调节颜色的对比度。图 8－2－12、图 8－2－13所示的是使用【自动对比度】命令调整对比度的前后对比效果。

图 8－2－10　【自动色调】命令调整前

图 8－2－11　【自动色调】命令调整后

图 8－2－12　【自动对比度】命令调整前

图 8－2－13　【自动对比度】命令调整后

（3）【自动颜色】。自动对图像的色相进行判断并调整，最终使整幅图像的色相均匀或使偏色的图像得到校正。对图像中的中间调、阴影和高光进行标识，解决自动校正图像偏色问题。图 8－2－14、图 8－2－15 所示的是使用【自动颜色】命令调整图像的前后对比效果。

图 8－2－14　【自动颜色】命令调整前

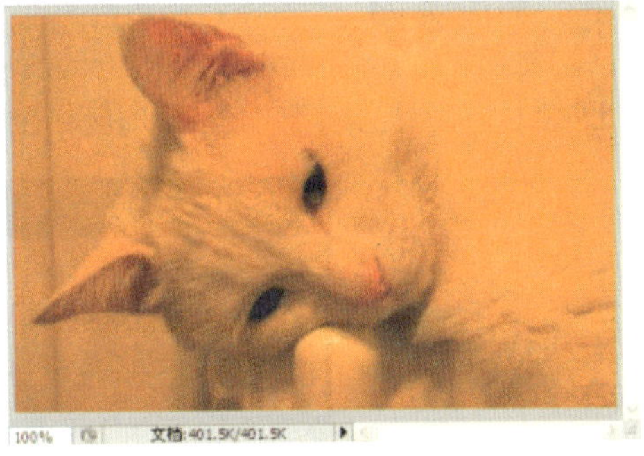

图 8－2－15　【自动颜色】命令调整后

3. 快速调整色彩

除了以上三个命令之外，还有一些只需要设置简单的参数或不需要参数即可达到调整图像色彩的命令，同样可以很快速地调整图像的色彩。

（1）【反相】。选择【反相】命令可以反转图像中的颜色，通道中每个像素的亮度值都会转换为 256 级颜色值刻度上相反的值。例如值为 255 的正片图像中的像素会转换为 0，值为 5 的像素会转换为 250。图 8－2－16、图 8－2－17 所示的是使用【反相】命令的前后对比效果。

图 8－2－16　【反相】命令调整前

图 8－2－17　【反相】命令调整后

（2）【色调均化】。以图像色彩最暗的像素和最亮的像素为界限，重新平均像素，使图像的色调趋于均匀。图 8－2－18、图 8－2－19 所示的是使用该命令调整图像的前后对比效果。

图 8－2－18　【色调均化】命令调整前

图 8－2－19　【色调均化】命令调整后

如果当前图像中存在选区，则选择此命令后将弹出如图 8－2－20 所示的对话框。选择【仅色调均化所选区域】选项表示只将选区中的图像色调均化；选择【基于所选区域色调均化整个图像】选项表示系统会根据选区中的最暗和最亮像素来平均整幅图像的色调。

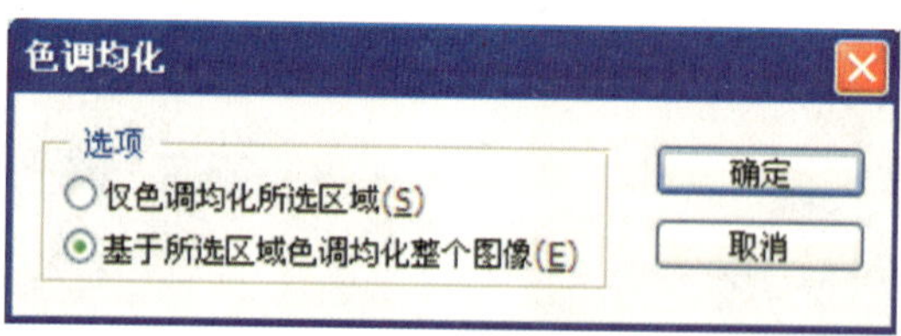

图 8－2－20　图像中存在选区【色调均化】对话框

（3）【阈值】。如果想要将图像调整为黑白图像，可以执行【图像】→【调整】→【阈值】命令，在弹出的对话框中设置【阈值色阶】参数即可，如图 8－2－21 所示。【阈值色阶】用来确定黑、白两色的分布情况，数值越大则图像的黑色越多；反之，则白色越多。图 8－2－22、图 8－2－23 所示的是调整阈值的前后对比效果。

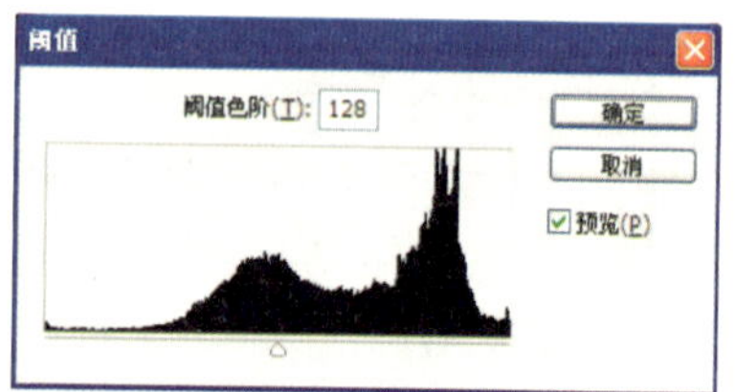

图 8－2－21　【阈值色阶】对话框

图8－2－22　【阈值】命令调整前

图8－2－23　【阈值】命令调整后

(4)【色调分离】。【色调分离】命令可以减少图像颜色的级数，从而使图像显示出一种颜色分离的效果。执行【图像】→【调整】→【色调分离】命令，弹出如图8－2－24所示的【色调分离】对话框，在该对话框中仅有【色阶】一个参数，它用于控制颜色的级数。其数值越小，则颜色的级数越少，图像的色彩过渡就越粗糙，图像的整体风格也就显得越粗犷。图8－2－25、图8－2－26所示的是使用【色调分离】命令的前后对比效果。

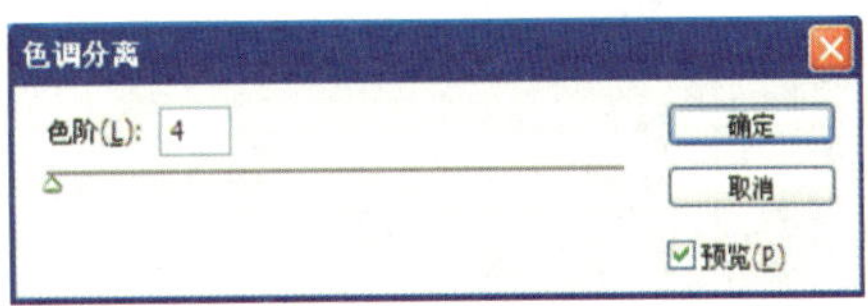

图8－2－24　【色调分离】对话框

图8－2－25　【色调分离】调整前

图8－2－26　【色调分离】调整后

4. 调整色调和着色

要完全改变图像的色彩或为黑白图像着色，可以使用调整图像色调和着色的命令，以便重新定义图像的色彩。

(1) 亮度和对比度。使用【亮度/对比度】命令可以整体调节图像的亮度和对比度。将【亮度】滑块向右移动会增加色调值并扩展图像高光，而将【亮度】滑块向左移动会减少色调值并扩展阴影。【对比度】滑块可扩展或收缩图像中色调值的总体范围。如图8－2－27所示为【亮度/对比度】命令对话框。图8－2－28、图8－2－29所示的是使用【亮度/对比度】命令的前后对比效果。

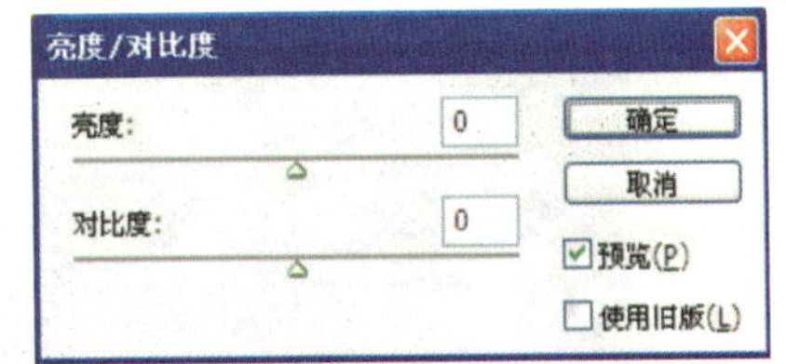

图8－2－27　【亮度/对比度】命令对话框

图 8－2－28　【亮度/对比度】调整前

图 8－2－29　【亮度/对比度】调整后

（2）色相和饱和度。【色相/饱和度】命令可以调整特定颜色范围的色相、饱和度和亮度，或者同时调整图像中的所有颜色，此命令非常适合对图像中的颜色进行微调。执行【图像】→【调整】→【色相/饱和度】命令，或者直接使用 Ctrl + U 快捷键，弹出如图 8－2－30 所示的【色相/饱和度】对话框。

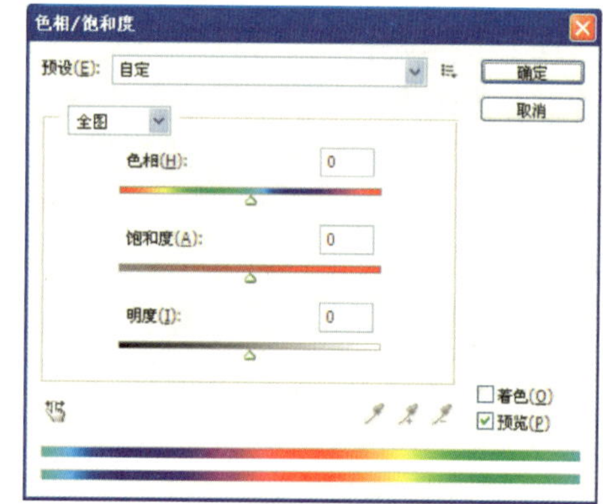

图 8－2－30　【色相/饱和度】对话框

1）【编辑】：在此选项下拉列表可以选择要调整的色彩范围。选择【全图】，表示调整所有的颜色，也可单独调整一种颜色，例如红色、黄色或绿色。

2）【色相】：通过拖动滑块或输入数值来调整图像的色相。

3）【饱和度】：向右拖动滑块可以减少图像色彩的饱和度，向左拖动则增加图像色彩的饱和度。

4）【明度】：向右拖动滑块可以降低图像的明度，向左拖动则增加图像的明度。

5）【吸管工具】：使用吸管工具在图像中单击可选择颜色；使用添加到取样工具在图像中单击，可在原有调整的色彩范围内增加色彩范围；使用从取样中减去工具在图像中单击，可在原有调整的色彩范围内减少色彩范围。

6）【着色】：勾选此选项后，可将图像转变为单色调。彩色图像着色后，可将彩色图像变为单一颜色的图像；灰色图像着色能够制作出双色调效果。图 8－2－31、图 8－2－32 所示是使用【色相/饱和度】命令调整图像的前后对比效果。

图 8－2－31　【色相/饱和度】调整前

图 8－2－32　【色相/饱和度】调整后

(3)【自然饱和度】。【自然饱和度】用来处理各种不饱和的颜色及保护已经饱和的颜色。执行【图像】→【调整】→【自然饱和度】命令，打开如图8－2－33所示的对话框，其中【自然饱和度】用来增加或减少颜色的饱和度；【饱和度】用来改变所有颜色的饱和度。图8－2－34、图8－2－35所示是使用该命令的前后对比效果。

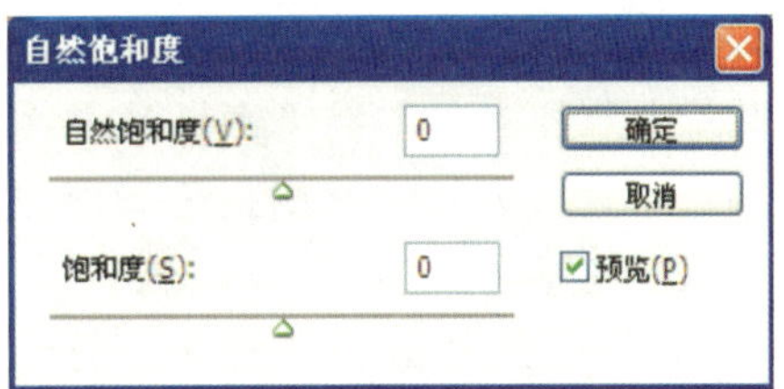

图8－2－33　【自然饱和度】对话框

图8－2－34　【自然饱和度】调整前

图8－2－35　【自然饱和度】调整后

(4)【色彩平衡】。使用【色彩平衡】可以在图像原色彩的基础上根据需要添加另外的颜色，以改变图像的整体颜色。例如，可以通过为图像增加红色或黄色使图像偏向暖色调，或者通过为图像增加蓝色或青色使图像偏向冷色调。执行【图像】→【调整】→【色彩平衡】命令，或者直接使用Ctrl＋B快捷键，弹出如图8－2－36所示的对话框。图8－2－37、图8－2－38所示是调整色彩平衡的前后对比效果。

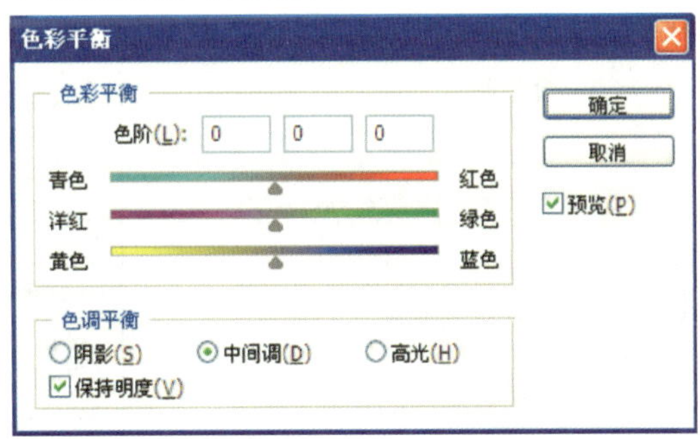

图8－2－36　【色彩平衡】对话框

图8－2－37　【色彩平衡】调整前

图8－2－38　【色彩平衡】调整后

(5)【照片滤镜】。使用【照片滤镜】可以在图像上添加彩色的滤镜来调整图像的色彩和色温。它有三大功能：校正色彩偏差，还原照片的真实色彩，渲染氛围。执行【图像】→【调整】→【照片滤镜】命令，打开如图 8-2-39所示的【照片滤镜】对话框。图 8-2-40、图 8-2-41 所示是使用【照片滤镜】命令调整图像的前后对比效果。

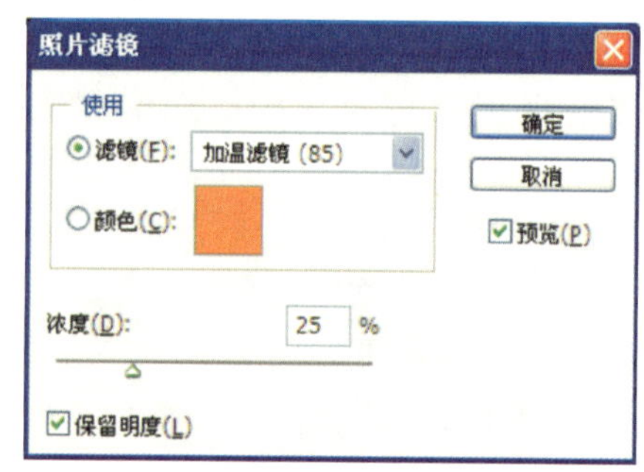

图 8-2-39　【照片滤镜】对话框

图 8-2-40　【照片滤镜】调整前

图 8-2-41　【照片滤镜】调整后

(6)【阴影/高光】。使用【阴影/高光】可以校正逆光的图片，或者由于太接近闪光灯而有些发白的图片。而对于正常的图片，使用该命令可以使阴影部分变亮。执行【图像】→【调整】→【阴影/高光】命令，可以打开如图 8-2-42 所示的【阴影/高光】对话框。图 8-2-43、图 8-2-44 所示是使用【阴影/高光】命令的前后对比效果。

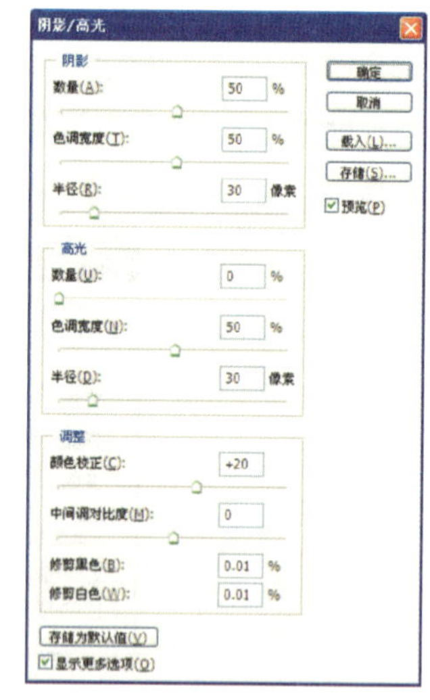

图 8-2-42　【阴影/高光】对话框

(7) 去色。为了达到一些特殊的效果，有时需要将彩色图像中的一部分变为黑白效果，以突出重点。这时可以执行【图像】→【调整】→【去色】命令，或者直接使用 Shift + Ctrl + U 快捷键，该命令没有任何参数和选项需要设置。图 8-2-45、图 8-2-46 所示是使用【去色】命令的前后对比效果。

图 8-2-43　【阴影/高光】调整前

图 8-2-44　【阴影/高光】调整后

图8-2-45　【去色】调整前

图8-2-46　【去色】调整后

（8）【变化】。它通过显示替代图像的缩略图，使用户直观地调整图像的色彩平衡、对比度和色彩饱和度。它是傻瓜式的调整图像色彩的方法。如图8-2-47所示为【变化】对话框。

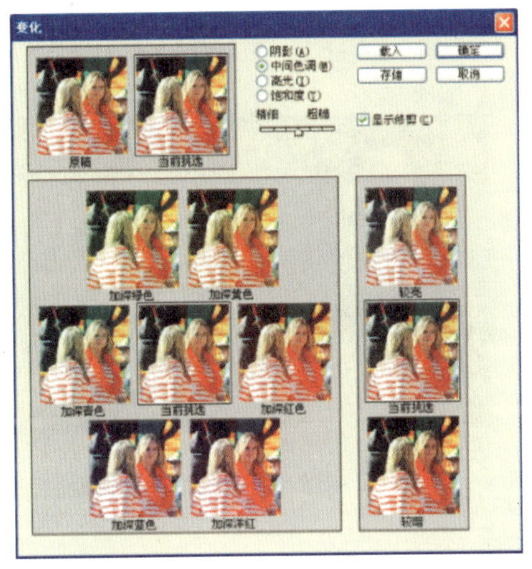

图8-2-47　【变化】对话框

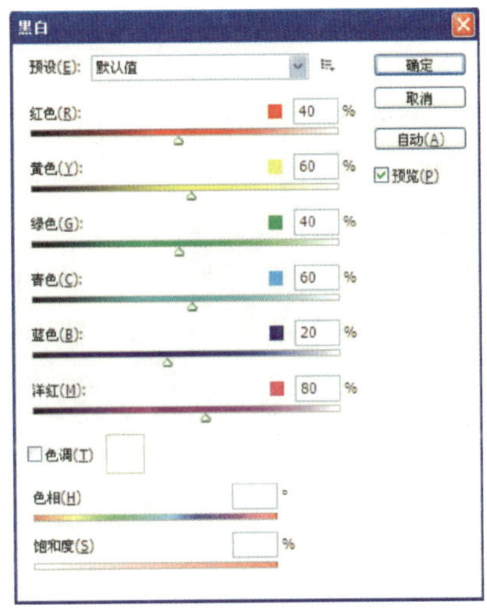

图8-2-48　【黑白】对话框

（9）【黑白】。将图像处理成为灰度图像效果，也可以选择一种颜色，将图像处理成为单一色彩的图像。执行【图像】→【调整】→【黑白】命令，或者直接使用 Alt + Shift + Ctrl + B 快捷键，弹出如图8-2-48所示的【黑白】对话框。图8-2-49、图8-2-50所示是使用【黑白】命令的前后对比效果。

图8-2-49　【黑白】调整前

图8-2-50　【黑白】调整后

（10）【匹配颜色】。使用【匹配颜色】命令可以匹配多个图像文件之间、多个图层之间和多个选区之间的颜色。执行【图像】→【调整】→【匹配颜色】命令，弹出如图 8－2－51 所示的【匹配颜色】对话框。图 8－2－52、图 8－2－53 所示是使用【匹配颜色】命令的前后对比效果。

（11）【替换颜色】。使用【替换颜色】命令可以用选定的颜色替换图像中的某些颜色。执行【图像】→【调整】→【替换颜色】命令，弹出如图 8－2－54 所示的【替换颜色】对话框。图 8－2－55、图 8－2－56 所示是使用该命令的前后对比效果。

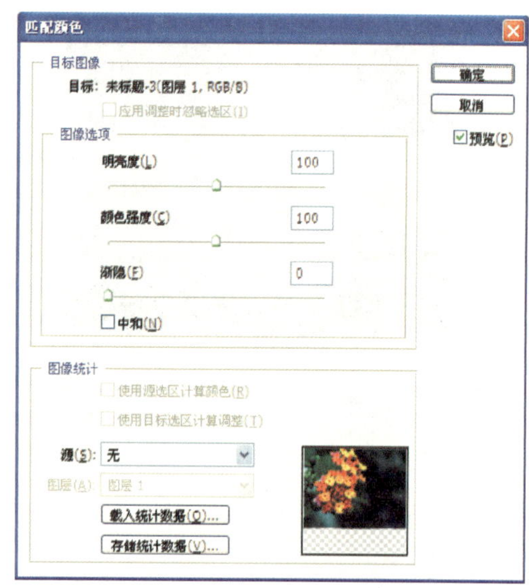

图 8－2－51　【匹配颜色】对话框

图 8－2－52　【匹配颜色】调整前

图 8－2－53　【匹配颜色】调整后

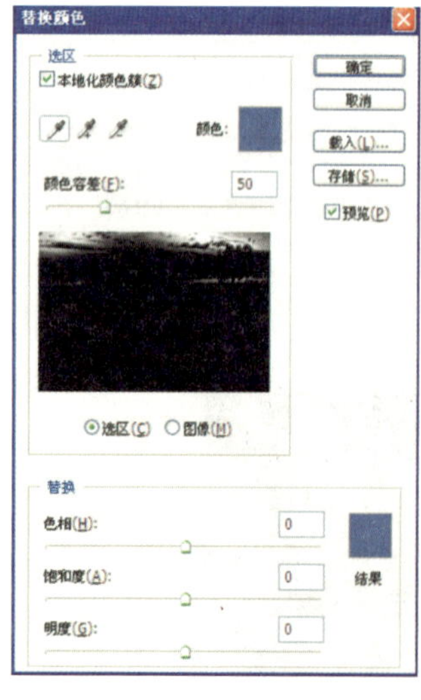

图 8－2－54　【替换颜色】对话框

图 8－2－55　【替换颜色】调整前

图 8－2－56　【替换颜色】调整后

任务实施

(1) 打开素材"任务二\调整偏色图像素材1.jpg"文件，可以观察到图像的颜色很灰暗，如图8-2-57所示。

图8-2-57　调整偏色图像素材1

(2) 执行【图层】→【新建调整图层】→【亮度/对比度】菜单命令，创建一个【亮度/对比度】调整图层，然后在【调整】面板中设置【亮度】为89、【对比度】为56，如图8-2-58所示，调整后效果如图8-2-59所示。

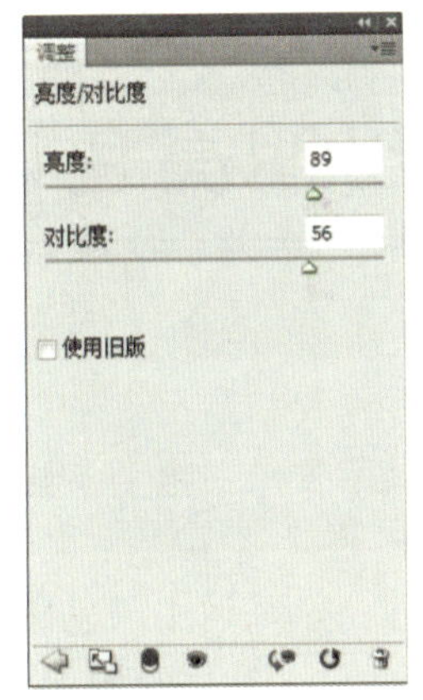

图8-2-58　设置【亮度/对比度】

图8-2-59　调整【亮度/对比度】效果

(3) 下面调整图像的色彩平衡。执行【图层】→【新建调整图层】→【色彩平衡】菜单命令，创建一个【色彩平衡】调整图层，然后在【调整】面板中设置【青色-红色】为62、【洋红-绿色】为100、【黄色-蓝色】为-100，如图8-2-60所示，效果如图8-2-61所示。

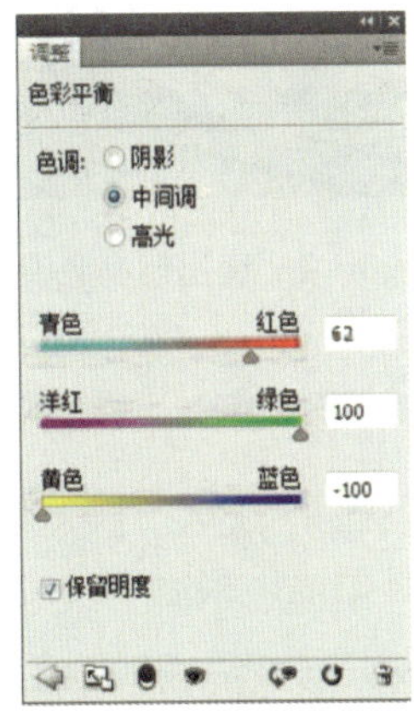

图8-2-60　设置【色彩平衡】

图8-2-61　调整【色彩平衡】效果

（4）导入素材“调整偏色图像素材 2. png”文件，如图 8 – 2 – 62 所示。为图像添加一个黑色边框和一些装饰性的趣味文字，最终效果如图 8 – 2 – 63 所示。

图 8 – 2 – 62　调整偏色图像素材 2

图 8 – 2 – 63　最终效果图

任务三　为外拍照片调出明亮色调

任务分析

本任务要求读者通过调色，并基于一些色彩的基本原理，熟练运用调色命令，使图像最终调出明亮色调，通过色彩的明暗及色温让照片变得更动人，图片的原图及效果图如图 8 – 3 – 1、图 8 – 3 – 2 所示。

图 8 – 3 – 1　调出明亮色调原图

图 8 – 3 – 2　调出明亮色调效果图

相关知识

1. 自定义调整

（1）【色阶】命令。通过调整图像的暗调、灰调和高光的亮度级别来校正图像的色调范围和颜色平衡。执行【图像】→【调整】→【色阶】命令，可以打开【色阶】对话框，如图 8 – 3 – 3 所示，或者直接使用 Ctrl + L 快捷键。

1）通道：选择是在整个颜色范围中还是在单独的颜色通道（RGB）中调整图像的影调和色调，这主要取决于图像颜色的品质。若图像中的污点主要成分是红色，那就可以只选择红色通道来调整图像中红色的分布，从而实现消除污迹的目的。

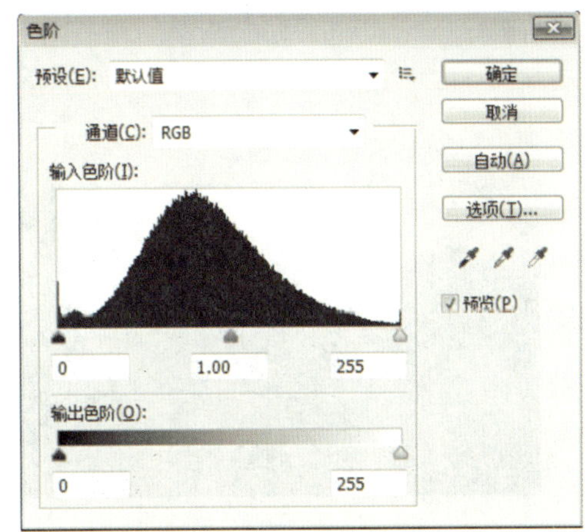

图 8－3－3　【色阶】对话框

2）输入色阶：拖动黑、白、灰 3 个色阶滑块，分别调整暗调、灰色调和高光的亮度级别来校正图像的对比度、明暗度和图像层次。在输入色阶预览框中，拖动左侧滑块向右移动，图像的暗调区域扩大，对比变弱；拖动中间滑块向左移动，图像的亮调区域扩大，向右移动，图像暗调区域扩大；拖动右侧滑块向左移动，图像颜色变浅，对比变弱。

3）输出色阶：改变输出图像所被映射的亮度范围。若拖动黑色滑块向右移动到 10，则输出图像会以输入色阶中亮度值为 10 的像素为最暗像素，图像变亮；向左拖动白色滑块至 250，则输出图像会以输入色阶中亮度值为 250 的像素为最亮像素，图像变暗。

图 8－3－4　调整色阶原图

下面结合实例介绍如何调整色阶。

①打开“任务三\调整色阶原图 . jpg”文件。如图 8－3－4 所示。

②执行【图像】→【调整】→【色阶】命令，弹出【色阶】对话框。如图 8－3－5 所示。

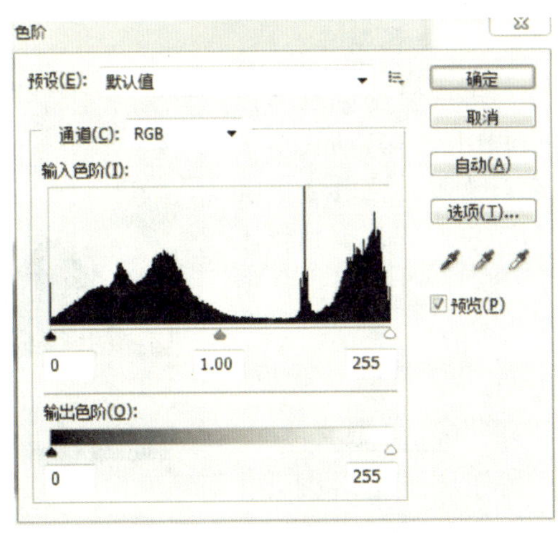

图 8－3－5　【色阶】对话框

③勾选 ☑预览(P) 复选框，可以看到图像的变化。

④拖动左侧的滑块向右，图像将变暗；拖动右侧的滑块向左，图像将变亮。单击

确定 按钮，完成调整。调节图片变暗、变亮效果，分别如图 8－3－6、图 8－3－7 所示。

图 8－3－6　变暗效果

图 8－3－7　变亮效果

4）【载入】：单击此按钮，可以在打开的对话框中载入一个外部的色阶文件。

5）【存储】：单击此按钮，可以将当前设置的调整参数保存为一个文件。

6）【选项】：单击此按钮，可以打开【自动颜色校正选项】对话框，可以设置【暗调】和【高光】所占比例。如图 8－3－8 所示。

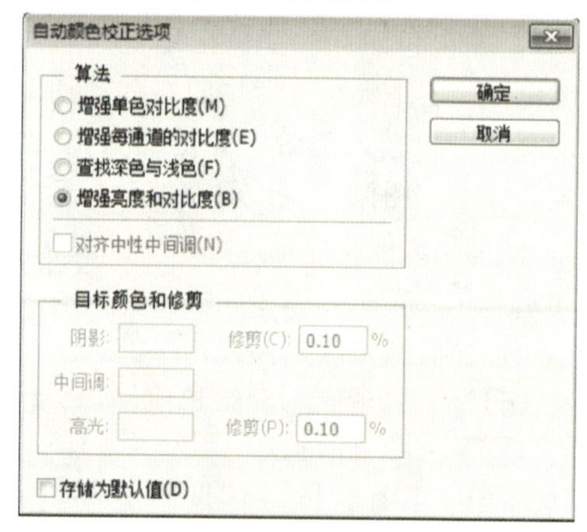

图 8－3－8　【自动颜色校正选项】对话框

7）（设置黑场）：选中此按钮，在图像中单击取样，可以将取样点的颜色设置为图像中最暗的点，所有比它暗的像素会变成黑色。

8）（设置灰场）：选中此按钮，在图像中单击取样，可以根据取样点像素的亮度来调整其他中间色调的平均亮度。

9）（设置白场）：选中此按钮，在图像中单击取样，可以将取样点的颜色设置为图像中最亮的点，所有比它亮的像素会变成白色。

10）【色阶】自动命令：可以自动调整图像中的影调和色偏。在校正过程中，并自动找出每个通道中最亮和最暗的像素，映射为纯白（色阶为 255）和纯黑（色阶为 0），中间像素值则按比例重新分布。使用【色阶】自动命令可以增强图像的对比度，如图 8－3－9 所示。

如果对调整数值不太满意，想要恢复原图初始状态，只需按下 Alt 键，同时单击 取消 按钮即可，之后【取消】按钮将变为【复位】按钮。

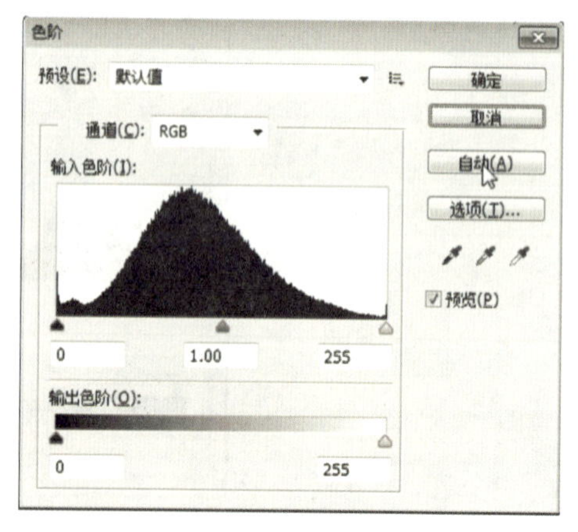

图 8－3－9　【色阶】自动命令对话框

（2）【曲线】命令。在 Photoshop 中，【曲线】和【色阶】都是非常重要的调整命令，它们都可以调整图像的整个色调范围。但【色阶】对话框仅包含 3 种调整（白场、黑场和灰度系数），而【曲线】命令是通过控制曲线的形状来为像素映射新的亮度值。

执行【图像】→【调整】→【曲线】命令，可以打开【曲线】对话框，如图 8-3-10 所示。

1）预设：单击此选项右侧的按钮，可以弹出一个下拉列表，如图 8-3-11 所示。选择【默认值】选项，可通过拖动曲线来调整图像。选择其他选项时，可使用系统预设的调整设置。

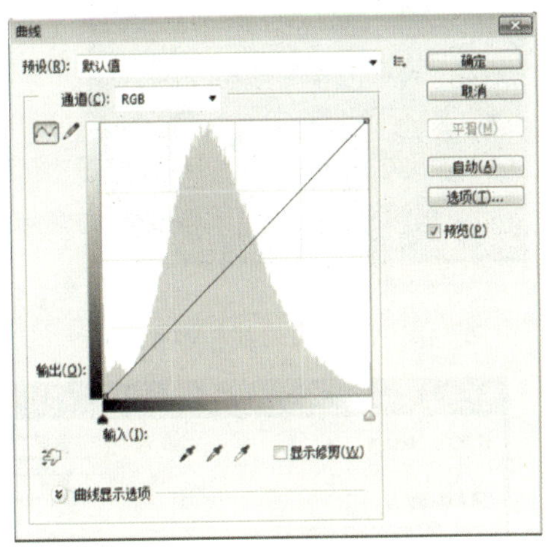

图 8-3-10 【曲线】对话框

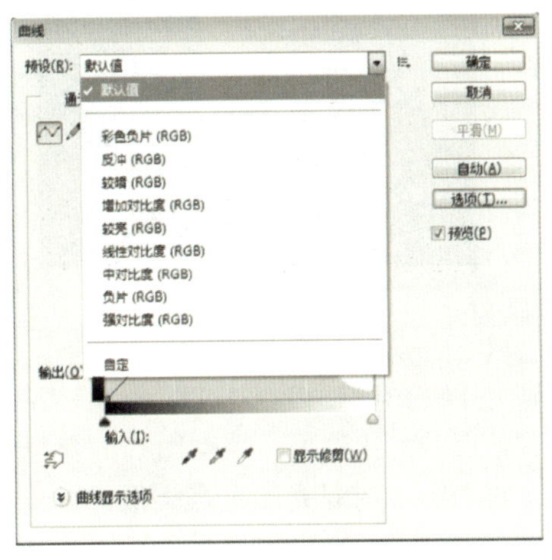

图 8-3-11 【预设】调整设置

2）通道：在此选项的下拉列表中可以选择需要调整的通道。

3）通过添加点来调整曲线：按下此按钮后，在曲线中单击可添加新的控制点，拖动控制点改变曲线的形状。默认情况下，将曲线向上移动可以使图像变亮，将曲线向下移动可以使图像变暗。调节点最多为 14 个。

4）使用铅笔绘制曲线：按下此按钮后，可在对话框内绘制任意形状的曲线。如果要对曲线进行平滑处理，可单击【平滑】按钮。如果单击按钮，则可在曲线上显示控制点。

5）【输入色阶】：显示调整前的像素值。

6）【输出色阶】：显示调整后的像素值。

7）【高光/中间调/阴影】：移动曲线顶部的点可调整图像的高光区域；移动曲线中间的点可以调整图像的中间区域；移动曲线底部的点可以调整图像的阴影区域。如图 8 3 12 所示。

8）【黑场/灰场/白场吸管】：这几个工具与【色阶】对话框中吸管工具的功能相同。

9）【显示修剪】：勾选此选项，可在调整黑场和白场时预览修剪。

10）【自动】：单击 自动(A) 按钮，可对图像应用【自动颜色】【自动对比度】或【自动色阶】校正。具体的校正内容取决于【自动颜色校正选项】对话框中设置的选项。

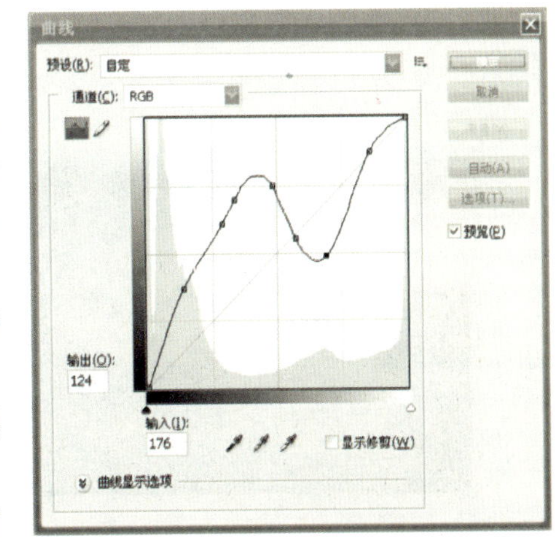

图 8-3-12 【高光/中间调/阴影】调整

11）【选项】：单击 选项(T)... 按钮，可以弹出【自动颜色校正选项】对话框。可以对图像应用【自动颜色】【自动对比度】或【自动色阶】校正。具体校正内容取决于【自动颜色校正选项】对话框中设置的选项。图 8－3－13、图 8－3－14 所示是使用【曲线】命令调整的前后对比效果。

图 8－3－13 【曲线】调整前

图 8－3－14 【曲线】调整后

（3）【曝光度】命令。【曝光度】是用来调节图像的反差对比效果，控制图片的色调强弱的工具。跟摄影中的曝光度有点类似，曝光时间越长，照片就会越亮。执行【图像】→【调整】→【曝光度】命令，打开如图 8－3－15 所示的对话框。

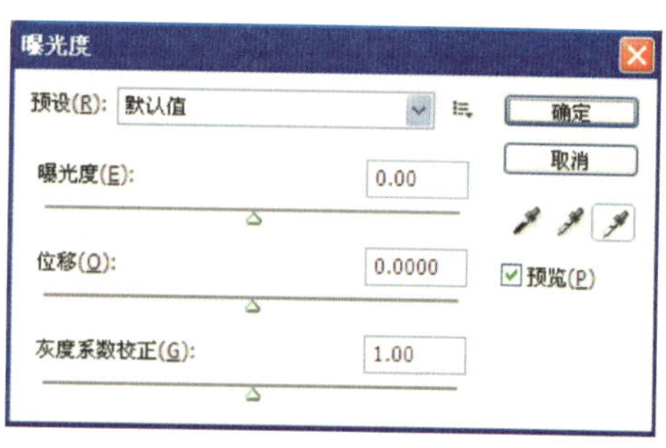

图 8－3－15 【曝光度】对话框

【曝光度】设置面板有三个选项可以调节：【曝光度】、【位移】、【灰度系数校正】。

1）【曝光度】：用来调节图片的光感强弱，数值越大图片会越亮，调高曝光度，高光部分会迅速提亮直到曝光过度而失去细节，所以有人说调的是高光区。

2）【位移】：用来调节图片中灰度数值，也就是中间调的明暗。就是“中性灰”。

3）【灰度系数校正】：用来减淡或加深图片灰色部分，也可以提亮灰暗区域，增强暗部的层次。

图 8－3－16、图 8－3－17 所示是使用【曝光度】命令调整的前后对比效果。

图 8－3－16 【曝光度】调整前

图 8－3－17 【曝光度】调整后

（4）【渐变映射】命令。【渐变映射】命令可以把一组渐变色的色阶映射到图像上，改变图像的暗调、灰色调和高光的分布。执行【图像】→【调整】→【渐变映射】命令，打开【渐变映射】对话框，如图8－3－18所示。

图8－3－18 【渐变映射】对话框

1）【灰度映射所用的渐变】下拉列表：从列表中选择一种渐变类型，默认情况下，图像的暗调、中间调和高光分别映射到渐变填充的起始（左端）颜色、中间点和结束（右端）颜色。

2）【仿色】复选项：通过添加随机杂色，可使渐变映射效果的过渡显得更为平滑。

3）【反向】复选项：颠倒渐变填充方向，以形成反向映射的效果。

图8－3－19、图8－3－20所示是使用【渐变映射】命令调整的前后对比效果。

图8－3－19 【渐变映射】调整前

图8－3－20 【渐变映射】调整后

2. 图像高级调整

（1）【可选颜色】命令。使用【可选颜色】命令进行色彩校正是高端扫描仪和分色程序使用的一项技术，该命令通过增加或减少与其他印刷油墨相关的印刷油墨的数量，可以有选择地修改任何原色中印刷色的数量，而不会影响其他原色。执行【图像】→【调整】→【可选颜色】命令，打开如图8－3－21所示的对话框。图8－3－22、图8－3－23所示的是使用【可选颜色】命令的前后对比效果。

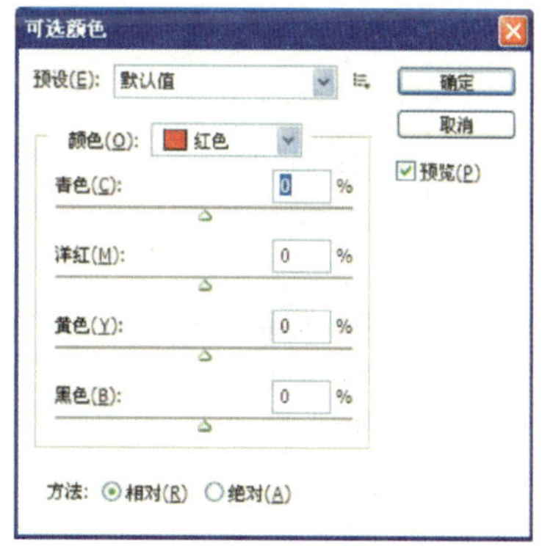

图8－3－21 【可选颜色】对话框

图8－3－22 【可选颜色】调整前

图8－3－23 【可选颜色】调整后

(2)【通道混合器】命令。通过【通道混合器】命令可以创建高品质的灰度图像、棕褐色调图像或其他色调图像，也可以对图像进行创意性的颜色调整。执行【图像】→【调整】→【通道混合器】命令，打开如图 8 - 3 - 24 所示的对话框。图 8 - 3 - 25、图 8 - 3 - 26所示是使用【通道混合器】命令的前后对比效果。

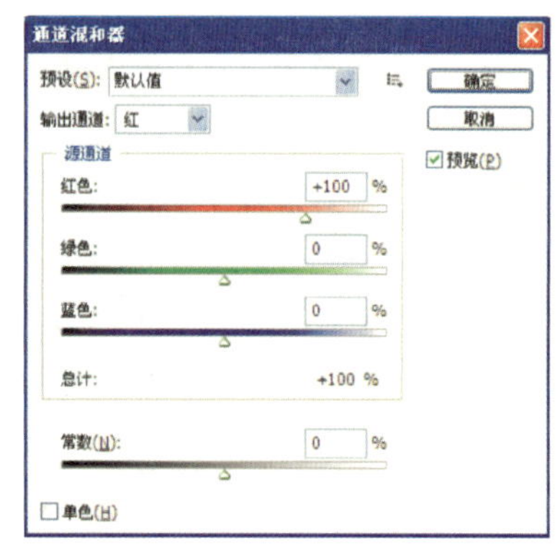

图 8 - 3 - 24 【通道混合器】对话框

(3)【自动颜色校正选项】。在【色阶】和【曲线】对话框中，单击对话框右侧的【选项】按钮，即可弹出【自动颜色校正选项】对话框，如图 8 - 3 - 27 所示。

图 8 - 3 - 25 【通道混合器】调整前

图 8 - 3 - 26 【通道混合器】调整后

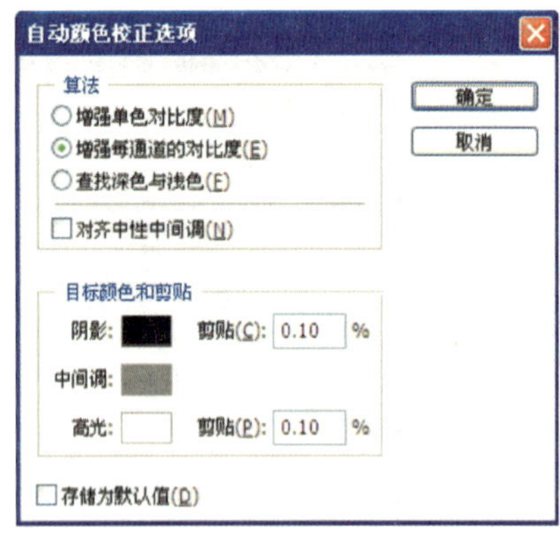

图 8 - 3 - 27 【自动颜色校正选项】对话框

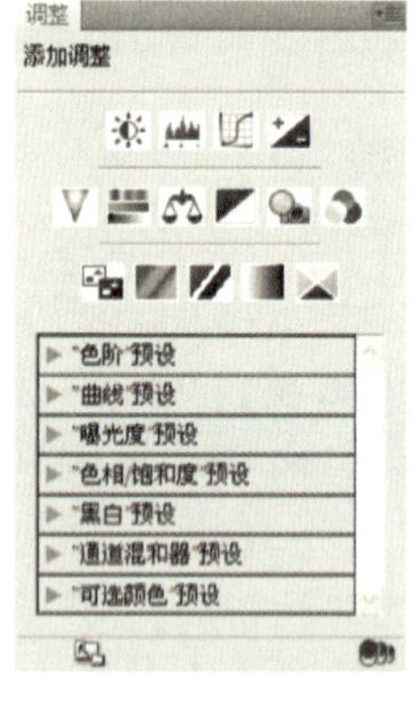

图 8 - 3 - 28 【调整】面板

3. 【调整】面板

如果使用【调整】面板中的工具对图像进行校正将会创建一个非破坏性的调整图层，该图层可以将所做的调整应用于图像。执行【窗口】→【调整】命令打开【调整】面板，如图 8 - 3 - 28 所示。

任务实施

(1) 打开素材"任务三\ 调出明亮色调素材 . jpg"文件，可以观察到图像的颜色很昏暗，主题颜色与画面粘在了一起，如图 8－3－29 所示。

（2）先复制图层，按 Ctrl ＋ J 快捷键复制图层，如图 8－3－30 所示。

图 8－3－29　“任务三\调出明亮色调”素材

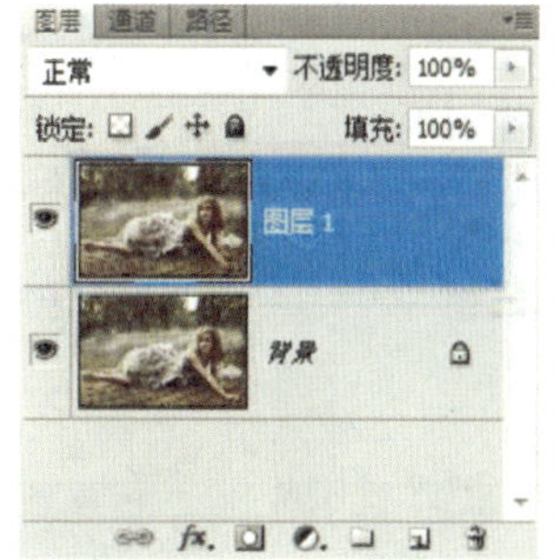

图 8－3－30　复制图层

（3）添加一个曲线调整层，设置图层的混合模式为柔光，曲线设置及调整效果分别如图 8－3－31、图 8－3－32 所示。

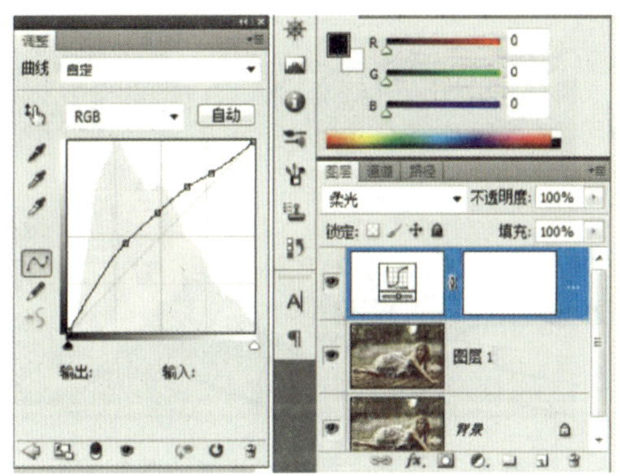

图 8－3－31　曲线调整层

图 8－3－32　曲线调整效果

（4）把曲线调整层复制一层，设置图层混合模式为滤色，填充为 20%，设置及调整效果分别如图 8－3－33、图 8－3－34 所示。

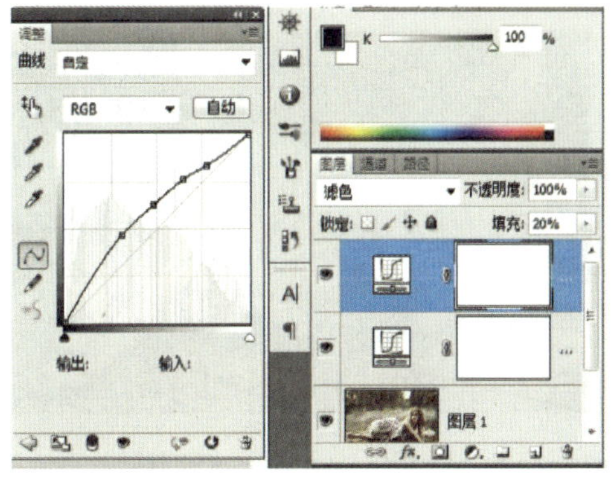

图 8－3－33　曲线调整复制层

图 8－3－34　曲线调整复制层设置后

（5）添加一个色彩平衡调整层，参数设置为－21、＋33、＋18，设置及调整效果分别如图 8－3－35、图 8－3－36 所示。

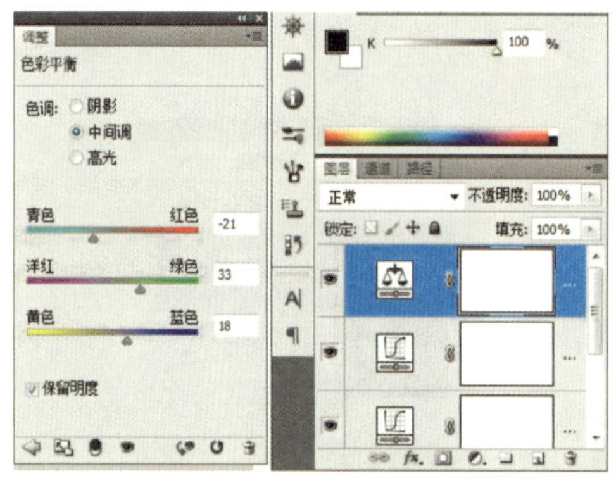

图 8－3－35　色彩平衡调整层

图 8－3－36　色彩平衡调整层效果

（6）添加一个色相饱和度调整层，把全图的饱和度设置为＋30，设置及调整效果分别如图 8－3－37、图 8－3－38 所示。

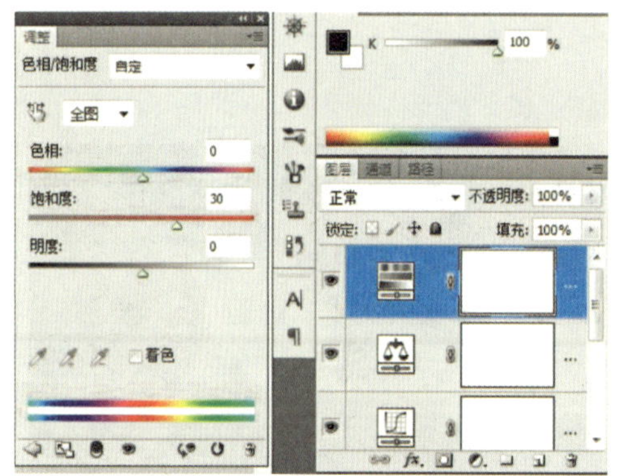

图 8－3－37　色相饱和度调整层

图 8－3－38　色相饱和度调整层效果

（7）添加一个亮度对比度调整层，把亮度设置为＋5，对比度设置为＋5，设置及调整效果分别如图 8－3－39、图 8－3－40 所示。

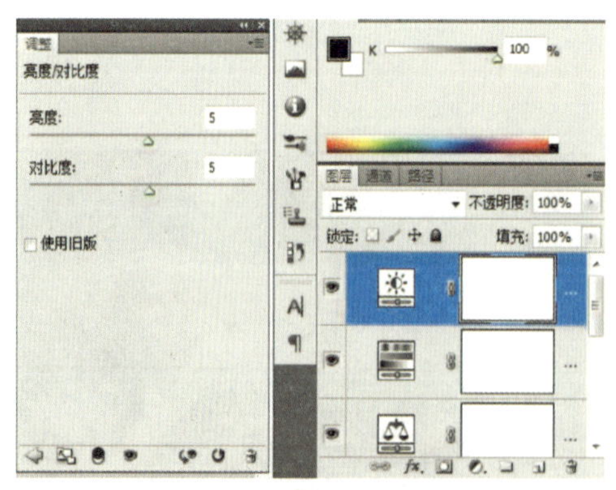

图 8－3－39　亮度对比度调整层

图 8－3－40　亮度对比度调整层效果

（8）添加一个可选颜色调整层，颜色选项里红色设置为洋红＋26%，黄色＋16%，如图 8－3－41 所示。黄色设置为青色－25%，洋红－11%；绿色设置为青色＋21%，洋红－46%，黄色＋19%，黑色＋26%；青色设置为洋红－5%，黄色－40%；黑色设置为青色＋100%，洋红－50%，黄色－100%；白色设置为黑色－6%；中性色设置为青色－9%，洋红

+3%，黄色 -3%，黑色 +3%；黑色设置为黑色 +4%。可选颜色调整层效果如图 8-3-42 所示。

图8-3-41　可选颜色调整层

图8-3-42　可选颜色调整层效果

（9）添加一个色阶调整层，调整色阶，参数如图 8-3-43 所示，效果如图 8-3-44 所示。

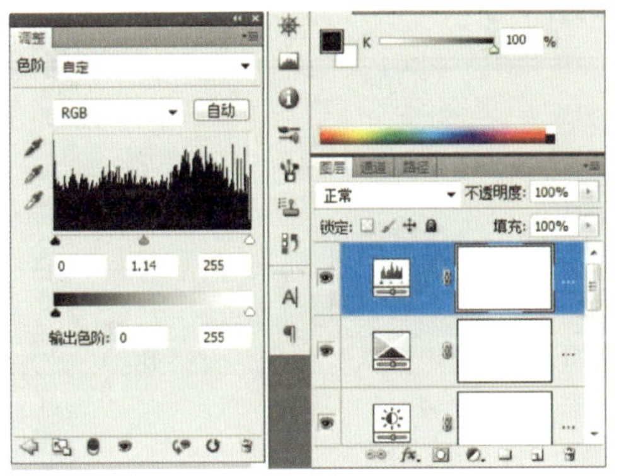

图8-3-43　色阶调整层

图8-3-44　色阶调整层效果

（10）添加一个色彩平衡调整层，参数如图 8-3-45 所示。

（11）完成最终效果如图 8-3-46 所示。

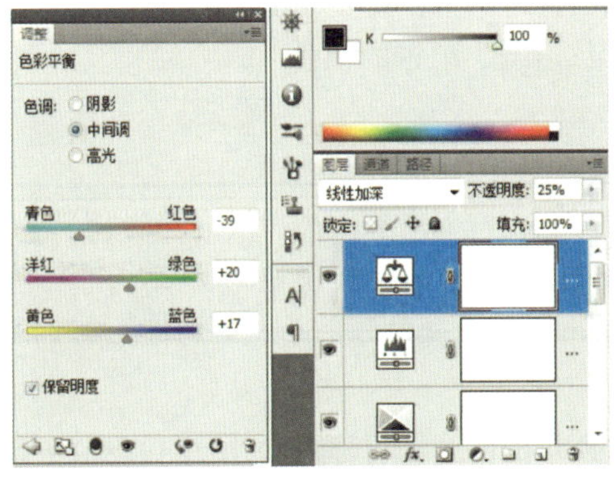

图8-3-45　色彩平衡调整层

图8-3-46　最终效果图

小结

本项目主要介绍调整图像色彩方面的知识与技巧，以及转换图像的色彩模式和选取颜色方面的知识，最后还讲解了自动校正图像色彩与色调、手动调整图像色彩与色调、图像色调调整高级应用和色调调整实用技巧精选方面的知识。通过学习，读者可以根据不同的需要应用多种调整命令对图像的色彩或色调进行细微的调整，还可以对图像进行特殊颜色的处理。

思考与练习

1. 填空题

（1）图像的常用色彩模式可分为__________、__________、__________、__________、__________、__________和 Lab 颜色模式等。

（2）可以通过运用【自动颜色】命令对图像中的__________、__________和__________进行__________的操作。

2. 判断题（对的打“√”，错的打“×”）

（1）灰度模式图像中没有颜色信息，色彩饱和度为 0，属无彩色模式。（　　）

（2）在 Photoshop CS6 中，不可以对图像对象进行自动校正图像色彩与色调的操作。（　　）

（3）【曲线】命令可以在整个图像的色调范围内进行调整，调节点最多为 24 个。（　　）

（4）使用【色调分离】命令按照设置的色阶数量减少图像的颜色。（　　）

项目实训

（1）要求使用【色相/饱和度】命令改变素材所示的图片的唇部颜色，原图如图 8－6－1 所示，处理后效果如图 8－6－2 所示。

图8－6－1　素材图片

图8－6－2　最终效果

（2）要求使用【替换颜色】和【蒙版】命令将素材图8－6－3所示的素材处理成如图8－6－4所示的效果。

图8－6－3　素材图片

图8－6－4　最终效果

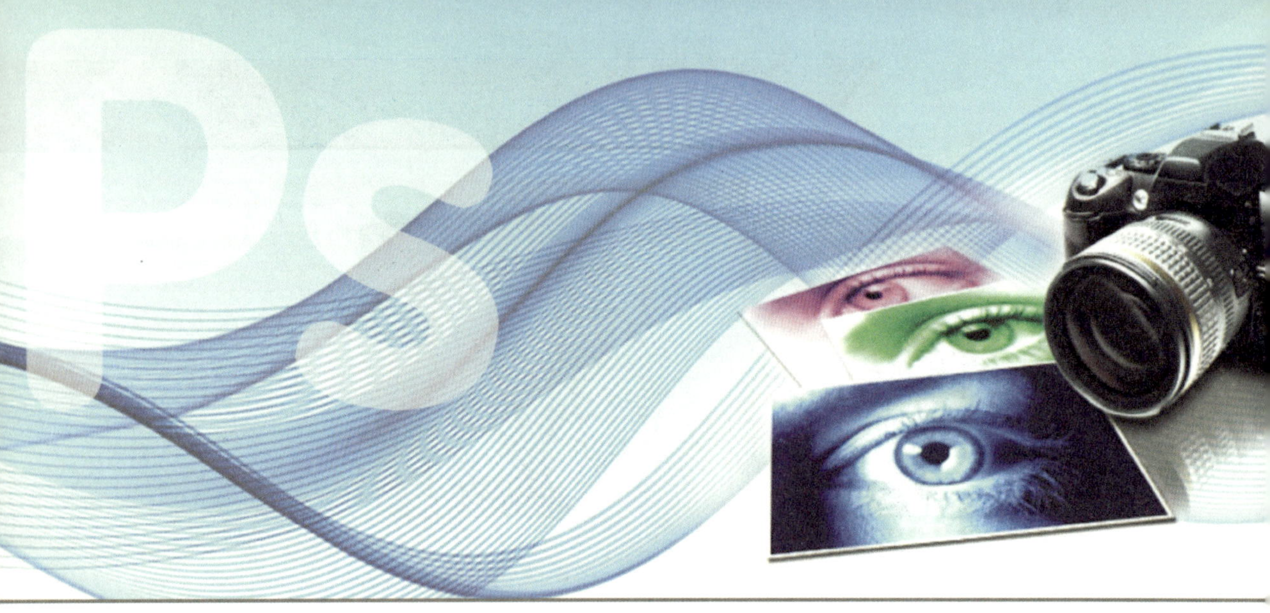

项目 9

文字的创建与编辑

项目介绍

本项目主要介绍了文字工具及属性、编辑文本、将文本转换为选区、将文本图层转换为工作路径等内容。其中，重点是字符格式和段落的创建和操作，难点是如何将文本转换为选区及如何将文本图层转换为工作路径。文字工具是 Photoshop 中最主要的工具之一，因此，通过学习和练习熟练掌握这些工具的用法十分重要。

培养目标

- 熟练掌握点文字和段落文本的创建操作。
- 掌握字符格式和段落格式的设置操作。
- 掌握将文本图层转换为工作路径。
- 掌握将文本转换为选区。
- 熟悉变形文字。

任务一　制作情人节贺卡

任务分析

本任务要求掌握文字工具的使用方法，利用创建点文字、编辑文字及创建变形文字等技巧制作贺卡，利用如图9－1－1所示素材制作效果如图9－1－2所示的情人节贺卡。

图9－1－1　情人节贺卡原图

图9－1－2　情人节贺卡效果图

相关知识

文字是平面设计作品中非常重要的视觉元素之一，使用Photoshop提供的文字工具可以创建各种类型的文字，还可以对文字进行变形，以及按路径排列文字。

单击文字工具 T 后，可以在文字工具选项栏中设置文字的属性，如图9－1－3所示。

图9－1－3　文字工具选项栏

1. 文字方向、字体、样式、大小的设置

（1）更改文本方向。单击按钮，可以将水平方向的文字更改为垂直方向。

（2）设置字体系列。在此选项的下拉列表中选择使用的字体（楷体）。

（3）设置字体样式。在此选项的下拉列表中可以选择一种字体样式。

（4）设置字体大小。在此选项的下拉列表中可以选择字体的大小，也可以输入字体大小的数值。

2. 其他的一些设置

设置消除锯齿的方法 无 。

在此选项的下拉列表中可以为文字选择一种消除锯齿的方法。选择【无】，表示不应用消除锯齿；选择【锐利】，可以使文字以最为锐利的形式出现；选择【犀利】，使文字显得较为锐利；选择【浑厚】，使文字显得较粗；选择【平滑】，使文字显得较为平滑。消除锯齿可以通过部分地填充边缘像素产生边缘平滑的文字，使文字的边缘混合到背景中。

（1）对齐方式。基于输入文字时文字插入点的位置确定文本的对齐方式，包括左对齐文本、居中对齐文本和右对齐文本。

（2）设置文本颜色。单击颜色框，弹出【选择文本颜色】对话框，如图 9－1－4 所示。在对话框设置文字的颜色（R：0、G：0、B：0）。

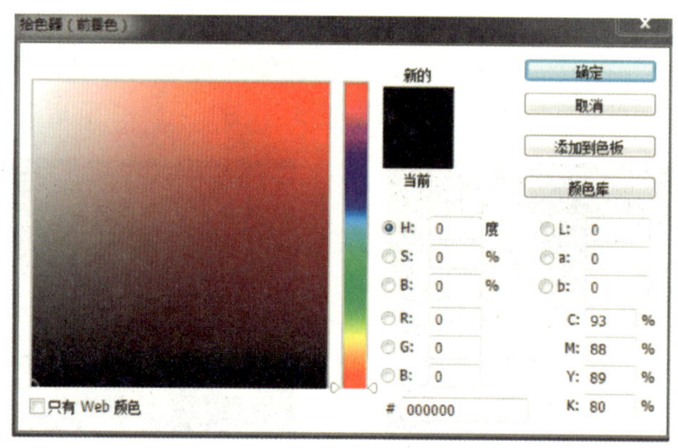

图 9－1－4　【选择文本颜色】对话框

提示：按下 Alt + Delete 快捷键可以为文字填充前景色，按下 Ctrl + Delete 快捷键可以为文字填充背景色。

3. 文字变形和编辑

创建文字变形。

单击按钮，弹出【变形文字】对话框，如图 9－1－5 所示。在对话框中可以为文本设置变形样式，变形的样式有“无、扇形、下弧、上弧、拱形、凸起、贝壳、花冠、旗帜、波浪、鱼形、增加、鱼眼、膨胀、挤压、扭转”等。

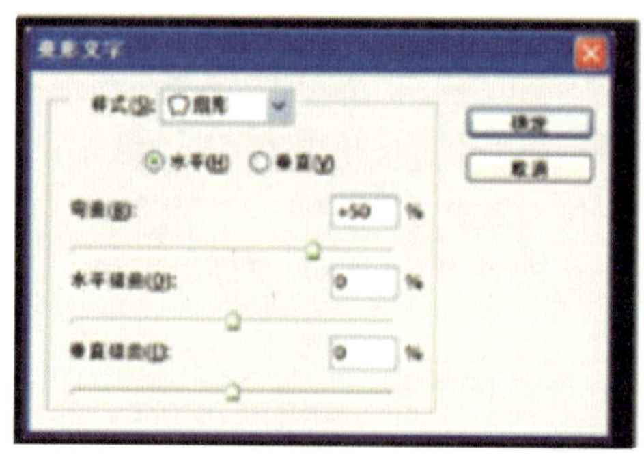

图 9－1－5　【变形文字】对话框

(1)【显示/隐藏字符和段落面板】。单击此按钮，可以显示或隐藏【字符】和【段落】面板。

(2)【取消所有当前编辑】。当正在编辑文字时，单击此按钮，可以取消文字的输入操作。

(3)【提交所有当前编辑】。当正在编辑文字时，单击此按钮，可以确定文字的输入操作。

任务实施

(1) 打开素材“玫瑰花.jpg”，如图9－1－1所示。选择工具箱中的【横排文字】工具，如图9－1－6所示，在属性栏中设置字体、大小和颜色。

图9－1－6　文字工具属性栏

(2) 在需要输入文字的图像上单击，设置插入点，画面中会出现一个闪烁的“I”形光标，如图9－1－7所示，输入如图9－1－8所示的文字“爱在空气中 情人节快乐”。此时，图层面板中会自动生成一个文字图层。

图9－1－7　闪烁光标

图9－1－8　输入文字

(3) 单击【文字工具】，如图9－1－9所示，选中文字“爱”，在属性栏中设置大小为100点，调整文字大小，效果如图9－1－9所示。

(4) 在【文字工具】选取状态下，按住Ctrl键切换为【移动工具】，调整大小并移动位置，如图9－1－10所示。利用相同的方法，在图像中创建其他文本。效果如图9－1－11所示。

图9－1－9　选中文字

图 9－1－10　调整文字大小

图 9－1－11　移动位置输入英文

（5）在【文字工具】选取状态下，按住 Ctrl 键切换为【移动工具】，调整大小并移动位置，设置前景色为白色，选择【自定义形状】工具，在属性栏中选择【形状图层】按钮，选择【红心形卡】工具，在如图 9－1－12 所示的位置处绘制心形形状，并把该形状图层移至英文文字图层的下方，同时，在对应的英文文字图层处选择“e、s”，更改为紫色，效果如图 9－1－12 所示。

图 9－1－12　绘制心形

（6）选择【钢笔】工具，绘制如图 9－1－13 所示的路径，并为其填充黄色，参照步骤（4），在路径的两边位置添加两个黄色的心形形状，效果如图 9－1－14 所示。

图 9－1－13　绘制路径填充颜色

图 9－1－14　路径添加心形形状

（7）选择【文字工具】，在图 9－1－13 所示的位置输入文字“7.7”，选中该文字，单击属性栏的【变形】按钮，弹出【变形文字】对话框，在【样式】下拉列表中选择【花冠】样式，文字变形参数设置如图 9－1－15 所示，变形后的最终效果如图 9－1－16 所示。

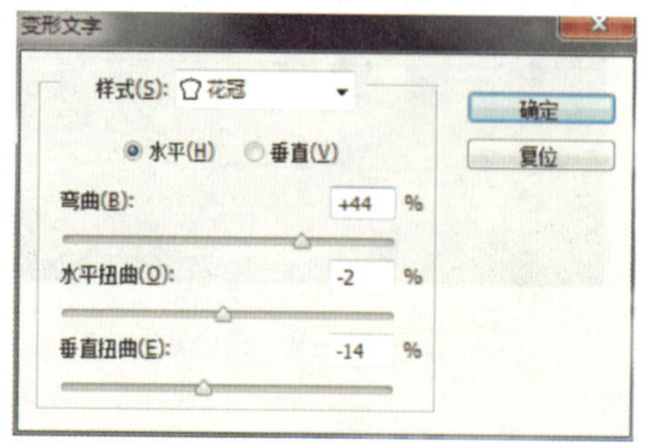

图 9－1－15　【变形文字】对话框

图 9－1－16　变形后的效果

（8）保存文档。

任务二　夏夜星空

任务分析

本任务根据图9－2－1所示素材图“夏夜星空原图”，利用钢笔工具绘制路径，实现创建路径文字、段落文字、文字图层的转换，使文字排列更富有趣味性，实现效果如图9－2－2所示。

图9－2－1　夏夜星空原图

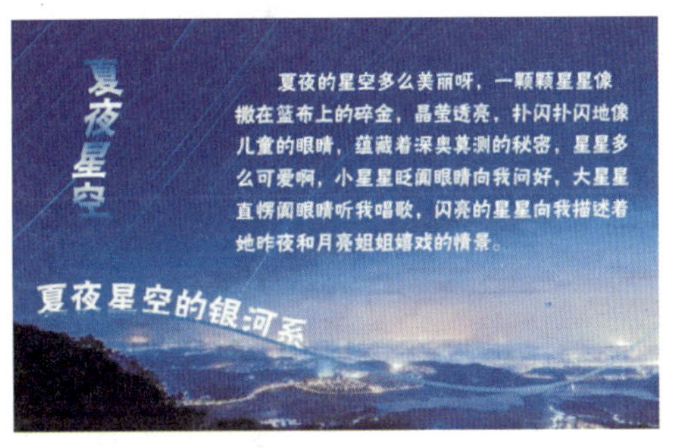

图9－2－2　夏夜星空效果图

相关知识

1. 字符面板

文字的字体、大小和颜色等都是文字的属性，设置这些属性也被称为设置字符格式。输入文字之前，可以在工具选项栏中设置文字属性，输入文字后也可以重新设置字符属性。如果是在输入文字后更改文字属性，则必须先选中需要修改的字符，然后在面板中进行设置。

单击文字工具选项栏中的【显示/隐藏字符和段落面板】按钮，或者执行【窗口】→【字符】命令，弹出【字符】面板，如图9－2－3所示。

（1）设置字形和样式。

1）设置字体种类：在该选项的下拉列表中可以为字符选择一种字体。

2）设置字体样式：在该选项的下拉列表中可以为所选字体设置一种字体样式。

（2）设置字体大小、间距。

1）设置字体大小：在该选项的下拉列表中可以为所选字符设置字体的大小，也可以输入字体大小的数值进行调整。

2）设置行距：各文字行之间的垂直距离称为行距。在该选项的下拉列表中可以设置

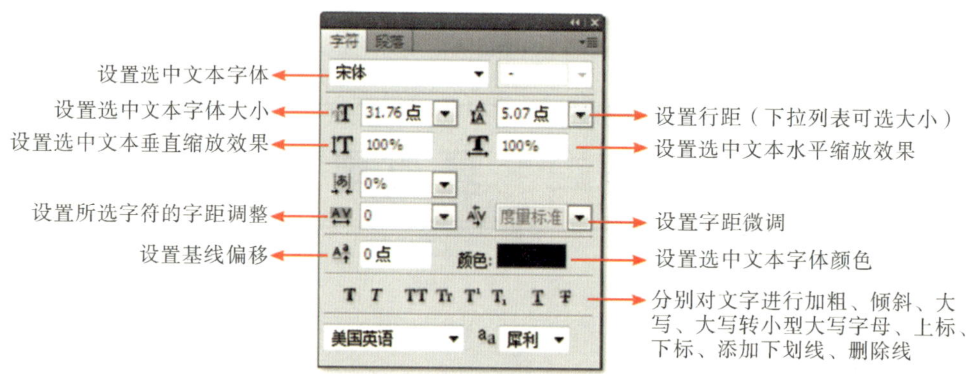

图 9－2－3 【字符】面板

行距。

3）设置两个字符间的字距微调：可以微调所选的两个字符之间的间距。

4）设置所选字符的字距调整：可以设置所选字符的比例间距，数值越大，字符的间距越大。

5）设置所选字符的比例间距：可以调整所选的字符之间的间距。

（3）字符的缩放。

1）【垂直缩放】：可以设置所选字符高度的缩放比例，范围为 0% ～1000%，未缩放的字符的值为 100%。

2）【水平缩放】：可以设置所选字符宽度的缩放比例，范围为 0% ～1000%，未缩放的字符的值为 100%。

3）【设置基线偏移】：可以控制所选字符与其基线的距离。输入正值时，横排文字上移，直排文字移向基线右侧；输入负值时，横排文字下移，直排文字移向基线左侧。

4）【设置文本颜色】：单击此选项右侧的颜色框，弹出【拾色器】，通过【拾色器】可以设置文字的颜色。

（4）特殊字体样式 T T TT Tt T¹ T₁ T Ŧ 。从左到右依次为：

1）【粗体】按钮：单击此按钮，可以将当前选定的字符设置为粗体。

2）【仿斜体】按钮：单击此按钮，可以将选定的字符设置为斜体。

3）【全部大写字母】按钮：单击此按钮，可以将所有的英文字符设置为大写。

4）【小型大写字母】按钮：单击此按钮，可以将所有的英文字符设置为小型大写字母。

5）【上标】按钮：单击此按钮，可以将选定的字符的尺寸变小，且对字体基线上升成为上标。

6）【下标】按钮：单击此按钮，可以将选定的字符的尺寸变小，且对字体基线上升成为下标。

7）【下划线】按钮：单击此按钮，可以在横排文字下方、直排文字的左侧或右侧放置一条直线。

8）【删除线】按钮：单击此按钮，可以在文字的中央应用贯穿横排文字或直排文字的直线。

2. 段落面板

段落是指末尾带有回车符的文字。对于点文字，每行即是一个单独的段落，对于段落文

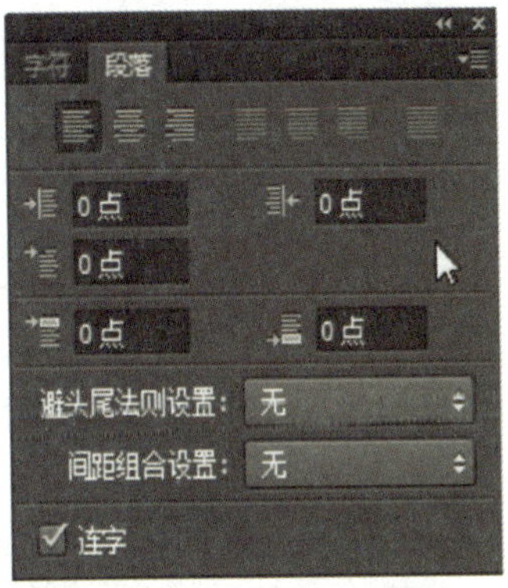

字，一段可能有多行，具体视外框的尺寸而定。使用【段落】面板可以为文字图层中选定的单个段落、多个段落或全部段落设置格式选项。单击文字工具选项栏中的【显示/隐藏字符】和【段落面板】按钮，或者执行【窗口】→【段落】命令，弹出【段落】面板，如图9－2－4所示。

图9－2－4　【段落】面板

（1）段落文本的对齐。

从左到右依次分别是：

1）【左对齐】文本：单击此按钮，可以将文字左对齐，段落右端参差不齐。

2）【居中对齐】文本：单击此按钮，可以将文字居中对齐，段落两端参差不齐。

3）【右对齐】文本：单击此按钮，可以将文字右对齐，段落左端参差不齐。

4）【最后一行左对齐】：单击此按钮，对齐除最后一行外的所有行，最后一行左对齐。

5）【最后一行居中对齐】：单击此按钮，对齐除最后一行外的所有行，最后一行居中对齐。

6）【最后一行右对齐】：单击此按钮，对齐除最后一行外的所有行，最后一行右对齐。

7）【全部对齐】：单击此按钮，对齐包括最后一行的所有行，最后一行强制对齐。

（2）段落文本的缩进。

1）【左缩进】：横排文字从段落的左边缩进，直排文字则从段落的顶端缩进。

2）【右缩进】：横排文字从段落的右边缩进，直排文字则从段落的底部开始缩进。

3）【首行缩进】：可缩进段落中的首行文字。对于横排文字，首行缩进与左缩进有关；对于直排文字，首行缩进与顶端缩进有关。输入为负值，可以创建首行悬挂缩进。

提示：缩进指定文字与外框之间或与包含该文字的行之间的间距量，缩进只影响选定的一个或多个段落。

4）【段前添加空格/段后添加空格】：可以调整选定的段落的间距。

（3）其他。

1）避头尾法则设置：避头尾法则用来指定亚洲文本的换行方式。不能出现在一行的开头或结尾的字符称为避头尾字符。

2）【间距组合】设置：可以在此选项的下拉列表中选择一种段落间距的设置方式。

3）【连字】：选择此选项，可以在断开的单词处生成连字标记。

3. 路径文字

路径文字是指在开放或封闭的路径上创建的文字，移动路径或修改路径的形状时，文字将会适应新的路径位置或形状。当沿水平方向输入文本时，字符将沿着与基线垂直的路径出现；当沿垂直方向输入文本时，字符将沿着与基线平行的路径出现。

4. 编辑文字

创建了文字后，如果想要编辑文字内容，可以选择横排文字工具 T （也可以选择直排文字工具）。下面结合实例介绍如何更改文本排列方式。

（1）打开“蓝天.jpg”文件，如图9－2－5所示。

（2）单击文字工具，在图像中单击，为文字设置插入点。输入文字“天空蔚蓝”，如图9－2－6所示。

图9－2－5　蓝天

图9－2－6　改变文字排列方向

（3）单击工具选项栏中的按钮，可以改变文字的方向，如图9－2－6所示。

5. 将文本转换为选区

下面介绍如何将文字转换为选区。

单击中的横排文字蒙版工具或直排文字蒙版工具时，可以创建一个文字形状的选区，如图9－2－7所示。当【文字选区】处于工作状态时，可以像任何其他选区一样对其进行移动、复制、填充或描边。文字蒙版工具的确定可以通过单击图层来实现。

图9－2－7　创建文字形选区

提示：如果是使用横排文字工具或直排文字工具创建文字，按下Ctrl键单击【图层】面板中文字图层的缩览图，如图9－2－8所示，可以将文字的选区载入图像中，如图9－2－9所示。

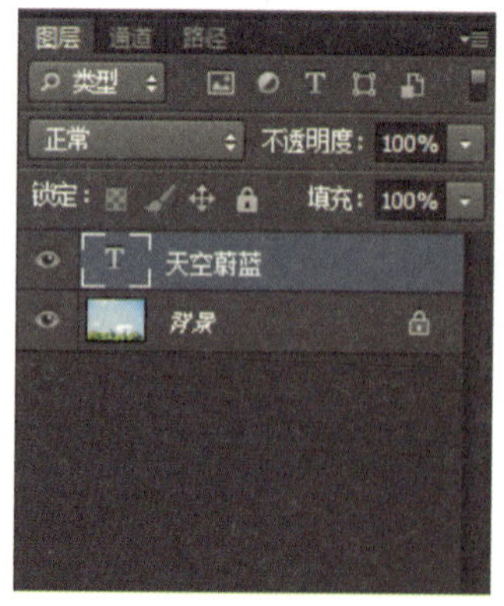

图9－2－8　单击缩览图

图9－2－9　将文字的选区载入图像中

6. 将文本图层转换为普通图层

执行【图层】→【栅格化】→【文字】命令，或者直接在文字图层上单击鼠标右键，选择弹出菜单中的【栅格化文字】，都可以将文本图层转换为普通图层，如图 9 - 2 - 10 所示。

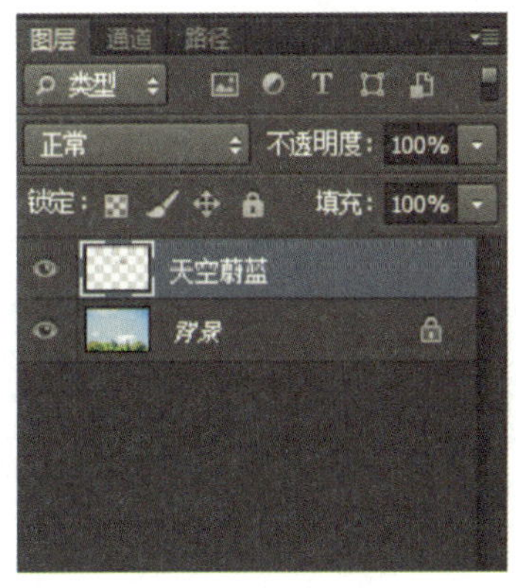

图 9 - 2 - 10　将文本图层转换为普通图层

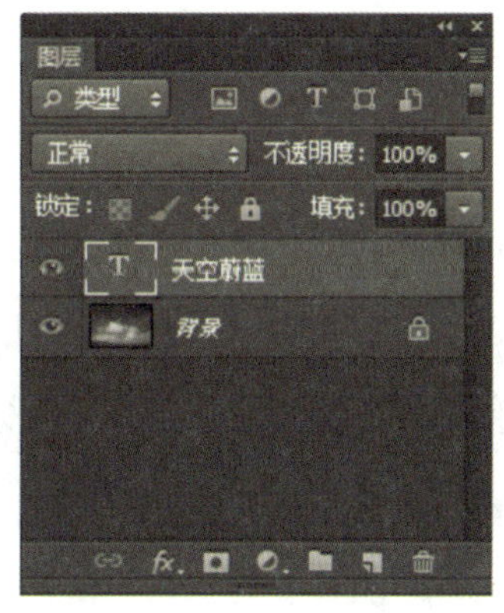

图 9 - 2 - 11　文字图层

7. 将文本图层转换为形状

利用【转换为形状】命令，可以制作出形状比较特殊的文字。下面将介绍如何将文本图层转换为形状，具体方法如下。

（1）使文字图层处于工作状态，如图 9 - 2 - 11 所示。

（2）然后执行【文字】→【转换为形状】命令，或者直接在文字图层上单击鼠标右键，在弹出的菜单中选择【转换为形状】，都可以将文字转换为形状，如图 9 - 2 - 12 所示。在将文字转换为形状时，文字图层将会被替换成为具有矢量蒙版的图层，矢量蒙版也就是形状蒙版，如图 9 - 2 - 13 所示。可以编辑矢量蒙版并对图层应用样式，但是无法在图层中将字符作为文本进行编辑。

图 9 - 2 - 12　路径面板

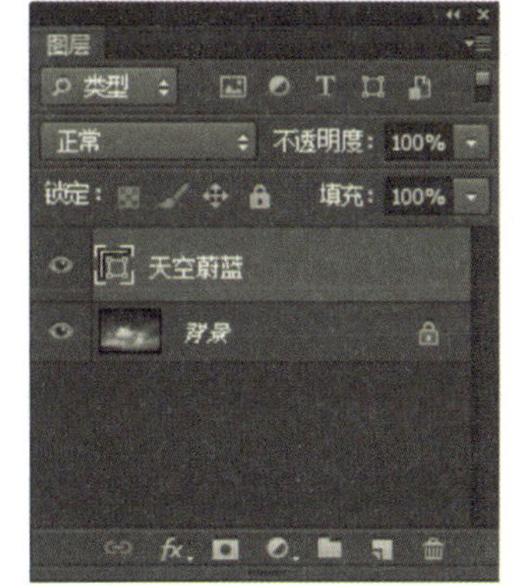

图 9 - 2 - 13　图层面板

8. 将文本图层转换为工作路径

利用【创建工作路径】命令，可以将文本直接转换为路径，对文字进行更多的编辑，制作出符合要求的字体。下文将介绍如何将文本图层转换为工作路径。

任务实施

（1）打开素材“星空.jpg”，如图 9－2－14 所示。

（2）利用【钢笔】工具，单击钢笔工具属性栏中的【路径】按钮，绘制出如图 9－2－15 所示的一段开放路径。

图 9－2－14　星空

图 9－2－15　绘制路径 1

（3）选择【横排文字】工具，设置字体、大小和颜色，将光标放在路径上，单击设置文字插入点，画面中会出现闪烁的“I”形光标，输入文字“夏夜星空的银河系”，文字将沿着锚点被添加到路径的方向排列。按下 Ctrl ＋ Enter 快捷键结束操作，在【路径】面板的空白处单击隐藏路径，如图 9－2－16 所示。

（4）在【路径】面板中新建“路径 2”，利用钢笔工具绘制如图 9－2－17 所示的路径。

图 9－2－16　输入路径文字

图 9－2－17　绘制路径 2

（5）打开 Word 文档“夏夜星空”，复制文字，使用【横排文字】工具，在路径内单击，出现光标后，按下 Ctrl ＋ V 快捷粘贴段落文字，在【路径】面板的空白处单击隐藏路径，效果如图 9－2－18 所示。

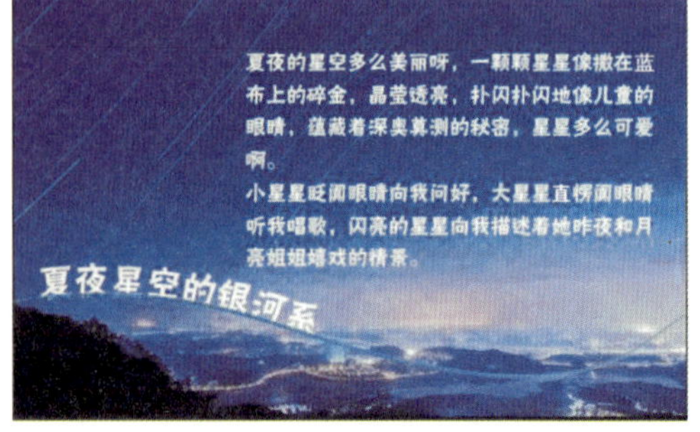

图 9－2－18　横排文字

（6）选择每段第一句文字，打开【段落】面板，在【段前添加空格】文本框中输入“20 点”，效果如图 9－2－18 所示。

（7）在【首行缩进】文本框中输入“60

点”，两段文字首行缩进，效果如图 9－2－19 所示。

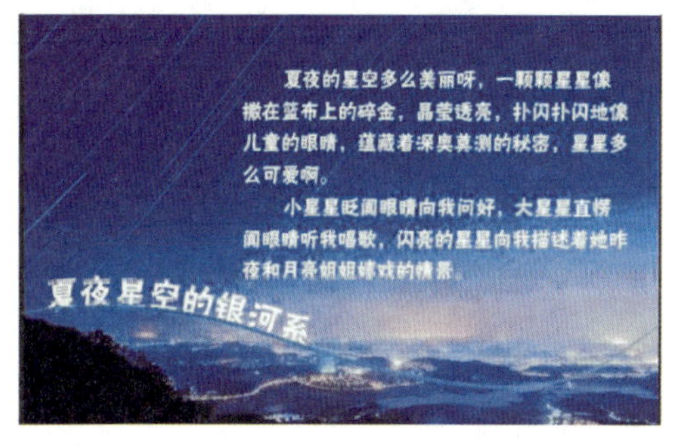

图 9－2－19　文字首行缩进

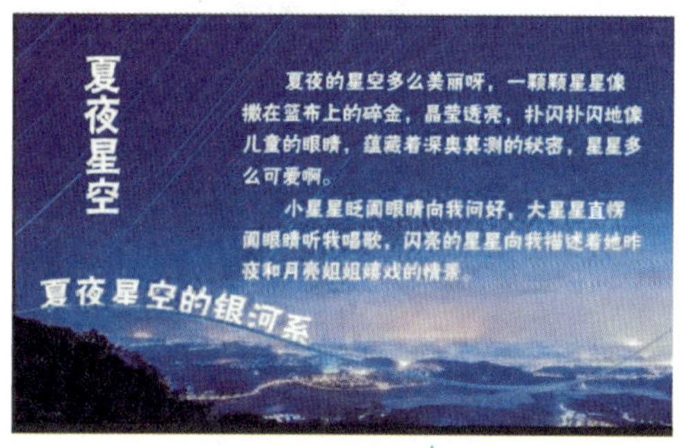

图 9－2－20　输入“夏夜星空”

（8）输入“夏夜星空”，如图 9－20 所示。选中文字（按住 Ctrl ＋ A 快捷键）单击右键选择【变形文字】，选中旗帜样式，调整弯曲大小，然后单击图层样式选渐变叠加，调整颜色。设置如图 9－2－21 所示，效果如图 9－2－22 所示。

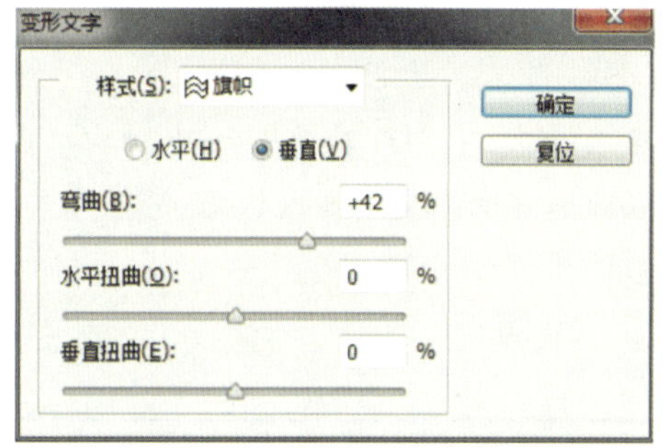

图 9－2－21　【变形文字】对话框

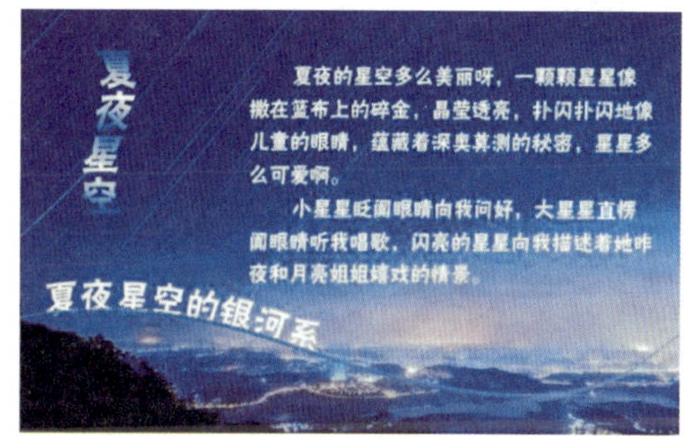

图 9－2－22　“夏夜星空”效果

（9）执行【文件】→【存储】命令，或者直接使用 Ctrl ＋ S 快捷键保存文件。

小结

Photoshop 的文字工具功能强大，已经将要接近矢量绘图软件中的文字工具的功能，可以说文字和图像是形影不离的，特别是对商业设计作品来说，再美的图像缺少文字来点缀和说明，所表达的意义也不可能很好地展示出来。通常 Photoshop 中文字是一个单独的图层，利用文字工具在图像中输入文字即可创建一个文字图层，并且可以利用相关的命令来编辑修改文字的属性。

思考与练习

1. 判断题（对的打“√”，错的打“×”）

（1）【鱼眼】选项存在于【样式】下拉列表中。（　　）

（2）在图层面板中，输入的文字可以自动生成一个新的图层。（　　）

2. 选择题

（1）绘制路径应选择（　　）工具。

A. 铅笔　　B. 钢笔　　C. 喷枪　　D. 图章

（2）单击（　　）按钮，可以将水平方向的文字更改为垂直方向。

A. [T]　　B. [钢笔]　　C. [变形]　　D. [IT]

（3）在 Photoshop 中无法对文字使用（　　）命令。

A. 移动文字　　B. 变换文字　　C. 改变文字大小　　D. 滤镜

（4）在输入文本的过程中，按（　　）键可以取消并退出文本输入状态。

A. Esc　　B. Ctrl　　C. Alt　　D. Shift

项目实训

（1）新建一个图像文件，分别添加各种素材，输入文字，制作一幅网页横幅广告，效果如图 9－5－1 所示。

图 9－5－1　网页横幅广告效果图

（2）结合本任务素材图 9－5－2 上的图片，输入绕排文本，制作音乐生活广告图，最终效果如图 9－5－3 所示。

图9－5－2　音乐生活素材

图9－5－3　音乐生活效果图

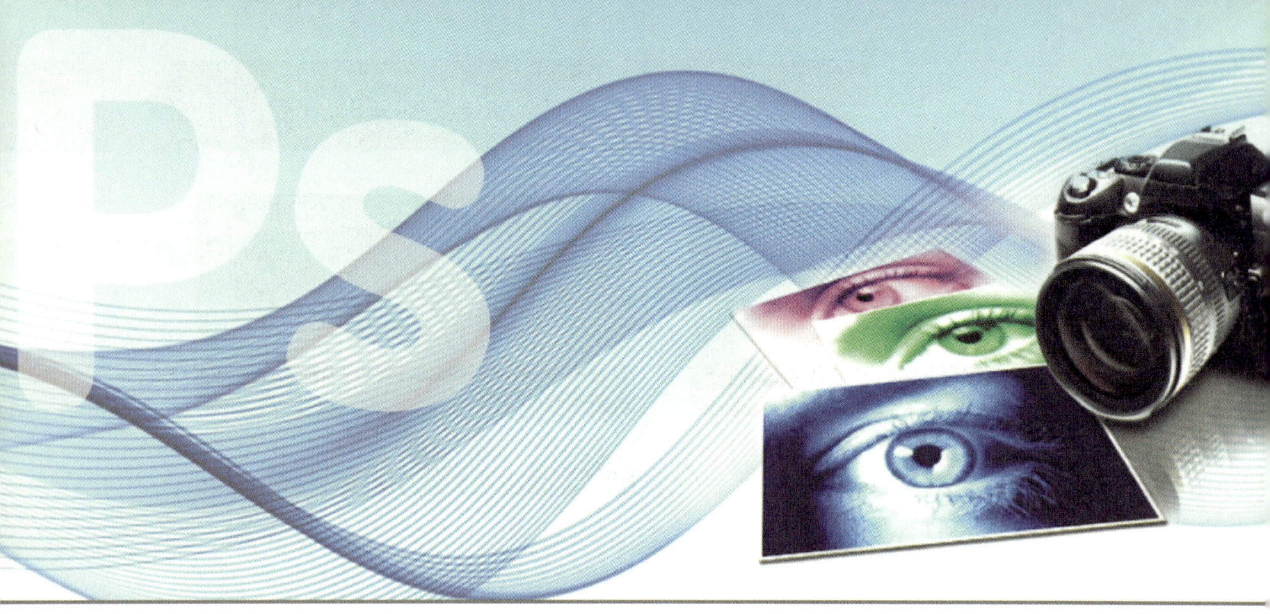

项目 10

形状与路径

项目介绍

本项目介绍了形状工具使用、形状的编辑方法、路径工具的使用等基础知识。着重介绍了图层的形状工具、路径工具的使用；而路径工具的使用是本项目的难点。读者通过本项目学习，可以灵活地编辑路径与形状，从而更有效地去利用编辑后的路径与形状。

培养目标

- 掌握矩形工具、椭圆工具、圆角矩形工具等形状工具的使用方法。
- 掌握钢笔工具、添加和删除锚点工具、转换点工具的使用方法。
- 掌握选取路径、转换路径、路径控制面板、新建路径的使用方法。
- 掌握复制、删除、重命名路径的使用方法。
- 掌握填充路径、描边路径的使用方法。

任务一　绘制手机

任务分析

本任务要求掌握矩形工具、圆角矩形工具、椭圆工具、多边形工具、直线工具和自定义形状工具，以制作效果如图 10－1－1 所示的作品。

图 10－1－1　手机效果图

相关知识

Photoshop CS6 提供了 6 种形状工具，包括矩形工具、圆角矩形工具、椭圆工具、多边形工具、直线工具和自定义形状工具。使用它们可以直接绘制出方形、圆形、多边形，以及自定义的各种形状。

1. 【矩形】和【圆角矩形】工具

在工具箱中选择【矩形】工具和【圆角矩形】工具，在画面中可以绘制矩形和圆角矩形。

（1）绘制矩形。使用【矩形】工具可以绘制矩形和正方形。选择此工具后，在画面中单击并拖动鼠标即可创建矩形，如图 10－1－2 所示。

图 10－1－2　创建矩形

提示：按住 Shift 键拖动鼠标可以绘制正方形；按住 Alt 键拖动鼠标可以从单击点为中心向外绘制矩

形；按住 Alt + Shift 快捷键拖动鼠标可从单击点为中心向外绘制正方形。

选择矩形工具，单击工具选项栏中的自定形状按钮右侧的下拉按钮，可以打开【矩形选项】下拉面板，如图 10－1－3 所示。

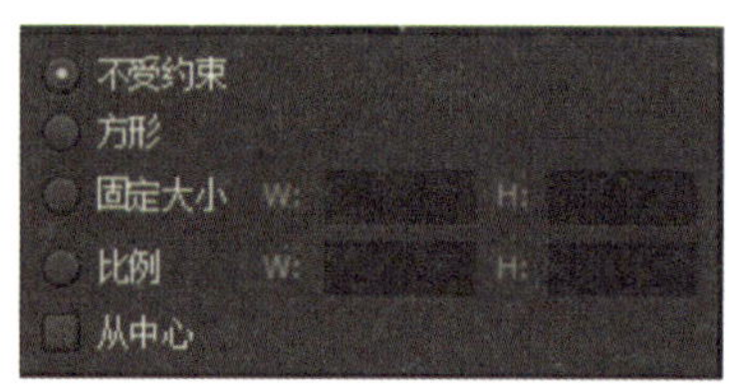

图 10－1－3 【矩形选项】下拉面板

1）【不受约束】：选择此选项，可以创建任意大小矩形，包括正方形、矩形的宽度和高度不会受限制。

2）【方形】：选择此选项，可以创建任意大小正方形。

3）【固定大小】：选择此选项，可以在它右侧的“W”文本框中输入矩形的宽度，在“H”文本框中输入矩形的高度，然后只需在画面单击鼠标即可按照设置尺寸创建固定大小的矩形。

4）【比例】：选择此选项，可以在它右侧的“W”和“H”文本框中输入矩形宽度与高度的比例，此后创建任意大小的矩形时，矩形的宽度和高度都保持此比例。

5）【从中心】：选择此选项，以鼠标的单击点为矩形的中心，可以从中心向外创建矩形。

6）【对齐像素】：选择此选项，可以将矩形的边缘对齐到像素的边缘，使图形的边缘保持清晰，取消选择此选项时，矩形边缘会出现模糊。

（2）绘制圆角矩形。使用【圆角矩形】工具可以绘制圆角矩形。圆角矩形的创建方法与矩形的创建方法相同。如图 10－1－4 所示为【圆角矩形】工具选项栏，它的选项与矩形工具的选项基本相同，只是多了一个【半径】选项。输入数值可以设置圆角矩形的圆角半径，此值越高，圆角越大。

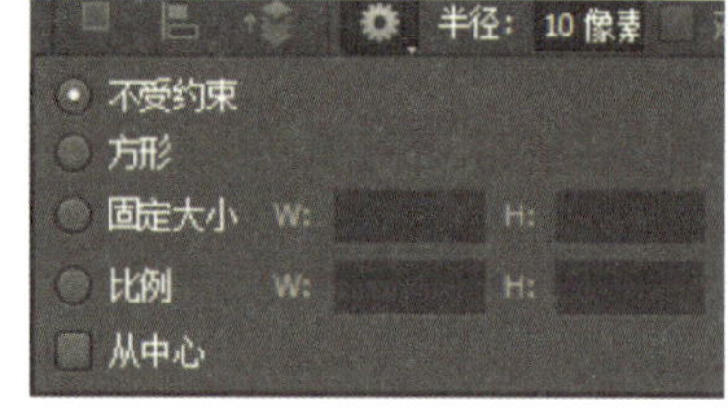

图 10－1－4 【圆角矩形】选项栏

2. 【椭圆形】工具

使用【椭圆形】工具可以创建椭圆形和正圆形。选择此工具后，在画面中单击并拖动鼠标即可创建椭圆形，如图 10－1－5 所示。

选择【椭圆形】工具，单击工具选项栏中的自定义形状按钮右侧的下拉按钮，可以打开【椭圆选项】下拉面板，如图 10－1－6 所示。它的选项设置与【矩形】工具选项设置基本相同。

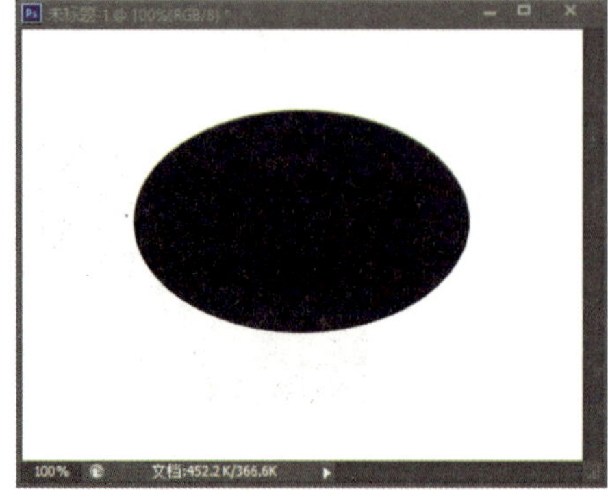

图 10－1－5 创建椭圆形

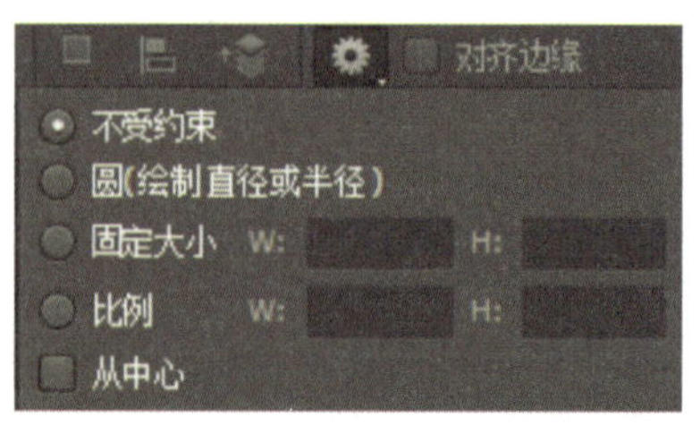

图 10－1－6 【椭圆形】选项栏

提示：按住Shift键拖动鼠标可以绘制正圆形；按住Alt + Shift快捷键拖动鼠标能以单击点为中心向外绘制正圆形。

3. 【多边形】工具

使用【多边形】工具可以绘制多边形。选择此工具后，在画面中单击并拖动鼠标即可按照预设的选项绘制多边形。如图 10－1－7 所示为多边形工具的工具选项栏。在【边】的选项中可以设置多边形的边数，范围为 3～100。如图 10－1－8 所示为设置此值为 8 绘制的八边形效果。

图 10－1－7　【多边形】选项栏

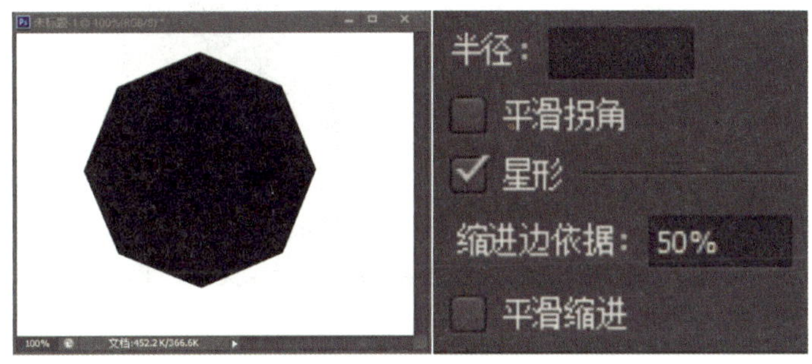

图 10－1－8　八边形

（1）【半径】。用来设置多边形的外接圆的半径。

（2）【平滑拐角】。选择此选项，可绘制具有平滑拐角的多边形。

（3）【星形】。选择此选项，可以对多边形的边进行缩进从而成为星形。选中【星形】选项，将激活【缩进边依据】和【平滑缩进】选项。

（4）【缩进边依据】。用来设置图形缩进边所用的百分比。

（5）【平滑缩进】。选择此选项，可以用平滑缩进渲染多边形。

4. 【直线】工具

使用【直线】工具可以绘制直线和带有箭头的直线，选择此工具后，在画面中单击并拖动鼠标即可按照预设的选项绘制直线，如果按住Shift键拖动则可以将直线的角度限制为 45°的倍数。如图 10－1－9 所示为【直线】工具的工具选项栏。在【粗细】选项中可以设置直线的宽度。

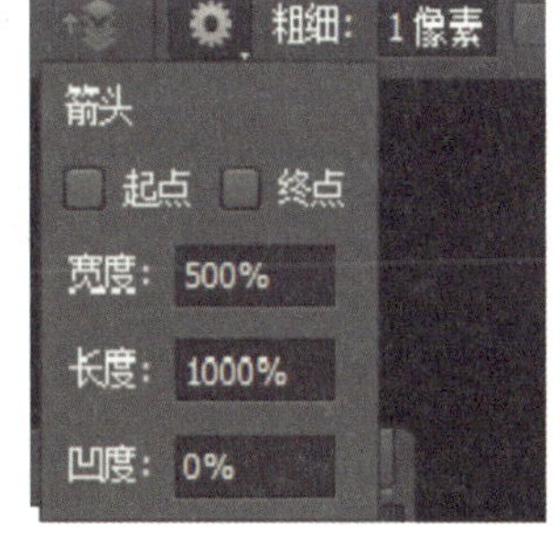

图 10－1－9　【直线】选项栏

（1）【起点】。选择此选项，可在直线的起点添加箭头。

（2）【终点】。选择此选项，可在直线的终点添加箭头。

（3）【宽度】。用来设置箭头的宽度与直线宽度的百分比，范围为 10%～1000%。

（4）【长度】。用来设置箭头的长度与直线长度的百分比，范围为 10%～5000%。

（5）【凹度】。用来设置箭头中央的凹陷程度与直线粗细的百分比，范围为－50%～

50%。不同的设置绘制出来的直线及箭头效果如图 10－1－10、图 10－1－11、图 10－1－12 所示。

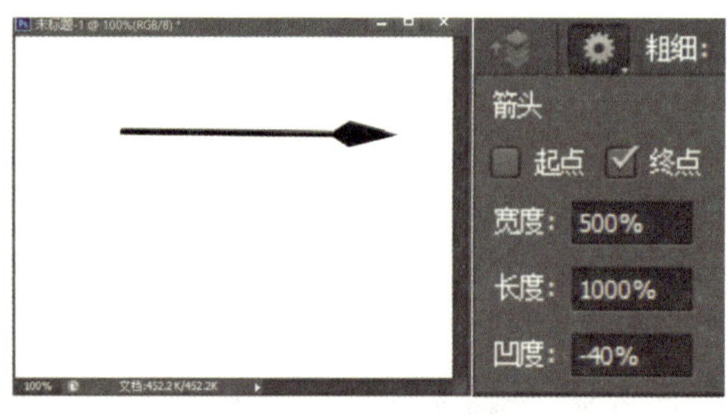

图 10－1－10　凹度为－40% 的箭头

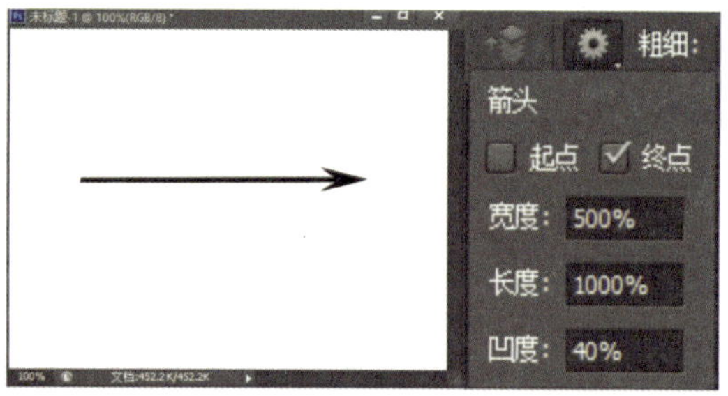

图 10－1－11　凹度为 40% 的箭头

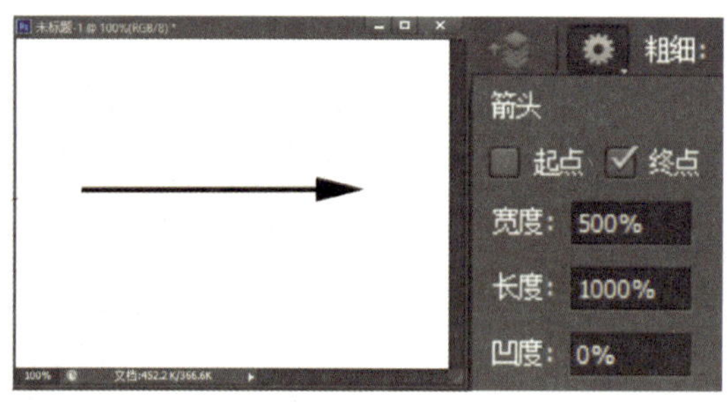

图 10－1－12　凹度为 0% 的箭头

5. 【自定义形状】工具

用【自定义形状】工具可以绘制 Photoshop 中预设的形状，例如箭头、标识、指示牌等。如图 10－1－13 所示为【自定义形状】选项栏。

图 10－1－13　【自定义形状】选项栏

(1)【不受约束】。选择此选项，可以随意绘制形状大小。

(2)【定义的比例】。选择此选项，按自定义形状本来的大小比例进行绘制。

(3)【定义的大小】。选择此选项，在页面中单击，将直接创建当前自定义形状工具本来大小的形状。

单击【形状】右侧的按钮，打开下拉列表框，可以直接选择提供的形状，也可以将自定义形状添加到列表框（图 10－1－14）中。

单击图 10－1－14 右侧的按钮，从弹出的下拉菜单中可以复位形状、存储形状和载入形状。如我们选择增加形状，弹出如图 10－1－15 所示询问是否替换当前的形状，这里选择追加，可以不删除以前的形状，再把动物形状增加到里面；如果选择【确定】按钮，将删除原有的形状。

其他两个选项的使用方法和矩形工具相同，在此不再赘述。

Photoshop CS6 新功能：形状工具选项栏中的【填充】、【描边】。

形状工具画出的是矢量图形，利用【填充】可以给形状内部填充颜色、渐变或图案，

【描边】可以给形状的边缘设置颜色、渐变及图案，并且描边可以使用直线或虚线。这些可以极大地方便我们用矢量图来作出漂亮的图形。利用这个功能也可以将路径或选区转化为形状来【填充】或【描边】。其中，选区要先在路径面板中转化为路径，然后才能转化为形状。

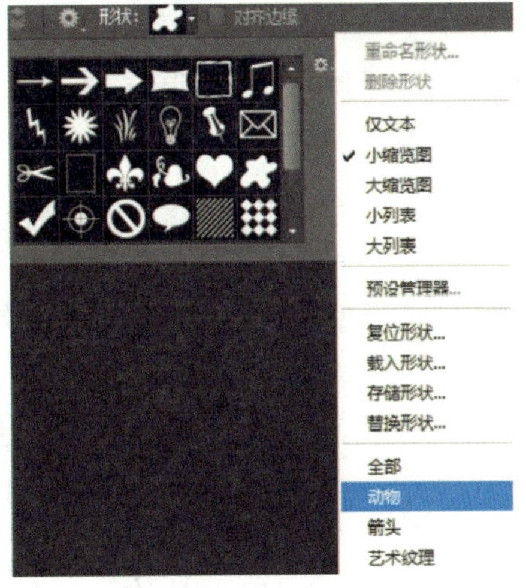

图 10－1－14　添加自定义形状工具

任务实施

（1）按 Ctrl ＋ N 快捷键，新建一个文件，宽度为 18 cm，高度为 20 cm，分辨率为 72 像素/in（非法定计量单位，1 in＝2.54 cm。本书沿用），背景内容为白色，单击【确定】按钮。将前景色设置为淡蓝色（其 R，G，B 值分别是 127，228，147），按 Alt ＋ Delete 快捷组合键，用前景色填充背景图层。

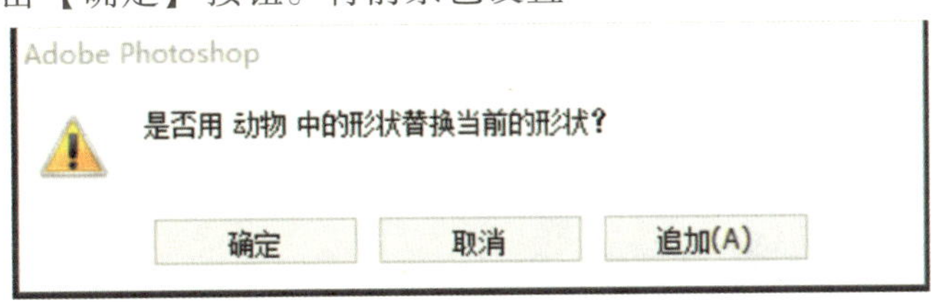

图 10－1－15　追加自定义形状对话框

（2）选择【圆角矩形】工具，在属性栏中的【选择工具模式】选项中选择【形状】，填充色为黑色，半径填写“30 像素”，如图 10－1－16 所示。在图像窗口拖拽鼠标绘制一个黑色圆角矩形，如图 10－1－17 所示。

图 10－1－16　形状工具属性栏

图 10－1－17　绘制黑色圆角矩形 1

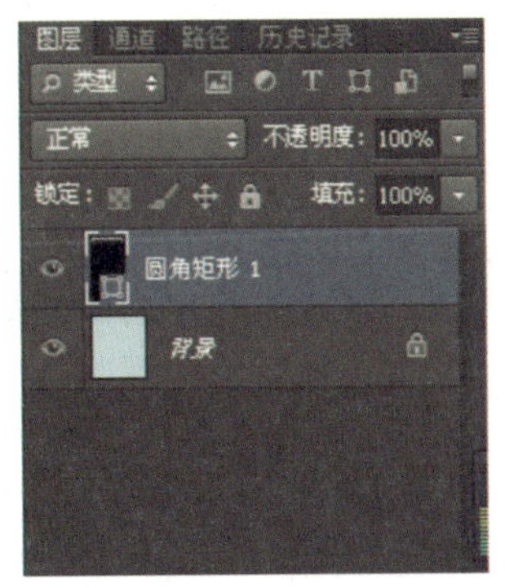

图 10－1－18　圆角矩形图层调版

（3）选择【圆角矩形】工具，在属性栏中的【选择工具模式】选项中选择【形状】，填充色为白色，半径填写“10 像素”，在图像窗口拖拽鼠标绘制一个白色圆角矩形。按着Ctrl键同时选中“圆角矩形 1”和“圆角矩形 2”两个图层，如图 10－1－19 所示，然后单击属性栏和按钮，将两个图层垂直居中和水平居中对齐，效果如图 10－1－20 所示。

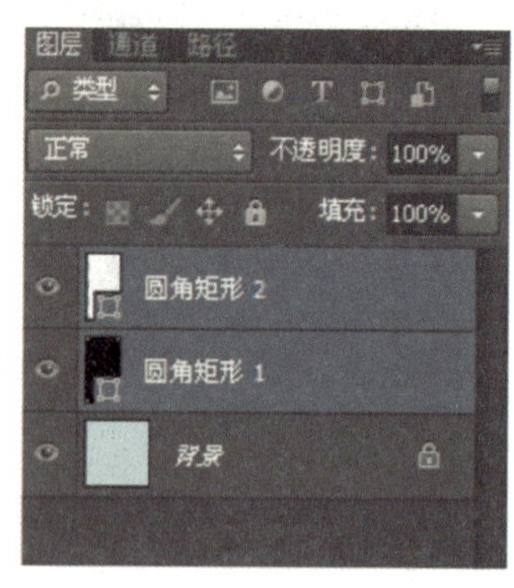

图 10－1－19 圆角矩形图层调板

图 10－1－20 绘制白色圆角矩形 2

（4）选择【矩形】工具，在属性栏中的【选择工具模式】选项中选择【形状】，填充色为黑色，在图像窗口拖拽鼠标绘制一个黑色矩形，如图 10－1－21 所示。选择【椭圆形】工具，按住Ctrl键的同时绘制一个圆形，如图 10－1－22 所示。用同样的方法，再绘制一个白色小圆，并将所有图层对齐，如图 10－1－23 所示。

图 10－1－21 绘制黑色圆角矩形 3

图 10－1－22 绘制黑色小圆

图 10－1－23 绘制白色小圆

（5）选择【圆角矩形】工具，在属性栏中的【选择工具模式】选项中选择【形状】，填充色为黑色，半径填写“100 像素”，如图 10－1－24 所示。拖拽鼠标绘制一个黑色圆角矩形，如图 10－1－25 所示。再用同样方法绘制一个半径为 100 像素的圆角矩形，放置在左侧边作为手机的按键，如图 10－1－26 所示。

图 10－1－24

（6）选择【自定形状】工具，如图 10－1－27 所示，单击属性栏【形状】选项，弹出【形状】面板，在面板中选中【会话】图形，如图 10－1－28 所示，拖拽鼠标绘制图形，效果如图 10－1－29 所示。

图 10－1－25　绘制黑色圆角矩形 4

图 10－1－26　绘制黑色圆角矩形 5

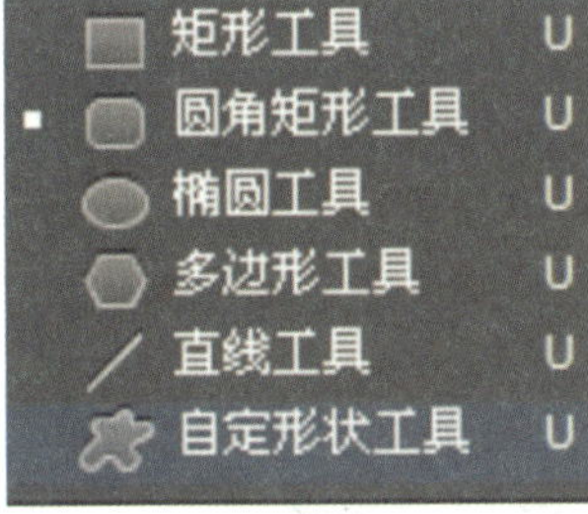

图 10－1－27　形状工具

图 10－1－28　【图形】对话框

图 10－1－29　绘制图形

（7）选择横排文字工具，弹出【字符】面板，选项的设置如图 10－1－30 所示，输入文字“HELLO”，放置在合适位置，效果如图 10－1－31 所示。

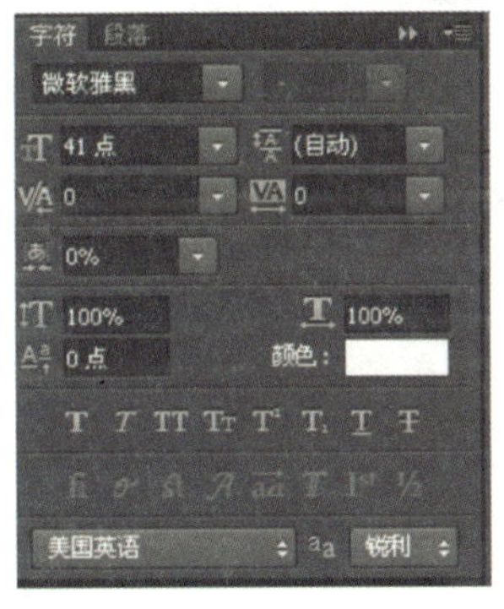

图 10－1－30　【字符】面板

图 10－1－31　输入文字

任务二　制作情人节宣传卡

任务分析

本任务要求利用钢笔工具绘制路径，使用添加锚点工具和转化点工具修改路径，应用选区和路径的转化命令进行转换，应用图层样式命令为图像添加特殊效果。利用如图 10－2－

1 所示的素材，制作出如图 10－2－2 所示的效果。

（a）素材01

（b）素材02

图 10－2－1　情人节素材

图 10－2－2　情人节效果

相关知识

1. 路径的概念

路径是由线条及其包围的区域组成的矢量轮廓，它是选择图像和精确绘制图像的重要媒介。使用路径可以进行复杂图像的选取，还可以存储选区以备再次使用，更可以绘制线条平滑的优美图形。

闭合或开放的由路径线、锚点、方向线和控制句柄组合的线段，如图 10－2－3 所示。路径包括直线型、曲线型和混合型三种，其类型由它的锚点决定。

图 10－2－3　线段

直线型路径锚点的两侧线段为直线，没有方向线和控制句柄，如图 10－2－4 所示。曲线型路径锚点的两侧线段为曲线，可以看到方向线和控制句柄，当拖动某一侧的控制句柄时，另外一条会向相反的方向移动，路径线同时也会发生变化，如图 10－2－5 所示。混合型路径锚点的一侧为直线，另一侧为曲线，两侧都有方向线和控制句柄，但它们不在同一条直线上，当拖动某一侧的控制句柄时，另外一条不会一起移动，如图10－2－6 所示。

图 10－2－4　直线型路径　　图 10－2－5　曲线型路径　　图 10－2－6　混合型路径

2. 路径工具组

路径工具组包括【钢笔】工具、【自由钢笔】工具、【添加锚点】工具等。

（1）【钢笔】工具。【钢笔】工具是用来创建路径的工具。使用钢笔工具可以创建直线和平滑的曲线，可以精确地绘制复杂的图形。

选择工具箱中的【钢笔】工具，其属性栏如图 10－2－7 所示。

图 10－2－7　【钢笔】工具属性栏

1）形状图层按钮 形状：单击此按钮，在图像窗口中创建路径时会同时创建一个形状图层，并在闭合的路径区域中填入前景色或者设定的样式。如图 10－2－8 所示。

2）路径按钮 路径：单击此按钮，此时只能绘制路径，在图像窗口中创建新路径，并将路径保存在【路径】面板中。如图 10－2－9 所示。

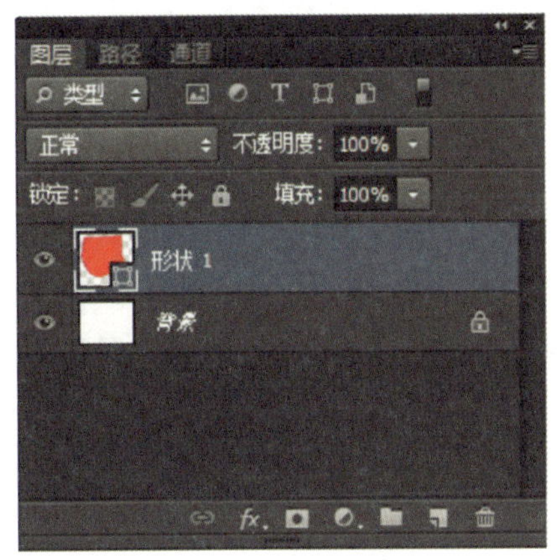

图 10－2－8　创建形状图层

图 10－2－9　创建路径

3）填充像素按钮 像素：只有在单击【形状】工具按钮时才能够运用。在使用【钢笔】工具时，该按钮则处于不可用状态。单击此按钮，箭头即可以直接在图像中绘制，与绘画工具功能类似。

4）勾选复选框 自动添加/删除：选中此选项，可以直接使用钢笔工具在路径上单击，添加或者删除锚点。

5）勾选复选框：如果选中橡皮带，在绘制路径的过程中可以预览路径；如果不选中此选项，则只能在单击时才会出现新的路径。

提示：按住 Shift 键创建锚点时，将强迫系统以 45°或 45°的倍数绘制路径；按住 Alt 键，当【钢笔】工具移到锚点上时，暂时将【钢笔】工具转换为【转换点】工具；按住 Ctrl 键，暂时将【钢笔】工具转换成【直接选择】工具。绘制结束时，如果要创建开放路径，直接按 Esc 键即可；如果要创建闭合路径，则需要将结束光标放在路径的起点上，单击就可以闭合路径。

（2）【自由钢笔】工具。【自由钢笔】工具用于随意画图，就像用铅笔在纸上绘图一样。使用该工具在图像中拖动鼠标时，会有一条路径尾随光标，释放鼠标，工作路径即创建完毕。Photoshop 会自动在光标经过处生成路径和锚点，因此，无需确定锚点位置，完成路径后还可以进一步对其进行调整。

（3）【添加锚点】和【删除锚点】工具。

1）【添加锚点】工具：选择该工具后，将鼠标指针放在要添加锚点的路径上，鼠标指针的旁边会出现加号，然后单击即可在现有的路径上添加锚点。

2）【删除锚点】工具 ：选择该工具后，将鼠标指针放在要删除锚点的路径上，鼠标指针的旁边会出现减号，然后单击即可在现有的路径上删除锚点。

提示：添加锚点可以增强对路径的控制，也可以扩展开放路径，但最好不要添加多余的点。点数较少的路径更易于编辑、显示和打印。可以通过删除不必要的点来降低路径的复杂性。

（4）【转换点】工具。利用【转换点】工具可以将光滑型锚点与拐角型锚点进行互相转换。

要将拐角型锚点转换为光滑型锚点，可将【转换点】工具放在需要更改的锚点上，再单击鼠标左键并拖拽锚点；要将光滑型锚点转换成拐角型锚点，则需用【转换点】工具拖动锚点两侧的控制句柄，然后分别控制这两条控制句柄。如图 10－2－10 所示。

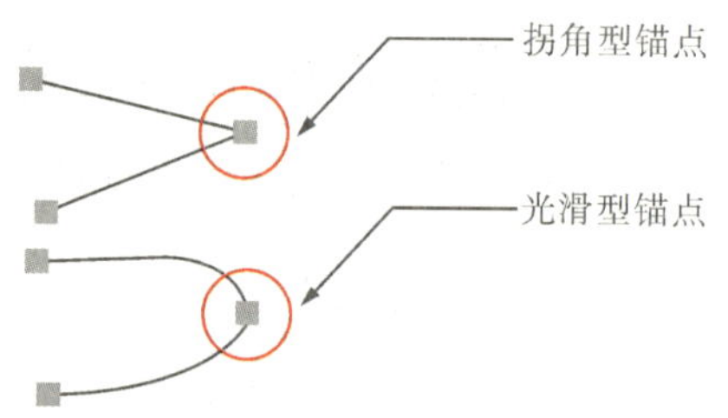

图 10－2－10　转换点

提示：按住 Alt 键可以任意改变两个手柄中的一个，而不会影响另一个手柄。按住 Alt 键拖动路径段，可以复制路径。按住 Ctrl 键，当鼠标经过锚点时，转换点工具将暂时切换成直接选择工具。

（5）【直接选择】工具。【直接选择】工具用于移动路径中的锚点或线段，还可以调整手柄和控制点。路径的原始效果如图 10－2－11 所示，选择【直接选择】工具，拖拽路径中的锚点来改变路径的弧度，如图 10－2－12 所示。

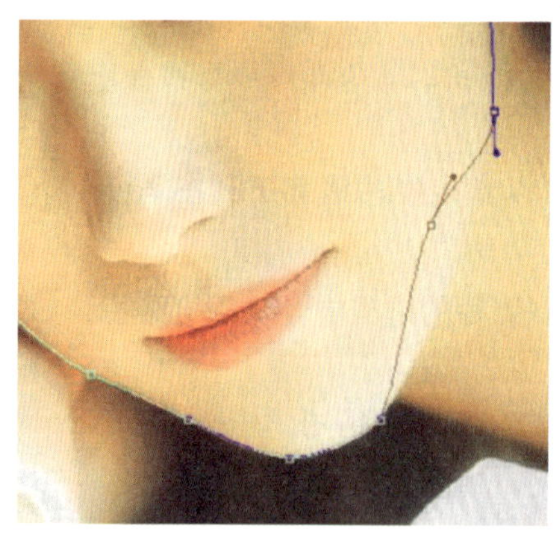
图 10－2－11　移动路径锚点或线段

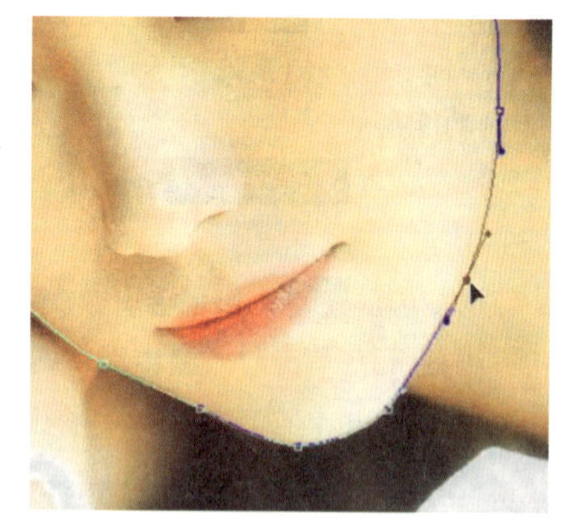
图 10－2－12　调整的效果

3. 路径与选区之间转换

（1）将路径转换为选区。

1）新建一个 10 cm×10 cm 的文档。

2）在工具箱中选择【自定形状工具】 绘制一个路径，如图 10－2－13 所示。

3）单击【路径】面板下的【将路径作为选区载入】按钮 ，可以将路径转换为选区。如图 10－2－14 所示。

图 10－2－13　绘制路径

图 10－2－14　转换为选区

提示：如果按住 Ctrl 键，然后单击【路径】面板中的路径，也可以将路径作为选区载入。如果路径中包括多条路径线，可以在某一条路径线被选中的情况下直接使用 Ctrl + Enter 快捷键，可以将被选中的路径线转换为选区。如果当前已经存在一个选择区域，按下面的方法操作可以使当前选择区域与路径所定义的选择区域产生加、减、交的运算。

4）按住 Shift + Ctrl 快捷键并单击【路径】面板中的路径名称，或直接使用 Shift + Ctrl + Enter 快捷键，可以将路径作为选区载入并添加到当前选区。

5）按住 Alt + Ctrl 快捷键并单击【路径】面板中的路径名称，可以从当前选区中删除载入的选区。

6）按住 Alt + Ctrl + Shift 快捷键并单击【路径】面板中的路径名称，可以得到当前选区与路径所定义的选区的重合部分。

（2）将选区转换为路径。在当前图像中存在选区的情况下，单击【路径】面板下方的【从选区生成工作路径】按钮就可以将选区转换为相同形状的路径。

提示：单击【路径】面板菜单的【建立工作路径】命令，弹出【建立工作路径】对话框。在【容差】文本框中输入 0.5～10.0 之间数值，可以控制转换后的路径的平滑度（设置容差越大，用于绘制路径的锚点越少，路径也就越平滑）。

4. 描边路径

利用画笔沿当前路径的形状进行描边，可以得到丰富的图像效果。

（1）新建一个 10 cm×10 cm 的文档。

（2）选择【自定形状工具】绘制一个路径。如图 10－2－15 所示。

图 10－2－15　绘制路径

（3）选择画笔工具，主直径 9，硬度 100%，单击工具箱中的按钮，在弹出的【拾色器（前景色）】对话框中设置前景色为墨绿色（R：37、G：58、B：6），如图 10－2－16

所示，单击 确定 按钮，然后单击【路径】面板下的用画笔描边路径 按钮填充路径。效果如图 10－2－17 所示。

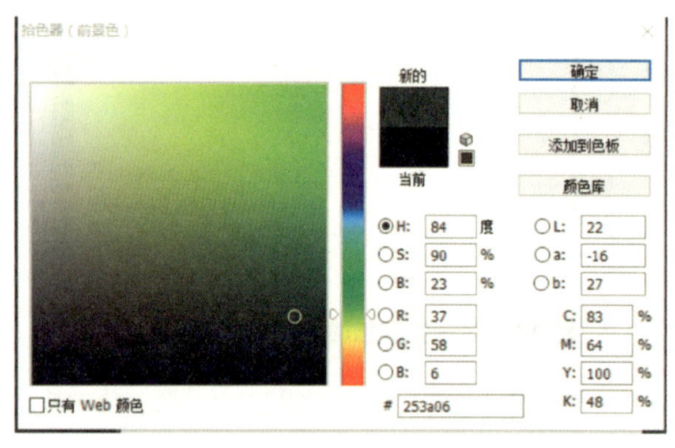

图 10－2－16 【拾色器（前景色）】对话框

图 10－2－17 描边路径后

提示：描边不是仅仅选择一种绘图工具，实际上也可以选择橡皮擦工具、模糊工具或涂抹工具等。

任务实施

（1）按 Ctrl ＋ O 组合键，打开本书学习资源中的“项目 10 > 任务 2 > 素材 01”文件，如图 10－2－18 所示。将【背景】图层拖拽到控制面板下方的【创建新图层】按钮上进行复制，生成新副本图层，如图 10－2－19 所示。

图 10－2－18 情人节素材 01

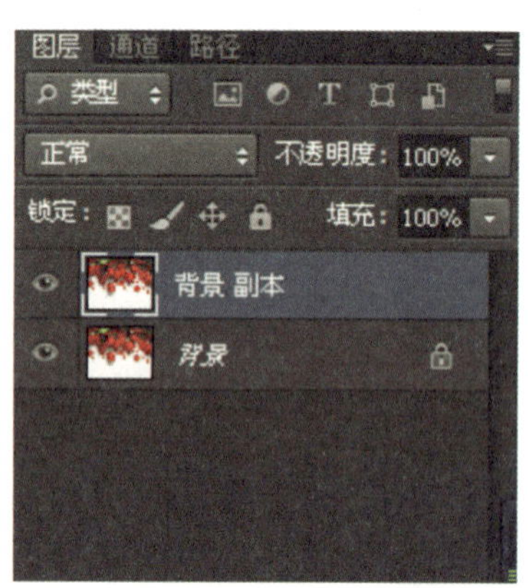

图 10－2－19 复制背景的副本

（2）执行【滤镜】→【模糊】→【高斯模糊】命令，在弹出的对话框中进行设置，如图 10－2－20 所示，单击 确定 按钮，效果如图 10－2－21 所示。

（3）新建图层并将其命名为【边框】。将前景色设为深褐色（其 R、G、B 的值分别为 29、24、21）。选择【圆角矩形】工具，在属性栏中将【选择工具模式】选项设为【路径】，将【半径】选项设为 20 像素，如图 10－2－22 所示。在图像窗口中绘制路径，选择【路径选择】工具，选取绘制的路径，效果如图 10－2－23 所示。

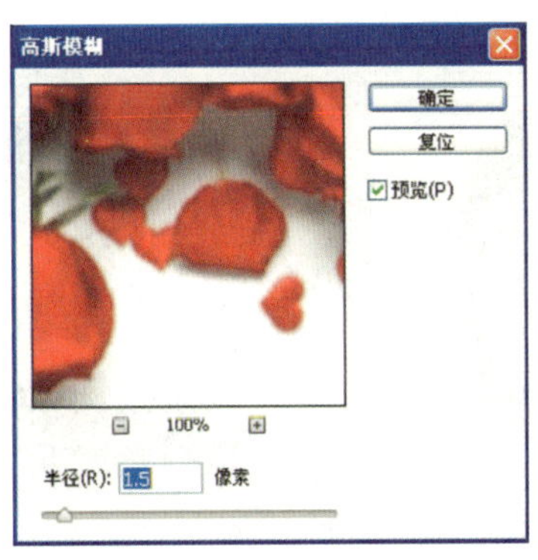

图 10－2－20　高斯模糊

图 10－2－21　高斯模糊效果

图 10－2－22　绘制圆角矩形边框

（4）选择【画笔】工具，单击属性栏中的【切换画笔面板】按钮，弹出【画笔】控制面板，选择需要的画笔形状，其他选项的设置如图 10－2－24所示。在路径上单击鼠标右键，在弹出的菜单中选择【描边路径】命令，在弹出的对话框中进行设置，如图 10－2－25 所示，单击 确定 按钮，描边路径，效果如图 10－2－26 所示。

图 10－2－23　绘制圆角矩形边框效果

（5）按 Ctrl ＋ O 快捷键，打开本书学习资源中的“素材 02”文件，如图 10－2－27 所示。选择【钢笔】工具在属性栏中的【选择工具模式】选项中选择【路径】，在图像窗口中沿着戒指盒轮廓单击鼠标绘制路径，如图 10－2－28 所示。

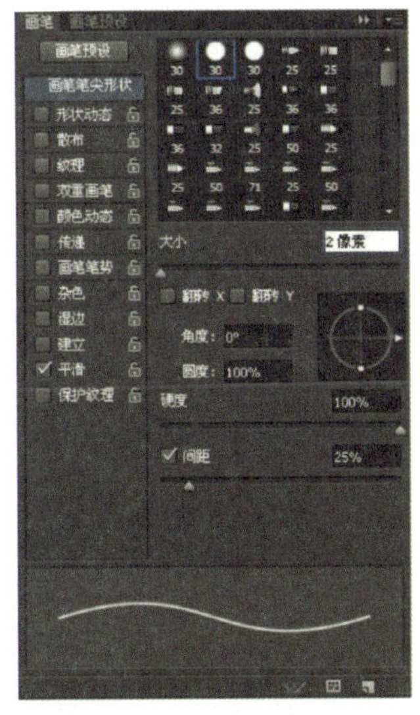

图 10－2－24　画笔工具属性栏

图 10－2－25　描边路径

图 10－2－26　描边路径效果

图 10－2－27　情人节素材 02

图 10－2－28　绘制路径

（6）选择【钢笔】工具，按住 Ctrl 键的同时，【钢笔】工具转换为【直接选择】工具，拖拽路径中的锚点来改变路径的弧度，再次拖拽锚点上的调节手柄改变线段的弧度，效果如图 10－2－29 所示。

（7）将鼠标光标移动到建立好的路径上，若当前该处没有锚点，则【钢笔】工具转换为【添加锚点】工具，如图 10－2－30 所示。在路径上单击鼠标添加一个锚点，选择【转换点】工具，按住 Alt 键的同时，可以任意改变调节手柄中的其中一个手柄，如图 10－2－31 所示。

图 10－2－29　路径调整 1

图 10－2－30　路径调整 2

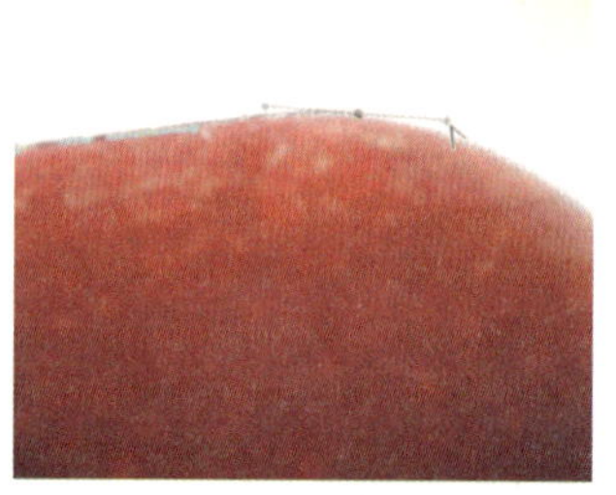

图 10－2－31　路径调整 3

（8）用上述路径工具，将路径调整得更贴近戒指盒的形状，效果如图 10－2－32 所示。单击【路径】控制面板下方的【将路径作为选区载入】按钮，将路径转换为选区，如图 10－2－33所示。选择【移动】工具，将“素材 02”文件选区中的图像拖拽到正在编辑的“素材 01”文件中，在【图层】控制面板中生成新的图层并将其命名为“戒指盒”，如图 10－2－34所示。

图 10－2－32　路径贴近戒指盒

图 10－2－33　路径转换为选区

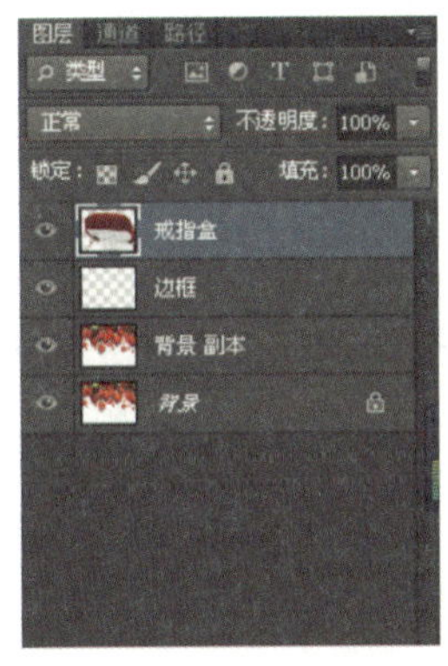

图 10－2－34　【图层】面板

图 10－2－35　变换戒指盒的大小和位置

（9）按Ctrl＋T快捷键，图像周围出现变换框，拖拽鼠标调整图像的大小和位置。将鼠标光标放在变换框的控制手柄外边，光标变成旋转图标，拖拽鼠标将图像旋转到图像窗口的右下方，按Enter键确认操作，效果如图 10－2－35 所示。

（10）单击【图层】控制面板下方的【添加图层样式】按钮后，在弹出的菜单中选择【投影】命令，在弹出的对话框中进行设置，如图 10－2－36 所示，单击 确定 按钮，效果如图 10－2－37 所示。

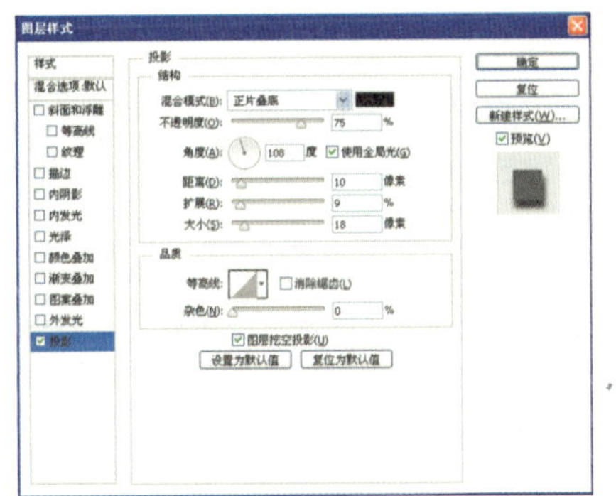

图 10－2－36　图层样式【投影】调整

图 10－2－37　【投影】调整后效果

（11）按Ctrl＋O快捷键，打开“素材＞素材 03”文件，选择【移动】工具，将“素材 03”拖拽到正在编辑的“素材 01”文件中。按Ctrl＋T快捷键，图像周围出现变换框，如图 10－2－38 所示。拖拽鼠标调整图像的大小和位置，按Enter键确认操作，效果如图 10－2－39 所示。

图 10－2－38　移动素材 3

图 10－2－39　调整后的效果

小结

本项目全面介绍了形状工具使用、形状的编辑方法、路径工具的分类及使用等基础知识。通过本项目的学习，读者可以灵活地运用编辑路径与形状方法，从而更有效地去利用编辑后的路径与形状。

思考与练习

（1）形状工具包括（　　）。

A. 矩形工具　　B. 多边形工具

C. 直线工具　　D. 钢笔工具

（2）使用椭圆形工具可以创建椭圆形和正圆形，按住（　　）键可以绘制正圆形。

A. Shift　　B. Ctrl　　C. Alt　　D. Enter

项目实训

使用钢笔工具、路径转换选区，将如图 10－5－1 所示的素材制作成“车展效果图”，效果如图 10－5－2 所示。

图 10－5－1　车展素材

图 10－5－2　车展效果图

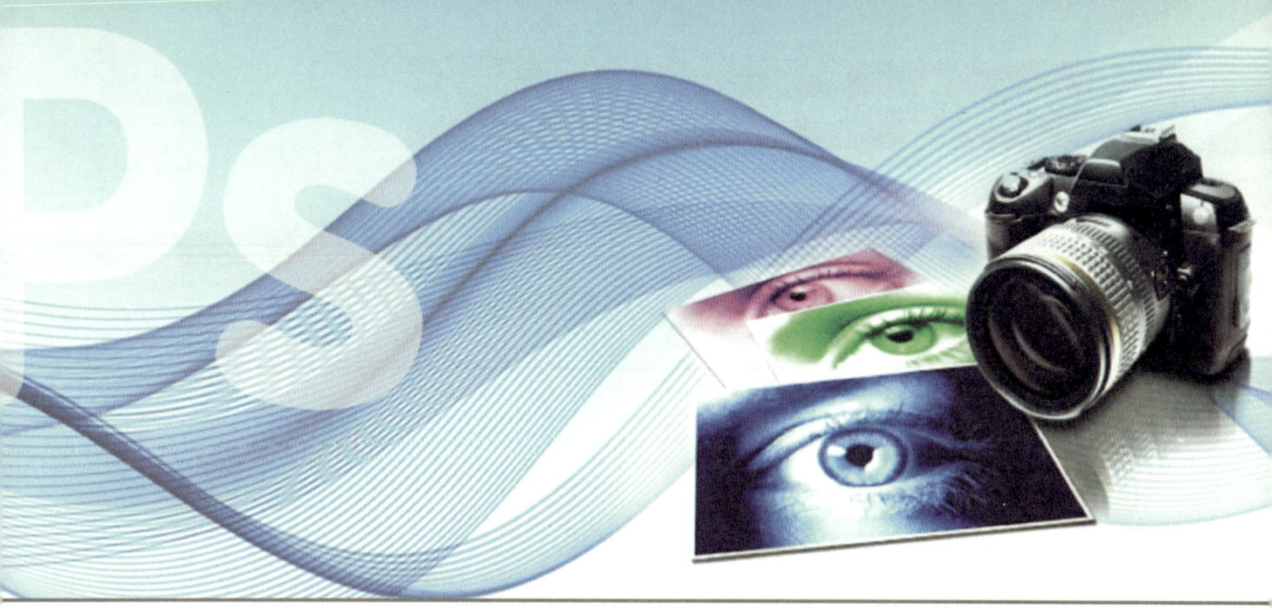

项目 11

通道与蒙版

项目介绍

本项目主要介绍通道和蒙版的用法。制作图像时，通道和蒙版往往起着画龙点睛的作用，通道是用来保存图像的颜色信息，蒙版是用来屏蔽图像不被编辑的区域，通道和蒙版是比较难理解的一部分内容，本项目通过定义讲解、功能分析及多个任务案例演示和练习，让读者熟练掌握通道和蒙版的用法。

培养目标

- 了解蒙版的概念和特征。
- 掌握图层蒙版、适量蒙版、快速蒙版的使用方法。
- 掌握通道的类型和用途。
- 使用【通道】面板创建和管理通道。

任务一　变换春意秋色

任务分析

利用通道制作选区抠取如图 11－1－1 所示的草丛，将春意盎然的草地变成秋意浓浓的效果，如图 11－1－2 所示。

图 11－1－1　春意秋色原图

图 11－1－2　春意秋色效果图

相关知识

1. 认识通道

通道是用来存放图像颜色信息及自定义选区的地方，不仅可以使用通道得到非常特殊的选区以辅助制图，还可以通过改变通道中存放的颜色信息来调整图像色调。

通道可分为四种，复合通道、颜色通道、Alpha 通道及专色通道。

（1）复合通道。包含图像所有的颜色信息，并非真正的通道，只是同时显示所有颜色通道的结果，如 RGB 模式通道（图 11－1－3），CMYK 模式通道（图 11－1－4）等。

图 11－1－3　RGB 模式的通道

图 11－1－4　CMYK 模式的通道

（2）颜色通道。颜色通道用来存放图像的颜色信息。

（3）Alpha 通道。Alpha 通道用来存放和计算图像的选区。

（4）专色通道。专色通道用来保存专色信息，是一种特殊的颜色通道。实际上，专色是预先混合的油墨。专色通道通常用在印刷行业代替或者补充青色、洋红、黄色、黑色四色印刷的效果，以产生高质量的印刷品，或者用在光盘背面等特殊场合。

2. 【通道】面板的组成元素

执行【窗口】→【通道】命令，弹出面板，如图 11－1－5 所示。【通道】面板列出了图像中的所有通道，通道内容的缩览图显示在通道名称的左侧，在编辑通道时缩览图会自动更新。

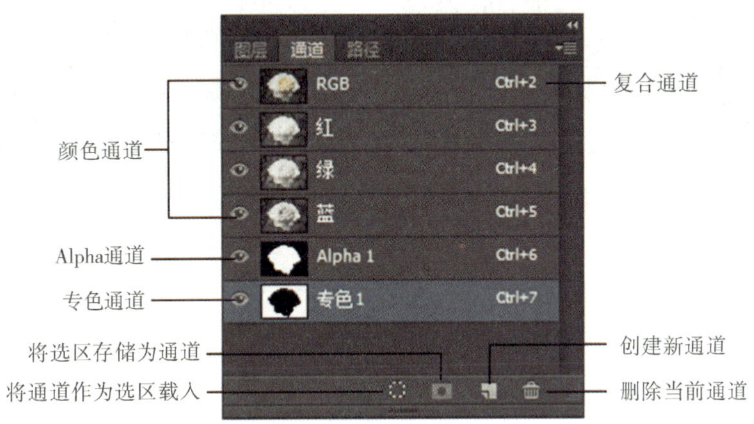

图 11－1－5　【通道】面板

对于 RGB 图像、CMYK 图像和 Lab 图像，【通道】面板中最先列出的是复合通道，它是由各个颜色通道合并而成的通道。在复合通道下可以预览所有的颜色通道，编辑复合通道也将同时编辑所有的颜色通道。

（1）【将通道作为选区载入】 。单击此按钮，可以载入当前通道中的选区。

（2）【将选区存储为通道】 。单击此按钮，可以将图像中创建的选区保存为 Alpha 通道。

（3）【创建新通道】 。单击此按钮，可以创建一个新的 Alpha 通道。

（4）【删除当前通道】 。单击此按钮，可以删除当前选择的通道，但复合通道不能删除。

3. 通道的主要用途

通道主要用于存储不同类型信息的灰度图像。Photoshop CS6 中包含 4 种类型的通道，即颜色通道、Alpha 通道、专色通道和复合通道。颜色通道保存了图像的颜色信息，Alpha 通道用来保存选区，专色通道用来存储专色。可以像编辑任何其他图像一样使用绘画工具、编辑工具和滤镜对通道进行编辑。

4. 通道面板的基本操作

（1）【新建通道】。单击【通道】面板底部的【新建通道】按钮，自动新建通道默认纯黑色的 Alpha 通道。单击【通道】面板中的创建新通道按钮 ，即可新建一个 Alpha 通道，如图 11－1－6 所示。如果在图像中创建了选区，单击将【选区存储为通道】按钮，可以将选区存储为 Alpha 通道。

（2）【复制通道】。在【通道】面板中，将需要复制的通道拖动到面板底部的创建新通道按钮上，即可复制此通道，如图 11－1－7 所示。

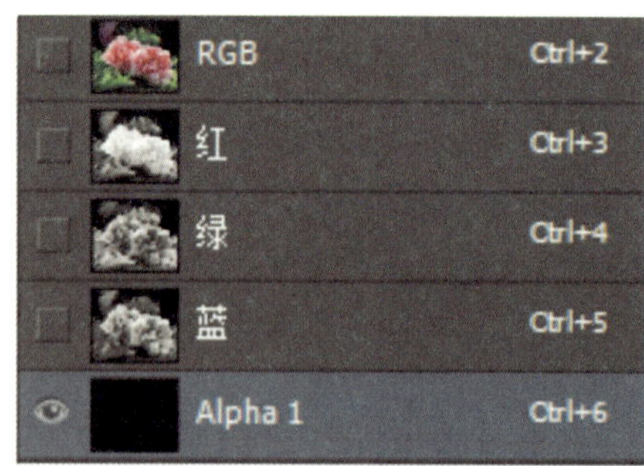

图 11－1－6　新建 Alpha 通道

图 11－1－7　复制通道

如果要在图像之间复制 Alpha 通道，可在【通道】面板中选中要复制的通道，然后右键单击选择【复制通道】命令，弹出【复制通道】对话框，如图 11－1－8 所示。在【文档】选项下拉列表中选择“茶园 . jpg”。（注：只有与当前图像具有相同像素尺寸的打开的图像才可用）如果要在同一文件中复制通道，选择【新建】选项，并在【名称】文本框中设置所要创建的图像文件名称，可将通道复制到一个新建的图像中，这样将创建一个包含单个通道的多通道图像。如果要在反转复制的通道中选中并蒙版的区域，可以选择【反相】选项。设置选项后，单击 确定 按钮，可复制通道。

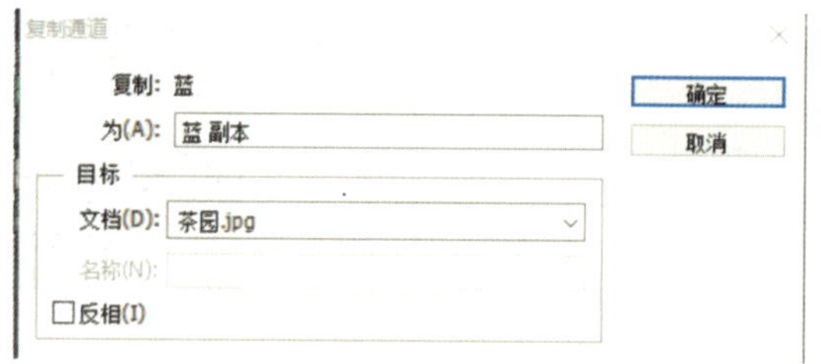

图 11－1－8　【复制通道】对话框

如果要复制另一个图像中的通道，可在【通道】面板中选中要复制的通道，然后将该通道从【通道】面板拖动到目标图像窗口，复制的通道即会出现在【通道】面板的底部。

（3）将选区存储为通道。在如图 11－1－9 所示建立的选区，单击【通道】面板底部的【将选区存储为通道】按钮，可以将这个选区保存到 Alpha 通道中，方便随时可以将选区调出进行编辑，从 Alpha 通道中载入该选区，如图 11－1　－10 所示，图像的效果不会受影响。

图 11－1－9　建立选区

图 11－1－10　选区保存到 Alpha 通道

（4）【将通道作为选区载入】。载入选区是指将存储在 Alpha 通道中的选区载入到图像中。单击【通道】面板底部的【将通道作为选区载入】按钮，或按 Ctrl 键单击通道缩览图即可载入通道中的选区。

通道中的白色区域可以作为选区载入，黑色区域不能载入为选区，灰色部分载入的选区带有羽化效果。载入选区常用于对存储的通道选区进行编辑操作，另外还可将存储的通道载入到同一图像的其他图层中。

任务实施

（1）复制通道。打开如图 11－1－11 所示的素材文件“春意 . jpg”，复制对比度较大的蓝色通道，如图 11－1－12 所示。

图 11－1－11　打开春意素材原图

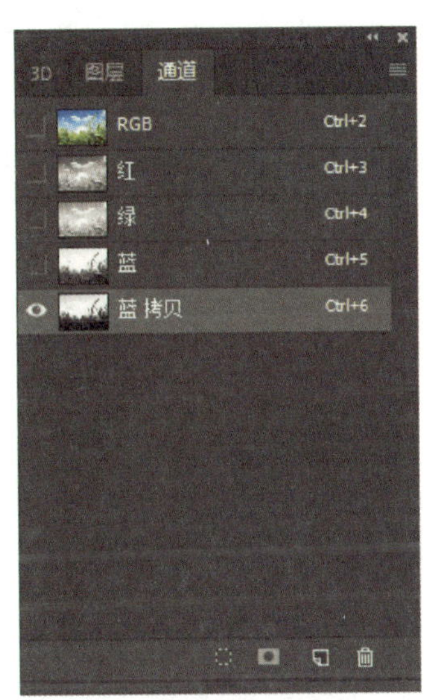

图 11－1－12　复制蓝色通道

（2）编辑通道。使用 Ctrl + M 快捷键打开【曲线】对话框，如图 11－1－13 所示，设置【输出】为 100，【输入】为 146。然后执行【选择】→【色彩范围】命令，在打开的【色彩范围】对话框中设置【容差】为 200，用吸管在黑色的部分单击取色，如图 11－1－14 所示。

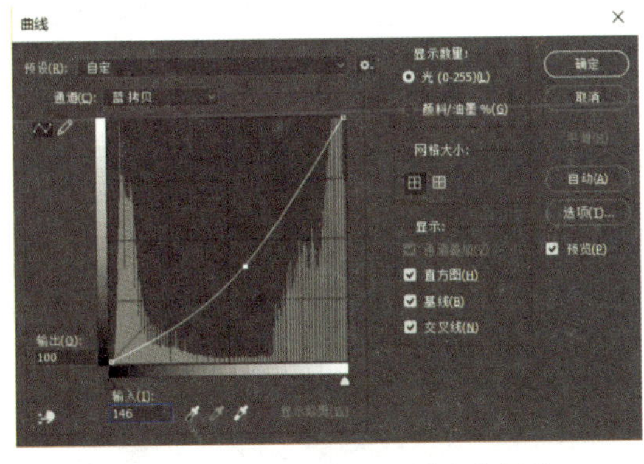

图 11－1－13　对蓝色通道曲线调整

图 11－1－14　色彩范围

单击 确定 按钮退出该对话框，即可选取通道中黑色的草。再将草上的一些未选取的部分添加到选区中，可以看到选取的范围。单击 RGB 通道预览选区效果，可以看到选取范围如图 11 – 1 – 15 所示。

图 11 – 1 – 15　建立选区

（3）设置混合模式。保存选区，在【图层】面板中新建“图层 1”并填充颜色（R：231、G：183、B：137），如图 11 – 1 – 16 所示。设置“图层 1”的混合模式为【叠加】，如图 11 – 1 – 17 所示，按 Ctrl + D 快捷键取消选取。

图 11 – 1 – 16　填充颜色

图 11 – 1 – 17　混合模式为【叠加】

（4）调整颜色。使用 Ctrl + U 快捷键打开【色相/饱和度】对话框，如图 11 – 1 – 18 所示。设置【色相】为 – 20，【饱和度】为 100，【明度】为 – 10，设置后的效果如图 11 – 1 – 19 所示。

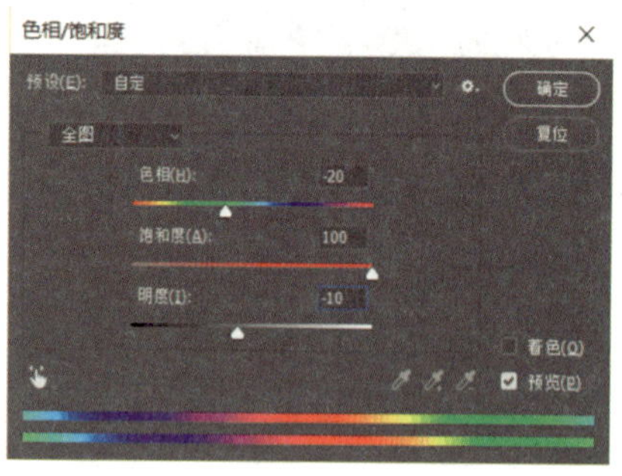

图 11 – 1 – 18　调整【色相/饱和度】

图 11 – 1 – 19　秋意效果

任务二　制作冰爽雪碧

任务分析

本案例要求将素材图片的合成图（图 11－2－1、图 11－2－2、图 11－2－3）通过通道合成在一起，完成效果如图 11－2－4 所示的合成图。

图 11－2－1　冰爽雪碧素材 1

图 11－2－2　冰爽雪碧素材 2

图 11－2－3　冰爽雪碧素材 3

图 11－2－4　冰爽雪碧效果图

相关知识

对通道的操作有删除、分离、合并及编辑通道内容等。

1. 删除通道

在【通道】面板中选择一个通道，执行下列几种操作即可删除此通道。

（1）按住 Alt 键单击删除当前通道按钮。

（2）将面板中的通道名称拖动到删除当前通道按钮上。

（3）在【通道】面板中选中一个通道，右键单击，选择【删除通道】。

（4）单击面板底部的删除当前通道按钮，然后在弹出的对话框中单击 是(Y) 按钮。

2. 分离通道

图 11-2-5 月季

使用【分离通道】命令可以将通道分离为单独的灰度图像文件，当需要在不能保留通道的文件格式中保留单个通道信息时，分离通道非常有用。下面将以一个实例介绍如何分离通道。

（1）打开“月季.jpg”文件。单击如图 11-2-5 所示通道面板，选择蓝色通道，如图 11-2-6 所示，接下来复制蓝色通道，如图 11-2-7 所示。

图 11-2-6 选择蓝色通道

图 11-2-7 复制蓝色通道

（2）单击【通道】面板右上角的按钮，在弹出的面板中选择【分离通道】命令，即可分离通道。执行此命令，原文件被关闭，单个通道出现在单独图像窗口，新窗口中的标题栏显示了原文件名和通道名，可以分别存储和编辑新图像。如图 11-2-8 所示是分离通道后的各个通道。分离通道后的【通道】面板如图 11-2-9 所示。

（a）红色通道

（b）绿色通道

（c）蓝色通道

图 11-2-8 分离通道后的各个通道

3. 合并通道

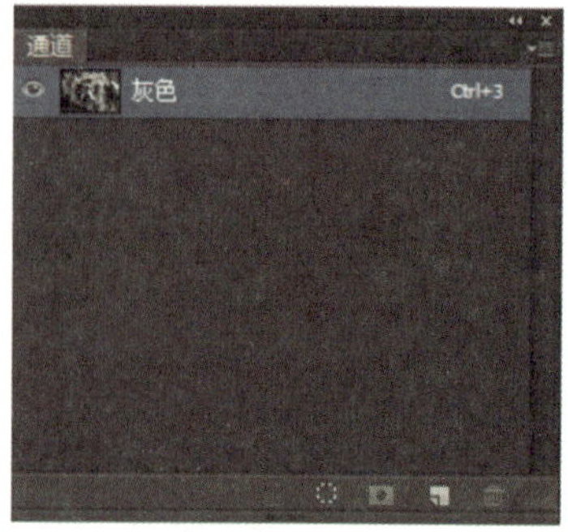

图 11-2-9 【通道】面板

使用【合并通道】命令可以将多个灰度图像合并为一个图像的通道。要合并的图像必须是灰度模式的图像，并且已经被拼合（没有图层）具有相同的像素尺寸，而且还要处于打开的状态。已打开的灰度图像的数量决定了合并通道时可用的颜色模式。例如，如果打开了 3 个图像，可以将它们合并为一个 RGB 图像；如果打开了 4 个图像，则可以将它们合并为一个 CMYK 图像。下面将使用【合并通道】命令合并前面分离的通道。

单击【通道】面板右侧的按钮，在弹出的下拉菜单中选择【合并通道】命令，弹出【合并通道】对话框，如图 11－2－10 所示。在【模式】下拉列表中选择合并通道后图像的模式，适合此模式的通道数量出现在【通道】文本框中，如有必要，也可在【通道】文本框中输出一个数值。如果输出的通道数量与选择的模式不兼容，则将自动选中多通道模式，这将创建一个具有 2 个或多个通道的多通道图像。

单击 确定 按钮，弹出【合并 RGB 通道】对话框。在对话框中可以指定红色、绿色和蓝色通道使用的图像文件，如图 11－2－11 所示。

选择完通道后，单击 确定 按钮，选中的通道将合并为指定类型的新图像，原图像则在不做任何更改的情况下关闭。新图像出现在未命名的窗口中，如图 11－2－12 所示。

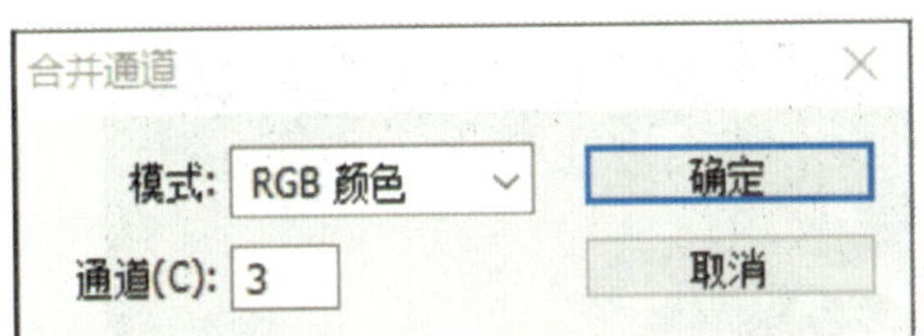

图 11－2－10　【合并通道】对话框

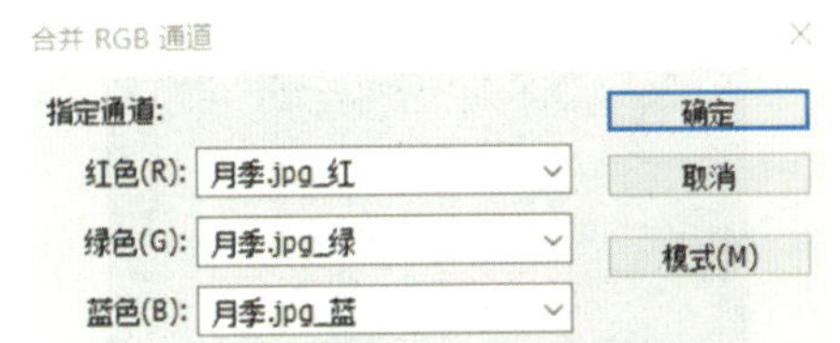

图 11－2－11　【合并 RGB 通道】对话框

4. 编辑通道内容

蒙版存储在 Alpha 通道中。蒙版和通道都是灰度图像，因此可以使用绘画工具、编辑工具和滤镜编辑其他图像一样对它们进行编辑。在蒙版上用黑色绘制的区域将会受到保护，而蒙版上用白色绘制的区域则是可编辑区域。

图 11－2－12　合并通道后的新图像

要编辑某个通道，可选择该通道，然后使用绘画或编辑工具在图像中绘画。一次只能在一个通道上绘画，用白色绘画可以按 100% 的强度添加选中通道的颜色，用灰度值绘画可以按较低的强度添加通道的颜色，用黑色绘画可完全删除通道的颜色。

任务实施

（1）打开如图 11－2－13、图 11－2－14、图 11－2－15 所示的素材文件“冰块 1. jpg”“冰块 2. jpg”和“雪碧 . jpg”。

图 11－2－13　冰块 1

图 11－2－14　冰块 2

图 11－2－15　雪碧

（2）选择冰块 1. jpg 文件，执行【窗口】→【通道】命令，打开【通道】面板。将红色通道拖拽到【创建】按钮上复制该通道为【红拷贝】，如图 11－2－16 所示。再使用 Ctrl + L 快捷键打开【色阶】新通道设置【输入色阶】为 90、1、255，如图 11－2－17 所示。单击 确定 按钮退出该对话框，调整色阶后效果如图 11－2－18 所示。

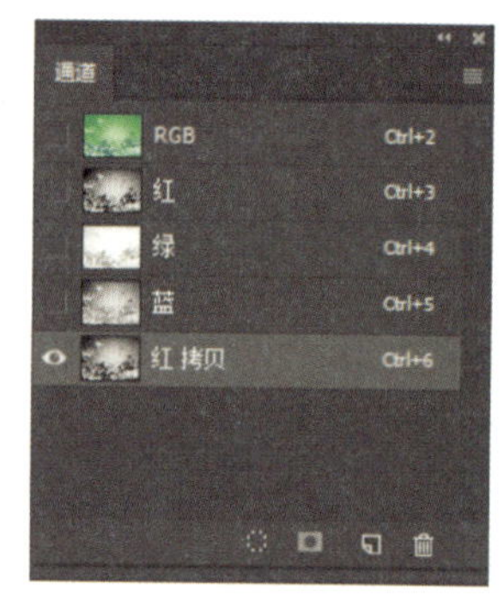

图 11－2－16 复制红色通道

（3）单击【通道】面板下方的【将通道作为选区载入】内的图像。设置色阶效果后，然后使用 Ctrl + C 快捷键复制图像。

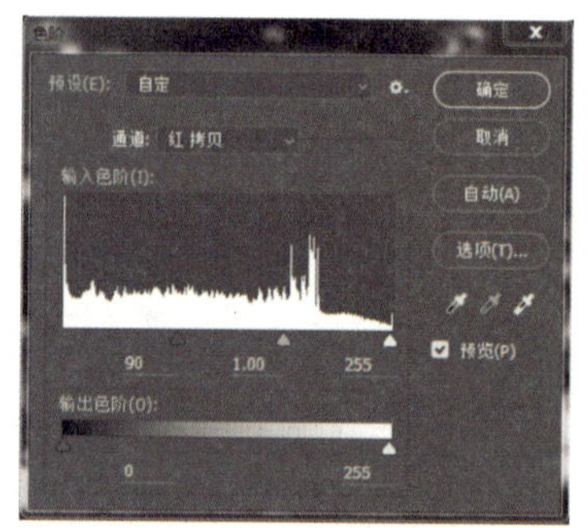

图 11－2－17 调整【色阶】

图 11－2－18 【色阶】调整后效果

（4）打开素材文件“雪碧 . jpg”，把【红 拷贝】通道粘贴到图像中，使用 Ctrl + V 快捷键将复制的图像粘贴到本图层，并调整图像。在【图层】面板上设置“图层 1”的混合模式为【柔光】；复制“图层 1”，设置该图层的混合为【柔光】，设置为“图层 1 拷贝”混合模式，如图 11－2－19 所示。

（5）同样过程，打开“冰块 2. jpg”重复（2）、（3）、（4），效果如图 11－2－20 所示。

图 11－2－19 柔光模式 1

图 11－2－20 柔光模式 2

（6）单击【创建新的填充或调整图层】按钮，选中【曲线】，然后在【调整】面板中设置【输出】为 113，【输入】为 154，如图 11－2－21 所示。最终完成效果如图 11－2－22 所示。

图 11 -2 -21　【曲线】调整

图 11 -2 -22　冰爽雪碧效果图

任务三　制作小天使的乐园

任务分析

使用图层蒙版将如图 11 -3 -1、图 11 -3 -2、图 11 -3 -3 所示的素材图片合成为小天使乐园，合成效果如图 11 -3 -4 所示。

图 11 -3 -1　翅膀

图 11 -3 -2　乐园

图 11 -3 -3　小姑娘

图 11 -3 -4　小天使乐园效果图

相关知识

1. 图层蒙版

图层蒙版是用来遮盖图层中的某些部分，使上方图层中的图像以半隐半现的效果显示出被遮盖的下方图层，从而使具有上下图层的构图关系具有更多的可能性。

图层蒙版是一种灰度图像，实际就是为图层添加的遮罩，在图层蒙版上具有隐藏或显示图像的作用。图层蒙版在图像合成中非常有用，也可以灵活地应用于颜色调整、滤镜和指定选择区域等。图层蒙版对图层的影响是非破坏性的，这表示以后可以返回并重新编辑蒙版，而不会丢失被蒙版隐藏的像素。

2. 图层蒙版操作

（1）添加全显示（白色）图层蒙版。首先在【图层】面板中选择要添加蒙版的图层，然后单击该面板下方的添加图层蒙版按钮，或者执行【图层】→【图层蒙版】→【显示全部】命令，如图 11－3－5所示。

图 11－3－5　创建显示整个图层的蒙版

（2）添加隐藏（黑色）图层蒙版。按下Alt键并单击添加图层蒙版按钮，或执行【图层】→【图层蒙版】→【隐藏全部】命令，如图 11－3－6 所示。

（3）按选区来添加图层蒙版。在【图层】面板中，选择图层或图层组，在图像中创建选区，如图 11－3－7 所示，然后执行下列操作之一。

图 11－3－6　创建隐藏全部图层的蒙版

图 11－3－7　在图像中创建选区

1）在【图层】面板中单击添加图层蒙版按钮，可以创建显示选区内图像的蒙版，选区以外的图像将被蒙版隐藏，添加图层蒙版面板如图 11－3－8 所示，其效果如图 11－3－9 所示。

2）按下Alt键并单击添加图层蒙版按钮，可以创建隐藏选区图像的蒙版。

3）执行【图层】→【图层蒙版】→【显示选区/隐藏选区】命令，可以创建显示选区内图像或隐藏选区内图像的蒙版。

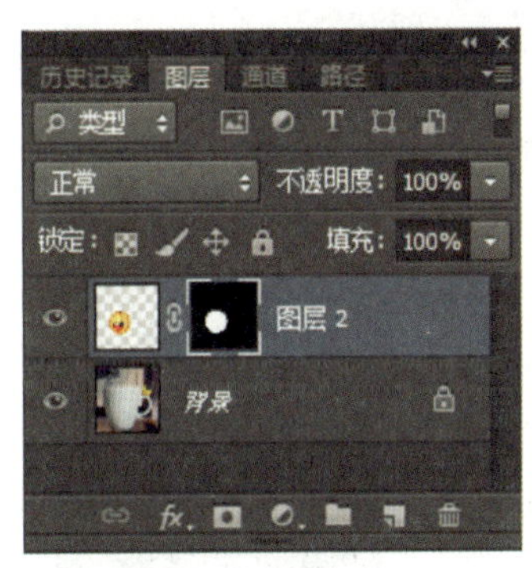

图 11－3－8　添加图层蒙版面板

图 11－3－9　添加图层蒙版效果

3. 删除蒙版

如果要删除图层蒙版，先单击【图层】面板中的蒙版缩览图，然后单击【图层】面板底部的删除图层按钮，将弹出如图 11－3－10 所示对话框。

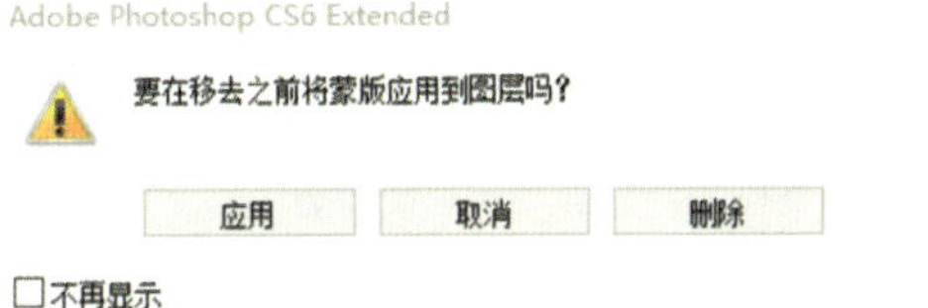

图 11－3－10　删除图层蒙版对话框

如果要删除该图层蒙版，并将蒙版应用于图层，可单击 应用 按钮，将图层蒙版应用到图层时，可以永久删除图层的隐藏部分。如果要删除图层蒙版，但不将其应用于图层，可单击 删除 按钮，删除蒙版后，可恢复图像但不会删除隐藏的部分。

4. 停用和启用图层蒙版

如果要停用图层蒙版，可以先选中该图层蒙版，然后单击【蒙版】面板中的【停用/启用蒙版】按钮，或者按住 Shift 键再单击图层蒙版缩略图，即可停用蒙版；若要启用图层蒙版，执行【图层】→【图层蒙版】→【启用】命令，或者按住 Shift 键直接单击【图层】面板中的图层蒙版缩览图，可以重新启用图层蒙版。

任务实施

（1）打开“乐园．jpg”素材文件，如图 11－3－11 所示。

图 11－3－11　乐园

（2）把“小姑娘.jpg”素材拖拽到“乐园.jpg”素材文件之上，如图 11－3－12 所示，选中图层 1，调整到适当的位置，并对该图层添加图层蒙版。

图 11－3－12　把小姑娘的图像拖入乐园

（3）放大图像，在工具箱中用黑色画笔，适当调整笔刷大小，在蒙版上对小姑娘之外的空白区域涂抹，将人物轮廓清晰显现出来，然后用白色画笔进行修边处理，如图 11－3－13 所示。

图 11－3－13　修边处理

（4）把“翅膀.jpg”素材放在图层 1 之下，调整到适当的位置，选择该图层，放大图像，利用【魔棒】工具选择黑色背景，按下 Ctrl ＋ Shift ＋ L 快捷键反选，对翅膀创建选区，添加图层蒙版面板，如图 11－3－14 所示，小天使乐园完成效果如图 11－3－15 所示。

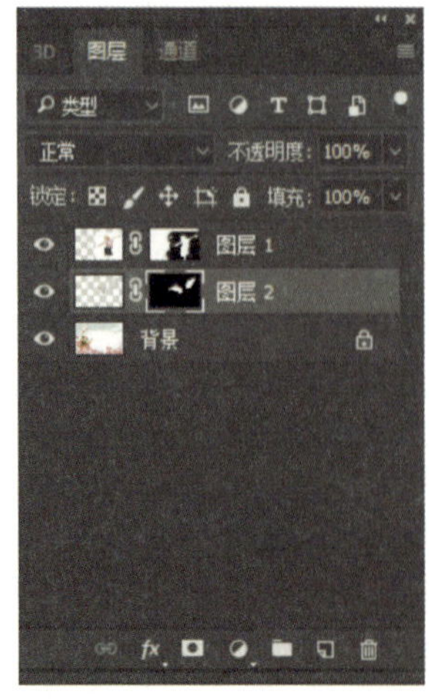

图 11－3－14　添加翅膀图层蒙版

图 11－3－15　小天使乐园效果图

（5）保存文件。按 Ctrl + S 快捷键保存文件。

任务四　制作青花瓷广告

任务分析

本任务使用【钢笔】【渐变】工具结合矢量蒙版和剪切蒙版将如图 11－4－1、图 11－4－2所示的素材，制作如图 11－4－3 所示的青花瓷广告。

图 11－4－1　牡丹花

图 11－4－2　青花瓷

图 11－4－3　青花瓷广告

相关知识

1. 矢量蒙版

若要添加矢量蒙版，首先在【图层】面板中选择要添加蒙版的图层，然后按住 Ctrl 键并单击【添加图层蒙版】按钮，即可添加矢量蒙版。或者选中图层后单击【蒙版】面板中的【添加矢量蒙版】按钮。此时，在图层缩览图的右边会显示一个白色的矢量蒙版缩览图，表示为该图层添加了显示全部的矢量蒙版。如果按住 Ctrl + Alt 快捷键，再单击【图层】面板中的【添加图层蒙版】按钮，也可添加矢量蒙版。

（1）编辑矢量蒙版。用户可以像编辑路径一样编辑矢量蒙版，可以直接使用【转换点工具】【路径选择工具】命令等对路径进行调整，以得到最佳的效果。

（2）删除矢量蒙版。如果想要删除矢量蒙版，可以直接在矢量蒙版缩览图上单击鼠标右键，选择弹出菜单中的【删除蒙版】命令，或者在选中该蒙版后，单击【蒙版】面板上的【删除蒙版】按钮。

（3）将矢量蒙版转换为图层蒙版。矢量蒙版是基于圆形所创建的蒙版，Photoshop 中大部分基于图像的命令与工具都无法使用。要使用这些命令和工具，必须先将矢量蒙版转换为图层蒙版。选择【图层】→【栅格化】→【矢量蒙版】将矢量蒙版转换为图层蒙版后，可以使蒙版具有灵活的可编辑性。

2. 创建与取消剪切蒙版

剪切蒙版是 Photoshop 中的特殊图层，它利用下方图层中图像的形状对上层图像进行剪切蒙版，最终以下方图形中图像的形状约束上方图层中图像的显示范围，从而得到丰富的效果。

（1）创建剪切蒙版。想要创建剪切蒙版，首先在【图层】面板中选择图层，然后使用 Alt + Ctrl + G 快捷键，即可完成创建，也可以按住 Alt 键并将光标放在两个图层之间，当光标变为向下箭头时单击即可。创建剪切蒙版后，上方图层的缩略图会显示图标，下方图层的名称会显示下划线。

（2）取消剪切蒙版。如果想要取消剪切蒙版，可以在选择图层后直接使用 Alt + Ctrl + G 快捷键，也可以按住 Alt 键将光标放在两个图层之间，单击即可取消。

3. 创建快速蒙版

创建快速蒙版方法：如图 11－4－4 所示打开花瓣图片，并在图像中创建选区；单击工具箱中的【以快速蒙版模式编辑】按钮 ，或者按下 Q 键，可以进入快速蒙版模式编辑状态，图像窗口的标题栏将出现“快速蒙版”字样。

图 11－4－4　创建选区

在快速蒙版状态下，原先的选区不见了，原选区以外的图像上被覆盖了一层半透明的红色，如图 11－4－5 所示。打开【通道】面板可以看到，面板中出现了一个临时的快速蒙版通道，如图 11－4－6所示。

图 11－4－5　快速蒙版模式

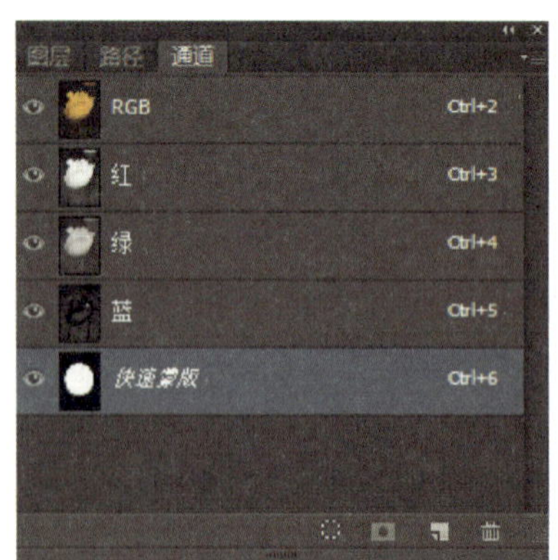

图 11－4－6　快速蒙版通道

任务实施

（1）打开素材图片“青花瓷 . jpg”，如图 11－4－7 所示。

（2）进入【图层】面板，将【背景】图层拖到面板下方的【创建新图层】按钮上，得到一个复制图层“背景 拷贝”如图 11－4－8 所示。

图 11－4－7　青花瓷

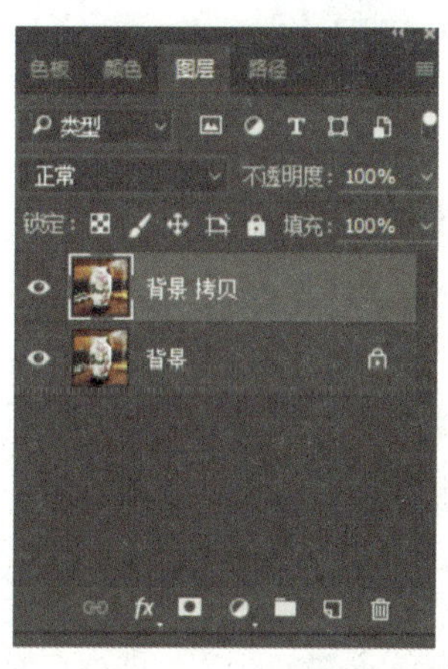

图 11－4－8　复制图层

（3）单击【路径】面板下方的【创建新路径】按钮，得到新路径“路径 1”，在工具栏中选择【钢笔】工具，勾勒出花瓶的路径，如图 11－4－9 所示，按 Ctrl ＋ C 快捷键复制路径。

（4）然后执行【图层】→【矢量蒙版】→【显示全部】命令，为【背景】副本添加一个空白矢量蒙版，如图 11－4－10 所示。再按 Ctrl ＋ V 快捷键将路径复制到矢量蒙版中，如图 11－4－11 所示。

图 11－4－9　创建路径

图 11－4－10　添加蒙版

图 11－4－11　路径添加蒙版

（5）观察图像可以看出，花瓶素材的矢量蒙版选择的范围是反的，让我们来调整一下。在工具栏中选择【路径选择】工具，单击【图层】面板中【背景副本】图层的矢量蒙版缩览图，再在画布中选择花瓶中的外轮廓路径。然后单击【路径选择】工具选项栏中的【添加到形状区域】按钮，完成后的效果如图 11－4－12 所示。

（6）单击【图层】面板中“背景 拷贝”图层的图层缩览图并取消选择矢量蒙版缩览图，然后按 Ctrl ＋ T 快捷键调整其大小和位置。

（7）单击【图层】面板下方的【创建新图层】按钮，得到一个新图层“图层 1”，将其移动到“背景 拷贝”图层的下方，在工具栏中选择【渐变】工具，再在画布中从上至下绘制渐变，完成后的效果如图 11－4－13 所示。

图 11－4－12　添加到形状区域后的效果

图 11－4－13　绘制渐变调整位置

（8）按Ctrl＋J快捷键复制图层“背景 拷贝”，得到新图层“背景 拷贝 2”。单击该图层的图层缩览图并取消选择矢量蒙版缩览图，按Ctrl＋T快捷键将其垂直旋转并移动其位置，然后在图层面板中设置其【不透明度】为 15%，完成后的效果如图 11－4－14 所示。

（9）在工具箱中选择【竖排文字】工具，输入文字“雕琢生活　品味艺术”，设置字体为“叶根友毛笔行书 2.0 版”，大小为 24 号，如图 11－4－15 所示。

图 11－4－14　复制图层并垂直旋转移动位置

图 11－4－15　输入竖排文字

（10）新建图层二，复制“牡丹花.jpg”到该图层中，调整到适当的位置，把鼠标指向文字和图片层之间，执行【图层】→【创建剪切蒙版】命令（或按Alt＋Ctrl＋G快捷键），建立剪切蒙版，完成后的效果如图 11－4－16 所示。

图 11－4－16　剪切蒙版后的效果

任务五　给人物换背景

任务分析

本任务要将原图11－5－1中的“饮水少女”连同她手握的矿泉水瓶一起抠选出来并与图11－5－2所示的海滩背景合成新的一张效果图，如图11－5－3所示。抠图过程中还将利用到前面任务所讲的Alpha通道及配合以诸如【魔棒】工具、【快速选择】工具、【应用图像】等功能。

图11－5－1　饮水少女

图11－5－2　海滩背景

图11－5－3　海滩饮水少女

任务实施

（1）打开素材“海滩背景”及“饮水少女”，如图11－5－1、图11－5－2所示。

（2）移动“饮水少女”图像到海滩背景文档中，单击背景图层前的小眼睛图标，暂时使其隐藏，如图11－5－4所示。

（3）确定“图层1”为当前操作图层，执行【窗口通道】命令，打开【通道】面板，切换并观察【红】【绿】【蓝】各颜色通道。由图11－5－5可见，【蓝】通道中人物的发丝与背景反差最大、最清晰，而在【红】通道中，矿泉水瓶的细节最完整。

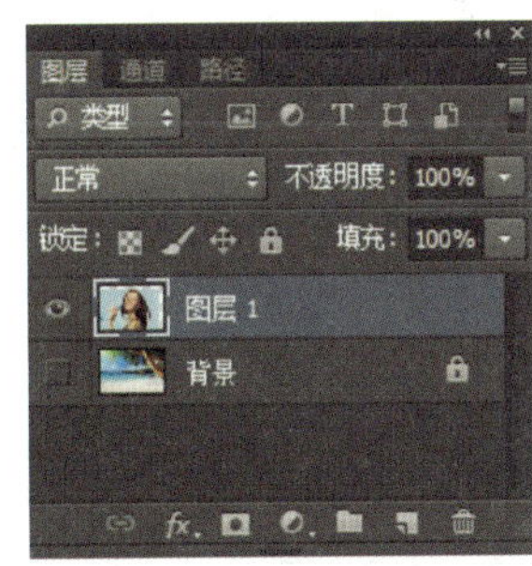

图11－5－4　隐藏背景

（a）【红】　（b）【绿】　（c）【蓝】

图11－5－5　颜色通道

所以，我们将分别在【蓝】通道中完成主体人物的抠选，在【红】通道中抠选出矿泉水瓶。

（4）单击【蓝】通道，单击右键复制一个“蓝 副本”通道，如图 11－5－6 所示。然后按下 Ctrl ＋ L 快捷键，弹出色阶对话框，拖动暗部和中间部调杆，做相应调整，使人物主体与背景的对比更强，发丝更清晰，如图 11－5－7 所示。

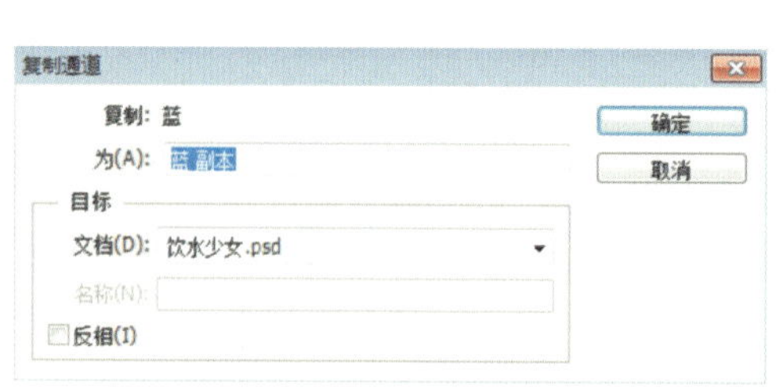

图 11－5－6　复制蓝通道

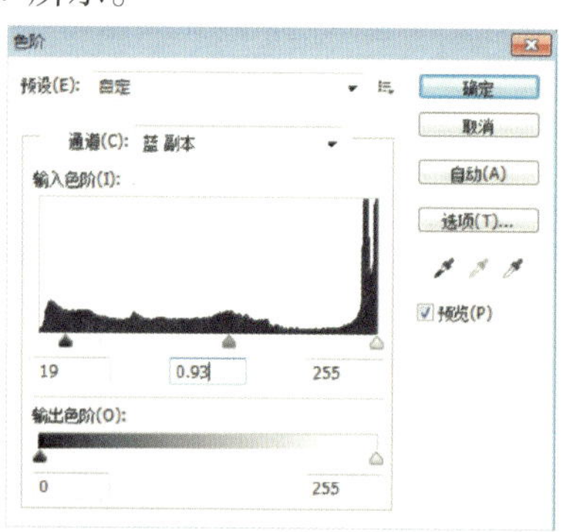

图 11－5－7　色阶调整

（5）在“蓝 副本”通道中，按下 Ctrl ＋ I 快捷键，此时通道图像反相，再执行【图像】→【应用图像】命令，在弹出的对话框中，将【混合】设置为【颜色减淡】，其他项保持默认值。此操作可以依据情况反复多做两次，使主体更接近“全白色”，呈灰色的部分如图 11－5－8 所示。我们可用【画笔工具】将前景色设置为“白色”后进行涂抹，需要注意的是矿泉水瓶部分暂不涂抹，如图 11－5－9 所示。

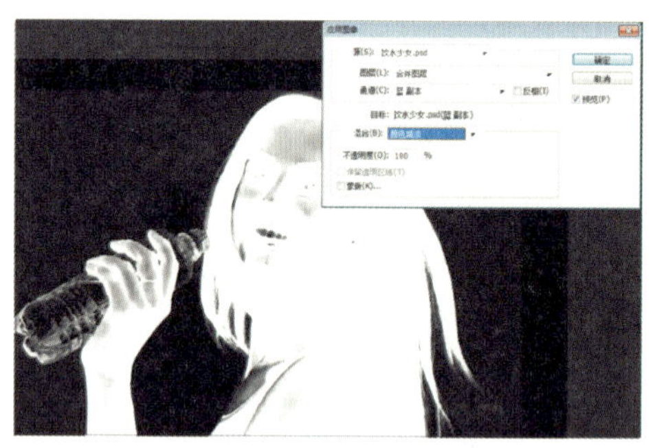

图 11－5－8　图像反像

图 11－5－9　白色涂抹

（6）单击通道下方的【将通道作为选区载入】按钮，建立选定区域，再选择 RGB 复合通道，可见人物主体及发丝部分已被载入选区，如图 11－5－10 所示。

图 11－5－10　将人物主体及发丝部分载入选区

（7）处理矿泉水瓶之前，确定“蓝 副本”为当前操作通道，按下 Ctrl ＋ C 快捷键进行复制。接着单击通道下方的【创建新通道】按钮，建立一个“Alphal”通道，单击“Alphal”通道后，按下 Ctrl ＋ V 快捷键，将复制的内容粘贴至通道内，如图 11－5－11 所示。

（8）单击【红】通道，单击右键复制一个“红 副本”通道，使用【磁性套索工具】，以【添加到选区】方式，将人物手中的矿泉水瓶抠选出来，按下Ctrl+C快捷键，复制矿泉水瓶选区，再转至“Alphal”通道，用Ctrl+V快捷键粘贴，效果如图11－5－12所示。

图11－5－11　粘贴“Alphal”通道

图11－5－12　将“红 副本”添加到选区

（9）按下Ctrl+L快捷键，调出【色阶】对话框，并将高光部分数值减小至180，提高矿泉水瓶整体亮度，如图11－5－13所示。

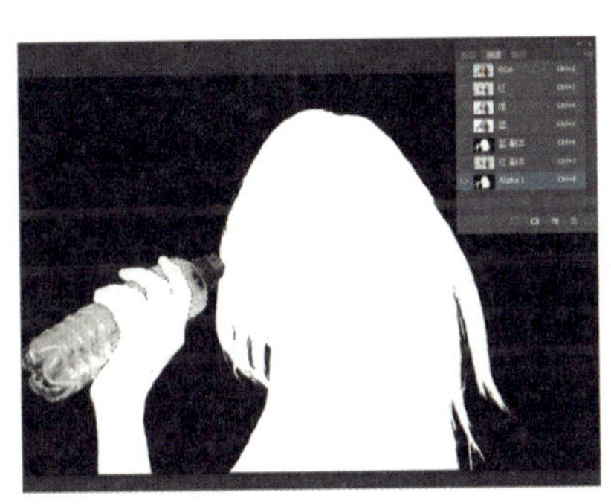

图11－5－13　在“Alphal”通道粘贴矿泉水瓶

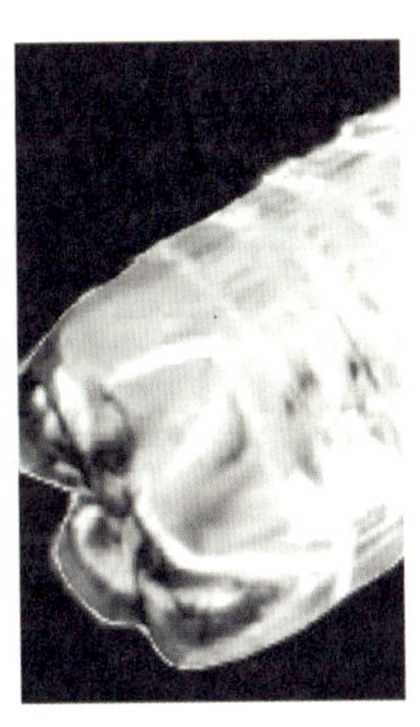

图11－5－14　涂白

（10）因为白色才是保留区域，要保留矿泉水瓶瓶嘴及底座的细节，就要将这些部分涂白，如图11－5－14所示，但又不能破坏原来的“透明”性质，因此，在涂抹前，要使用【吸管工具】，把水瓶的灰色部分取为前景色，再用【画笔】工具进行涂抹，效果如图11－5－15所示。

（11）按住Ctrl键，同时单击“Alphal”通道前的缩览图，建立选区。

图11－5－15　画笔涂灰

（12）回到【图层】面板，单击“图层1”，“图层1”被选中。单击图层下方的【添加图层蒙版】按钮，为“图层1”建立一个蒙版，注意矿泉水瓶部分已经达到了预期的效果，如图11－5－16所示。

（13）让背景图层恢复显示，由此得到了如图11－5－17所示的最终效果。

图 11-5-16　添加蒙版

图 11-5-17　最终效果

小结

本项目先讲解了通道的定义、作用及各个通道的关系和用法，接着讲解了蒙版的概念、作用，以及如何创建和取消剪切蒙版，使用图层蒙版和矢量蒙版等，并通过五个任务的分析、讲解和制作，让读者充分地掌握通道和蒙版功能、使用方法技巧。

思考与练习

1. 填空题

（1）CMYK 图像包含________个颜色通道和一个复合通道。

（2）________是计算机图形学中的术语。

（3）使用________命令可以将图像的每个通道分别拆分为独立的图像文件。

（4）编辑颜色通道时，使用________画笔可以删除该通道中笔触经过的颜色。

2. 选择题

（1）Alpha 通道的主要用途是（　　）。

A. 创建新通道　　B. 保存图像色彩信息

C. 存储和建立选择范围　　D. 为路径提供通道

（2）以下哪个是 RGB 图像中的通道？（　　）

A. 【红】通道　　B. 【a】通道

C. 【明度】通道　　D. 以上皆是

（3）（　　）不是 Lab 模式中的通道。

A. 【明度】通道　　B. 【灰】通道

C. 【b】通道　　D. 【a】通道

(4) 专色通道的主要功能是（　　）。

A. 创建、保存及编辑选区　　B. 保存预先定义好的油墨信息

C. 保存图像色彩信息　　D. 保存路径

(5) 复合通道是用来编辑和预览图像的通道，它是（　　）的组合。

A. Alpha 通道　　B. 颜色通道　　C. 复合通道　　D. 专色通道

项目实训

(1) 图层蒙版的练习。利用给出的素材图片“花.jpg”（图 11－8－1）、“花瓶.jpg”（图 11－8－2）制作图片“花与花瓶.jpg”（图 11－8－3）。

图 11－8－1　花素材

图 11－8－2　花瓶素材

图 11－8－3　花与花瓶效果

1）练习提示：

①添加“图层蒙版”；

②画笔工具。

2）操作步骤：

①将“花.jpg”拖入“花瓶.jpg”文件中并调整大小和位置；

②添加“图层蒙版”；

③用黑色“画笔”涂抹图层蒙版。

(2) 剪切蒙版练习。利用给出的素材图片“闪亮背景.jpg”（图 11－8－4）制作图片“闪亮底纹字.jpg”（图 11－8－5）。

图 11－8－4　闪亮背景

图 11－8－5　闪亮底纹字

1）练习提示：创建剪切蒙版 。

2）操作步骤：

①在“闪亮背景.jpg”文件中输入文字“闪亮”；

②移动图层位置；

③创建剪切蒙版。

（3）使用通道和路径抠取如图 11－8－6 所示的素材图片中的人物，并给图像更换背景颜色，完成效果如图 11－8－7 所示。

图 11－8－6　人物素材

图 11－8－7　人物效果

操作步骤如下：

1）复制通道。

2）编辑颜色通道。

3）将通道作为选区载入。

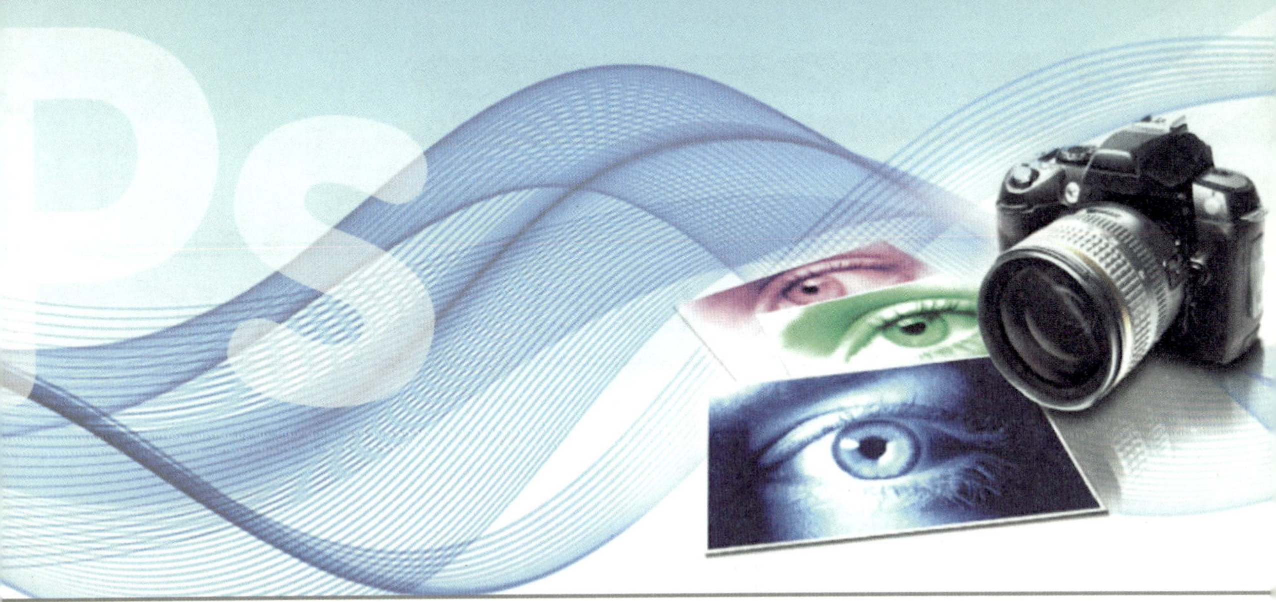

项目 12

神奇的滤镜

项目介绍

本项目介绍了液化滤镜、图案生成器、内置滤镜和外挂滤镜的使用常识和技巧。着重介绍了内置滤镜和外挂滤镜的使用常识和技巧，而内置滤镜的使用方法是本项目的难点。通过本项目的学习，读者可以掌握各类型滤镜的功能和使用方法，从而制作出更加丰富多彩的图像。

培养目标

- 了解滤镜的基础知识。
- 掌握各种滤镜的使用常识和技巧。

任务一　利用【液化】工具制作特效

任务分析

本任务要求利用滤镜的【液化】工具，以及如图 12－1－1 所示的素材，制作效果如图 12－1－2 所示的作品。

图 12－1－1　【液化】工具素材图

图 12－1－2　【液化】工具效果图

相关知识

1. 滤镜的概念

所谓滤镜，是指一种特殊的软件处理模块。图像经过滤镜处理后可以产生特殊的艺术效果。智能滤镜是一种非破坏性的滤镜，它作为图层效果保存在【图层】面板中，用户可以利用智能对象中包含的原始图像数据重新调整这些滤镜。本任务主要介绍 Photoshop CS6 中各种滤镜的使用，一个有经验的设计师能够充分利用滤镜创作出各种奇妙的图像效果。

2. 滤镜的使用规则

在【滤镜】菜单中，有相应的子菜单滤镜命令可供用户使用。下面介绍一些使用滤镜的规则。

（1）滤镜只能应用于当前图层或某一通道。

（2）若在图层的某一区域应用滤镜，必须先选取该区域，然后对其进行处理。

（3）最后一次选取的滤镜出现在【滤镜】菜单的顶部，若要重复使用该效果时只需按 Ctrl + F 快捷键即可。

（4）滤镜使用错误，取消时，执行【编辑】→【后退一步】命令，或者【编辑】菜单的顶部还原命令，也可用 Ctrl + Z 快捷键。

（5）所有滤镜都能应用于 RGB 图像，滤镜不能应用于位图模式、索引模式或 16 位通道图像，有个别滤镜对 CMYK 图像不起作用。

（6）对于文字图层或锁定像素区域的特殊图层是无法使用滤镜的。

（7）从【滤镜】菜单的子菜单中选取相应的滤镜时，若滤镜名称后跟有省略号“…”，表示单击该滤镜选项时将弹出对话框，输入数值或选择选项即可。

3. 滤镜的使用技巧

在执行滤镜命令时，可以参考以下几点技巧。

（1）滤镜只能应用于图层的有色区域，对完全透明的区域没有效果。

（2）滤镜通常应用于当前可见图层，并且可以反复应用，连续使用，但一次只能应用在一个图层上。在对局部图像进行滤镜处理时，可以先为选区设定羽化值，然后再应用滤镜，就会减少突兀感觉。

（3）如果要在应用滤镜时不破坏图像，并希望以后能够更改滤镜设置，可以执行【滤镜】→【转换为智能滤镜】命令，将要应用滤镜的图像内容创建为智能对象，然后再使用滤镜进行处理。

（4）在处理分辨率高的图像时，有些滤镜效果可能要占很大的内存，进而影响处理的速度，在此情况下，可以先将一小部分图像上实验滤镜和设置，找到合适位置后，再将滤镜应用于整个图像。

（5）上次使用的滤镜将出现在【滤镜】菜单顶部，可以通过执行此操作对图像再次应用上次使用过的滤镜效果，或者使用 Ctrl + F 快捷键。按下 Ctrl + Alt + F 快捷键则是用新的参数选项使用刚用过的滤镜。

4. 【液化】滤镜

【滤镜】→【液化】命令主要是使图像产生特殊的扭曲效果。在【液化】对话框中，可以在左侧的工具列表中选择扭曲工具，在右侧【扭曲】选项的参数类下设置参数，在图像中拖拽鼠标光标或按住鼠标左键不放进行扭曲操作。

任务实施

（1）打开素材“Sample > ch12 > 液化 . jpg”文件，如图 12 - 1 - 3 所示。

图 12 - 1 - 3 【液化】工具素材图

（2）执行【滤镜】→【液化】命令，弹出【液化】对话框，设置如图 12－1－4 所示。

（3）使用工具箱中的【向前变形】工具，并设置好相应的选项，对花的顶部进行变形，单击 确定 按钮，完成图像的液化变形操作，如图 12－1－5 所示。

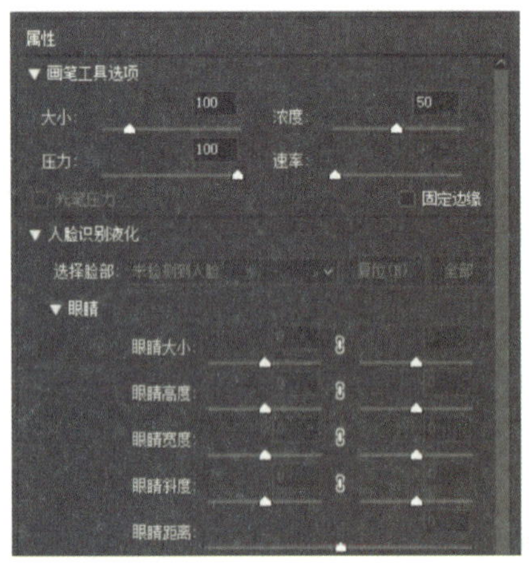

图 12－1－4　【液化】对话框

图 12－1－5　利用【液化】工具制作的效果图

任务二　制作素描效果

任务分析

本任务要求利用风格化滤镜里的【照亮边缘】，原图如图 12－2－1 所示，制作效果如图 12－2－2 所示。

图 12－2－1　素描效果原图

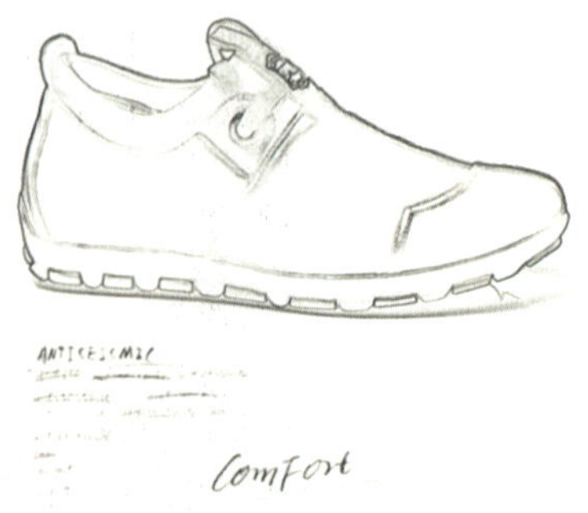
图 12－2－2　素描效果图

Ps 相关知识

1. 【风格化】滤镜

【风格化】滤镜可以通过置换像素来增加图像的对比度，使图像生成绘画或印象派的效果，如扩散、浮雕效果、凸出、查找边缘、风等。

（1）【扩散】滤镜。可以移动选区中的像素，使图像产生油画或毛玻璃效果。

（2）【浮雕效果】滤镜。先将图像转换为灰度形式的图像，再用原来的颜色描绘边缘，从而生成具有凹凸感的浮雕效果。

（3）【凸出】滤镜。可以使用图像产生由三维立方体或锥体组成的纹理效果，看起来好像从图像中挤压许多方形或三角形一样。

（4）【查找边缘】滤镜。可以自动寻找和识别图像的边缘，并且以优美的细线描绘它们。

（5）【曝光过度】滤镜。可以混合负片和正片图像，从而产生摄影中照片短暂曝光的效果。

（6）【拼贴】滤镜。可以把图像分割成有规则的若干个块，生成拼图状的效果。

（7）【等高线】滤镜。只显示指定色度的边界线，产生线构图的效果。

（8）【风】滤镜。可以产生一种刮风的效果。

2. 【模糊】滤镜

【模糊】滤镜可以削弱相邻像素间的对比度，达到柔化图像的效果，如【平均】【进一步模糊】【高斯模糊】等滤镜。

（1）【平均】滤镜。可以产生单一的灰色图形，该滤镜不设对话框。

（2）【模糊】滤镜。可以用来光滑边缘过于清晰或对比度过于强烈的区域，产生模糊效果来柔化边缘，该滤镜也不设对话框，单击该滤镜命令后即可得到效果。

（3）【进一步模糊】滤镜。在【模糊】滤镜的基础上进一步模糊，产生的效果比【模糊】滤镜强 3 ~4 倍，使用该滤镜可以对图像进行较为强烈的柔化处理。

（4）【高斯模糊】滤镜。可以使图像产生动感模糊的效果，类似拍摄运动的效果。

（5）【径向模糊】滤镜。可以使图像产生一种柔化的模糊效果，类似于移动或旋转的相机拍摄的效果。

（6）【特殊模糊】滤镜。可以精确地模糊图像。例如，可以指定模糊半径、模糊距离及模糊品质等。

（7）【镜头模糊】滤镜。用于模拟各种镜头景深产生的模糊效果，这样可以使图像中的某些物体处于焦距中，而其他区域则变得模糊。以前通常是使用【高斯模糊】滤镜来模拟景深效果的，但是效果不是很真实，而且很难做出渐变的景深模拟，而现在有了这个滤镜，模拟镜头的模糊效果就变得简单了。

（8）【形状模糊】滤镜。使用指定的图形作为模糊中心，利用【形状模糊】滤镜对其进行模糊。

（9）【方框模糊】滤镜。基于相邻像素的平均颜色值来模糊图像。此滤镜用于创建特殊效果，可以调整用于计算给定像素的平均值的区域大小，半径越大，产生的模糊效果越好。

（10）【表面模糊】滤镜。用于在模糊图像时保留图像边缘，创建特殊效果及去除杂点和颗粒。

（11）【场景模糊】滤镜。Photoshop CS6 新增的模糊滤镜，用户可以通过添加控制点的方式，精确地控制景深形成范围、景深强弱程度，用于建立比较精确的画面背景模糊效果。

（12）【光圈模糊】滤镜。Photoshop CS6 新增的模糊滤镜，创建一个范围，通过简单的设置形成一个景深模糊的效果。

（13）【倾斜偏移】滤镜。Photoshop CS6 新增的模糊滤镜，用于创建移轴景深效果，通过控制点和范围设置，精准地控制移轴效果产生范围和焦外虚幻强弱程度。

3. 【扭曲】滤镜

【扭曲】滤镜是一种使用比较广泛的滤镜，使用【扭曲】滤镜可以对图像进行各种扭曲变形处理，例如漩涡、水波和玻璃效果等。

（1）【切变】滤镜。可以沿指定路线扭曲图像，产生哈哈镜效果。

（2）【挤压】滤镜。可以使图像产生从内向外或从外到内的挤压效果。

（3）【旋转扭曲】滤镜。作用是使选择区域内的图像产生旋转的效果，其中，选择区域中心旋转的效果比边缘明显。可以指定旋转角度及扭曲图案。

（4）【极坐标】滤镜。可以将图像由直角坐标系转换为极坐标系。使用该滤镜可以使图像产生畸形失真效果。

（5）【水波】滤镜。可以使图像产生波纹效果，就像水中泛起的涟漪。

（6）【波浪】滤镜。可以使图像产生波浪效果，如同水中的倒影。

（7）【波纹】滤镜。可以使图像产生如同水面波纹的效果。

（8）【球面化】滤镜。可以将图像球面化，使图像产生 3D 效果。

（9）【置换】滤镜。可以用另一幅图像中的颜色和形状来调整当前图像，使之扭曲。其中，要位移的图像必须为 PSD 格式。

4. 【锐化】滤镜

【锐化】滤镜是通过增强像素之间的对比度，使图像变得更加清晰。

（1）【锐化】滤镜。可以通过增强像素之间的对比度，使图像变得更加清晰。

（2）【锐化边缘】滤镜。仅仅锐化图像的边缘，使不同颜色之间分界明显，也就是说，通过锐化颜色变化较大的色块边缘，从而得到较清晰的效果，且不会影响图像的细节。

（3）【进一步锐化】滤镜。比【锐化】滤镜产生的效果更强烈。

（4）【USM 锐化】滤镜。在这几种滤镜中锐化效果最强，它具有前面 3 种滤镜的所有功能，并在处理过程中使用模糊遮罩，从而产生边缘轮廓锐化的效果。

（5）【智能锐化】滤镜。具有【USM 锐化】滤镜所没有的锐化控制功能，具有可设置的锐化计算方法，并可单独控制图像阴影和高光的锐化程度。

Ps 任务实施

（1）打开如图 12－2－3 所示的素材图片，把背景图层复制一层，如图 12－2－4 所示。

图 12 -2 -3　素描效果素材图

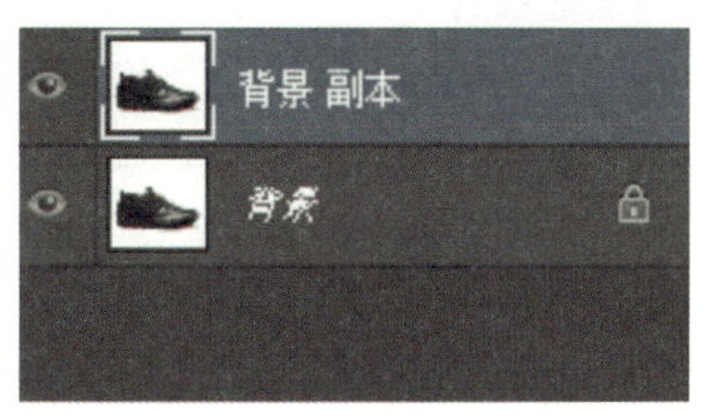

图 12 -2 -4　复制背景图层

（2）对“背景　副本”执行【滤镜】→【风格化】→【照亮边缘】命令，参数设置如图 12 -2 -5 所示，设置效果如图 12 -2 -6 所示。

照亮边缘

边缘宽度(E)　1

边缘亮度(B)　4

平滑度(S)　7

图 12 -2 -5　【照亮边缘】设置

图 12 -2 -6　【照亮边缘】设置效果

（3）按Ctrl + Shift + U 快捷键去色，按Ctrl + I 快捷键反相，如图 12 -2 -7 所示。按Ctrl + L 快捷键色阶，如图 12 -2 -8 所示进行颜色调整，并用橡皮擦去不需要的纹理。

图 12 -2 -7　【反相】效果

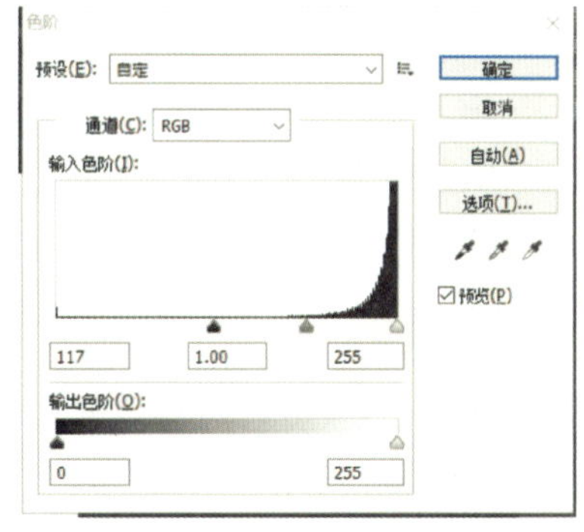

图 12 -2 -8　【色阶】调整

（4）加上文字素材，最终效果如图 12 -2 -9 所示。

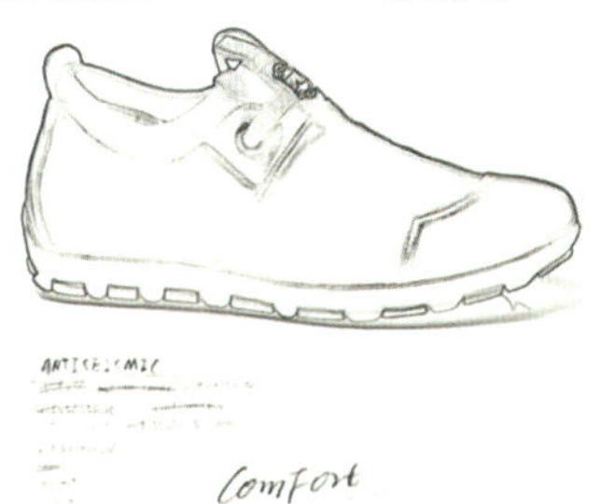

图 12 -2 -9　素描效果图

任务三　彩色画框制作

任务分析

本任务通过运用【以快速蒙版模式编辑】工具、【描边】、【高斯模糊】滤镜和【彩色半调】滤镜命令制作彩色半调画框，在制作的时候，注意填充色彩与原图色彩色差不要太大，以免影响美观，素材如图 12－3－1 所示，完成效果如图 12－3－2 所示。

图 12－3－1　彩色画框素材

图 12－3－2　彩色画框效果图

相关知识

1.【素描】滤镜

使用【素描】滤镜，可以给图像增加纹理、模拟素描等艺术效果。其中很多滤镜都是使用当前的前景色、背景色进行绘制的，所以在使用滤镜前，设置好合适的前景色、背景色是必要的。

（1）【基底凸现】滤镜。可以根据图像的轮廓，使图像的暗区呈现前景色，浅色显现背景色，从而使图像产生一种具有粗糙边缘和纹理的浮雕效果。

（2）【粉笔和炭笔】滤镜。可以使用前景色的炭笔绘制图像的阴影区域，使用背景色的粉笔绘制高光和中间色调区域。

（3）【炭笔】滤镜。可以将图像处理成炭笔画的效果。

（4）【铬黄渐变】滤镜。可以产生被磨光的铬表面和发光液体金属的效果。应用该滤镜时，要先使用【色阶】命令调节好图像的对比度，可以得到清晰的效果。

（5）【炭精笔】滤镜。将使图像产生一种具有彩色粉笔笔触的效果，用前景色绘制图像的明亮区域，用背景色绘制阴影区域。若想获得逼真的效果，可以在应用滤镜之前将前景色改为最常用的黑色、深褐色和血红色；若想获得减弱的效果，可以在应用滤镜之前将前景色改为白色。

(6)【绘图笔】滤镜。将使用细的、线状的油墨对图像进行描边，它使用前景色作为油墨，使用背景色作为纸张，替换原图像中的颜色。

(7)【半调图案】滤镜。可以将图像处理成用前景色和背景色组成的具有网格图案的怀旧作品。

(8)【便条纸】滤镜。可以使图像产生压痕的效果，图像沿着边缘线产生凹陷，这是由前景色、背景色决定的。

(9)【石膏效果】滤镜。将二维的图像结合前景色和背景色，为图像着色之后形成了3D 的效果形式。

(10)【网状】滤镜。可以使暗调区域呈现结块状，高光区域呈轻微颗粒状，从而在整体上使图像呈现网状结构。

(11)【图章】滤镜。可以简化图像，使之呈现用橡皮或木制图章盖印的效果。在黑白图像中使用滤镜，效果最佳。

(12)【撕边】滤镜。可以产生水墨画的效果，在前景色和背景色交界处制作溅射分裂效果。对由文字或高对比度对象组成的图像使用该滤镜，效果最佳。

(13)【水彩画纸】滤镜。可以产生画面浸湿的湿纸效果，可以改变扩散度、亮度、对比度来调整出合适的处理效果。

(14)【影印】滤镜。产生的效果就像是在破旧的复制机上复制图像一样，其色彩用前景色和背景色填充，图像模糊、不均匀并且有色调分离的效果。这一滤镜也常被用来制作旧照片的效果。

2. 【纹理】滤镜

使用【纹理】滤镜，可以制作出特殊的纹理或材质效果。

(1)【拼缀图】滤镜。可以产生一种马赛克的效果，只是马赛克之间会产生浓重的阴影效果。

(2)【染色玻璃】滤镜。可以使用前景色把图像分解成像植物细胞、蜂巢一样的拼贴纹理，与【拼贴效果】滤镜基本相似，只不过它的小方块是不规则的。

(3)【纹理化】滤镜。可以选择一种纹理并应用于图像上。该纹理可以是列表中默认的一种，也可以是任何从外部载入的纹理。

(4)【龟裂缝】滤镜。可以对包含多种颜色值或灰度值的图像创建浮雕效果。

(5)【颗粒】滤镜。可以通过模拟不同种类的颗粒，改变图像的表面纹理。

(6)【马赛克拼贴】滤镜。可以使图像产生像是由小碎片或拼贴组成的效果。

3. 【像素化】滤镜

【像素化】滤镜是用来将图像分块和将图像平面化的，可以通过使单元格中颜色值相近的像素结成块来重新描绘图像，如彩色半调、晶格化、彩块化、碎片等。

(1)【彩色半调】滤镜。模拟在图像的每个通道上使用放大的半调网屏的效果。对于每个通道，滤镜将图像分成许多矩形区域，然后使用和矩形区域的亮度成比例的圆形区域代替这些矩形区域，看起来有一些铜版画的效果。

(2)【晶格化】滤镜。能使图像产生结晶一样的效果，结晶后的每个小区域的色彩由原图像的相应位置中的主要色彩代替。

（3）【彩块化】滤镜。使用纯色或相似颜色的像素结块来重新绘制图像，类似手绘的效果。

（4）【碎片】滤镜。模拟摄像时的镜头晃动，创建 4 个图像的副本，并产生一种模糊重叠的效果。

（5）【铜版雕刻】滤镜。用点和线重新生成图像，将图像转换为黑白区域的随机图案或彩色图像中完全饱和颜色的随机图案，产生镂刻的版画效果。

（6）【马赛克】滤镜。可以将图像中每一个单元内所有的像素用统一的颜色代替，产生一种模糊的马赛克效果。

（7）【点状化】滤镜。通过将一个图像分割为随机的点，点内用平均颜色填充，点与点之间用背景色填充，产生斑点化的效果。

4. 【渲染】滤镜

【渲染】滤镜可以制作云彩效果、光照效果及 3D 变形效果，如云彩、分层云彩、纤维、镜头光晕等。

（1）【云彩】滤镜。可以根据前景色和背景色之间的随机像素将图像转换为柔和的云彩效果，若想得到色彩较为分明的云彩效果，则在按住 Alt 键的同时使用该滤镜即可。

（2）【分层云彩】滤镜。以前景色、背景色和另一个外部图像的色彩为依据，渲染出一个带有外部图像的云彩造型，反复使用该滤镜，每连续两次操作，都会使图像产生负片的色彩，且每次使用的图像中都会出现大理石一样的叶脉纹理。

（3）【纤维】滤镜。通过设置不同的前景色和背景色使图像增加纤维效果。可以通过调整对话框中的颜色滑杆控制颜色的变化。

（4）【镜头光晕】滤镜。可以使图像产生明亮的光线照射到相机镜头的效果。可以通过单击预览图的任一位置，或拖动十字线，调整光晕中心的位置。

（5）【光照效果】滤镜。可以使图像上产生由不同的光源、不同类型和不同特性的光造成的光照效果。该滤镜不但可以在 RGB 图像上产生各种光照效果，也能使用灰度图像，生成类似 3D 的光照效果。

5. 【艺术效果】滤镜

【艺术效果】滤镜可以绘制出精美的艺术品、项目的绘画效果或特殊效果。这些效果必须在 RGB 模式下使用，若当前文件是 CMYK 模式，必须先转换为 RGB 模式。【艺术效果】滤镜中包含 10 种艺术特效。

（1）【彩色铅笔】滤镜。可以模拟美术中彩色铅笔绘图的效果，将重要的边缘保留并呈现粗糙的阴影线外观。在制作彩笔效果时，要先更改背景色，再对所选区域应用【彩色铅笔】滤镜。

（2）【木刻】滤镜。使用版画和雕刻原理来处理图像，使图像看起来好像是由剪下的粗糙彩色纸片组成的。

（3）【干画笔】滤镜。使用介于油彩和水彩之间的笔触效果绘制图像边缘，使图像产生一种不饱和的且干枯的油画效果，将图像的颜色范围降到普通颜色范围来简化图像。

（4）【胶片颗粒】滤镜。可以使图像产生薄膜上布满黑色颗粒的效果。

（5）【壁画】滤镜。使用短而圆的、潦草的斑点绘制风格粗犷的图像，有一种水彩壁画的效果。

(6)【霓虹灯光】滤镜。将各种类型的发光添加到图像中的对象上，对于在柔化图像外观时给图像着色很有用。若要选择一种发光颜色，单击发光颜色按钮，从【拾色器】对话框中选择一种颜色即可。

(7)【绘画涂抹】滤镜。适合对整幅图像进行处理，产生涂抹的模糊效果，可以选取 1 ~ 50像素的各种类型的画笔来创建绘画效果。

(8)【调色刀】滤镜。可以减少图像中的细节，生成浅淡的画布效果，同时可以显出下面纹理。

(9)【塑料包装】滤镜。可以给图像涂上一层发光的塑料，以强调表面细节。

(10)【海报边缘】滤镜。可以根据设置的海报化选项减少图像（色调分离）中的颜色数量，并查找图像的边缘，在边缘上绘制黑色线条。该滤镜会使图像大而宽的区域有简单的阴影，细小的深色细节遍布整个图像。

Ps 任务实施

1. 图像蒙版编辑

(1) 按 Ctrl + O 快捷键，打开“调皮女孩.jpg”文件，如图 12 - 3 - 3 所示。

(2) 单击工具箱中的【以快速蒙版模式编辑】按钮，进入快速蒙版编辑模式。

(3) 按 Ctrl + A 快捷键全选图像，如图 12 - 3 - 4 所示，按下 D 键，设置前景色和背景色为系统默认的颜色。

图 12 - 3 - 3　调皮女孩素材

图 12 - 3 - 4　全选图像

2. 描边图像

(1) 执行【编辑】→【描边】命令，在弹出的【描边】对话框中设置描边【颜色】为黑色，其他参数设置如图 12 - 3 - 5 所示。

(2) 单击 确定 按钮应用描边，得到的效果如图 12 - 3 - 6 所示，在图像周围得到一圈红色半透明的“膜”，被覆盖的区域为蒙版区域，即为被保护起来的区域。在返回到正常编辑模式时，该块区域即为选择区域。

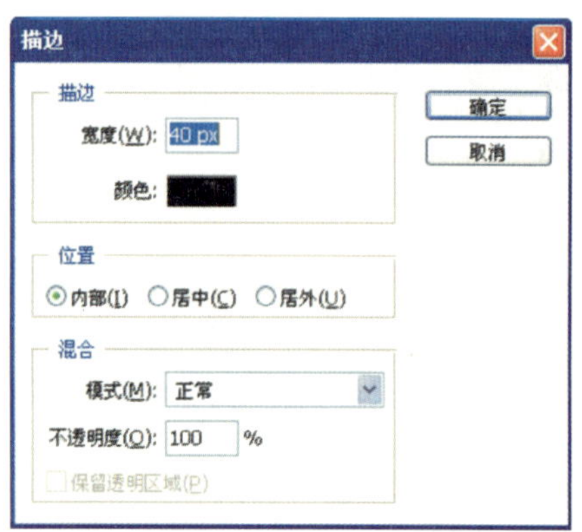

图 12－3－5　【描边】对话框

图 12－3－6　“描边”效果

3. 执行滤镜效果

（1）执行【滤镜】→【模糊】→【高斯模糊】菜单命令，弹出【高斯模糊】对话框，设置半径为 15 像素，如图 12－3－7 所示。单击 确定 按钮，应用模糊滤镜，效果如图 12－3－8 所示。

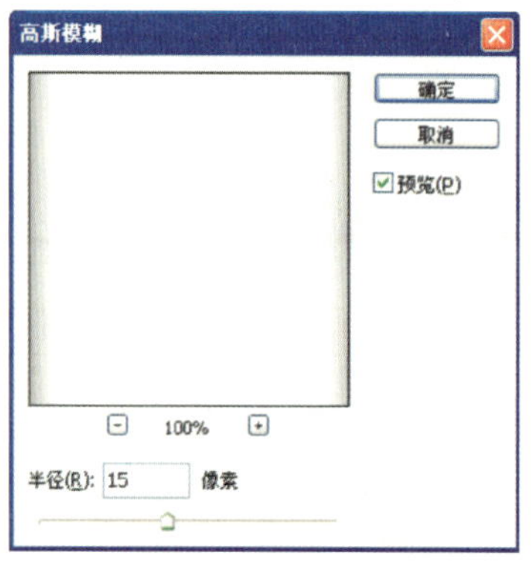

图 12－3－7　【高斯模糊】对话框

图 12－3－8　【高斯模糊】效果

（2）执行【滤镜】→【像素化】→【彩色半调】菜单命令，弹出【彩色半调】对话框，按照如图 12－3－9 所示设置参数，然后单击 确定 按钮，效果如图 12－3－10 所示。

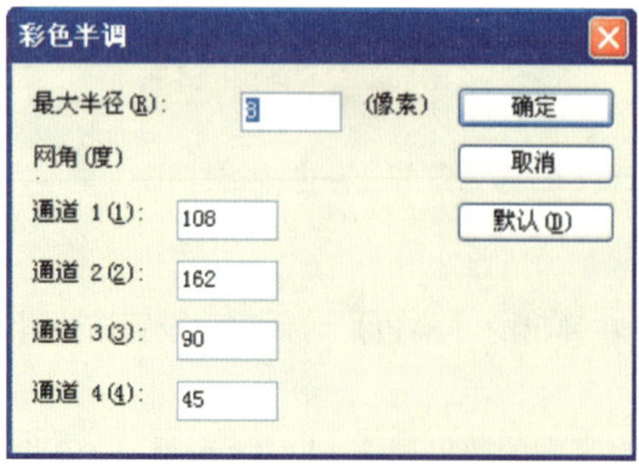

图 12－3－9　【彩色半调】对话框

图 12－3－10　【彩色半调】效果

4. 图像填充编辑

（1）蒙版编辑完成后，单击工具箱中的【以快速蒙版模式编辑】按钮，取消蒙版编辑，返回到正常编辑状态，得到如图 12－3－11 所示的选区。

图 12－3－11　取消蒙版效果

图 12－3－12　最终效果

（2）执行【选择】→【反选】命令或按下 Ctrl ＋ Shift ＋ I 快捷键，将选区反向选择。

（3）设置前景色为红色（R：241、G：71、B：91），然后按 Alt ＋ Delete 快捷键填充选区，最后按下 Ctrl ＋ D 快捷键取消选择，得到最终效果如图 12－3－12 所示。

小结

滤镜是 Photoshop 不可分割的一部分，在图像中恰当地使用滤镜能够产生意想不到的效果。随着版本的不断升级，Photoshop 中内置的滤镜种类越来越多，功能也越来越强大。许多令人称奇的图像创意和特殊效果，其创作中都大量使用了滤镜。

思考与练习

1. 选择题

（1）Photoshop CS6 中的滤镜种类可分为（　　）和（　　）两种，它们的功能和用途各不相同，互有长短。

A. 内置滤镜　　　B. 外挂滤镜　　　C. 扭曲滤镜　　　D. 风格化滤镜

（2）最后一次选取的滤镜出现在【滤镜】菜单的顶部，重复使用该效果时只需按（　　）组合键。

A. Ctrl + F　　B. Ctrl + D　　C. Ctrl + E　　D. Ctrl + O

2. 判断题（对的打“√”，错的打“×”）

（1）使用【挤压】滤镜可以使图像产生从内向外或从外到内的挤压效果。(　　)

（2）【方框模糊】滤镜基于相邻像素的平均颜色值来模糊图像。(　　)

项目实训

（1）本项目实训要求首先输入文字将其栅格化，然后使用【风】滤镜制作出如图 12－6－1 所示的风吹效果。

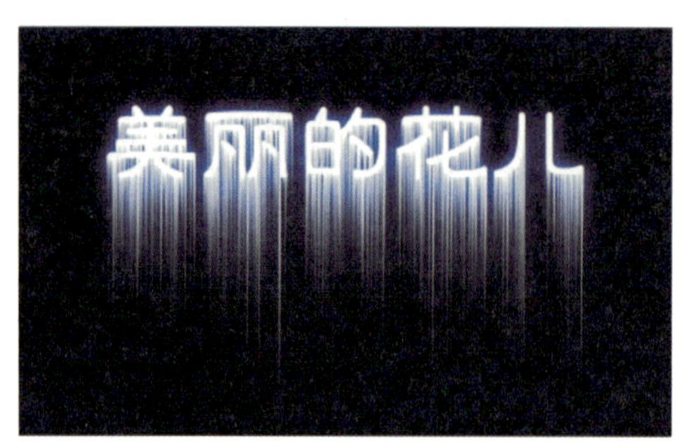

图 12－6－1　风吹效果

（2）本项目要求执行【滤镜】→【素描】→【干笔画】命令对图 12－6－2 进行艺术处理，完成效果如图 12－6－3 所示。

图 12－6－2　素材

图 12－6－3　干笔画效果

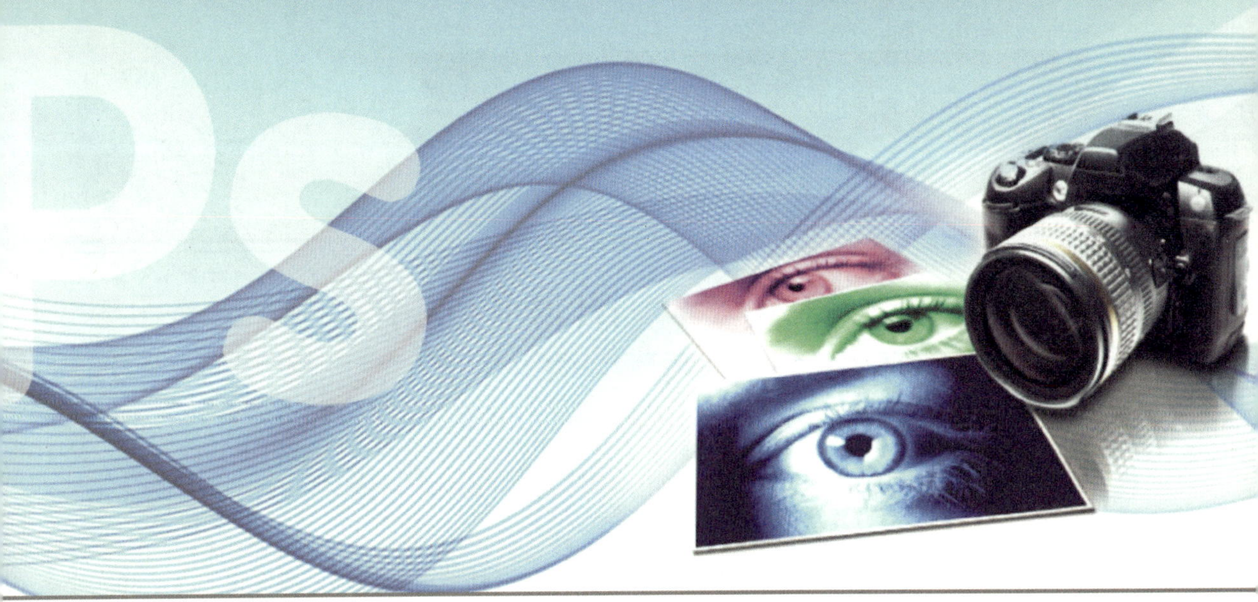

项目 13

图像的优化与Web图像输出

项目介绍

本项目介绍了图像的优化、掌握图像处理自动化的使用方法、Web图像与动画设计。着重介绍了 Web 图像与动画设计，这也是本项目的难点。通过本项目学习，读者可以学会掌握 Web 图像与动画制作相关知识和基本技能。

培养目标

- 掌握图像的优化方法。
- 掌握图像处理自动化的使用方法。
- 掌握 Web 图像与动画设计。

任务一　图像的优化

任务分析

把图片存储为网页所用格式时，为了确保图片无卡顿地清晰显现，考虑它的品质和大小总是很必要的。图像的优化就是在提高图像质量的同时，使图像存储所占用的空间尽可能地减小。图像的优化可以加快图像在网络上的浏览和传送速度。

相关知识

1. 网页所用的图像格式

Web 所用图像格式是指网页所用的图像格式。网页中常用的图像格式的格式是 GIF、JPG、PNG，图像文档格式有三种：JPG/JPEG、PNG8/PNG24、GIF。

（1）JPG/JPEG 格式。

1）优点：支持上百种颜色，能使用所有压缩，图像较小，浏览角度及看图像质量较好。

2）缺点：因支持有损压缩，不适宜打印，不支持动画、背景透明、图像渐进。

（2）PNG8/PNG24 格式。其优点包括可移植网络图形，是很好的网络图像格式，PNG 使用从 LZ77 派生的无损数据压缩算法，常用于应用于网页中，原因是它压缩比高，生成文件体积小。

（3）GIF 格式。

1）优点：支持背景透明，支持动画，支持图像渐进、支持无损压缩。

2）缺点：只有 256 色，不适宜摄影、印刷或者高质量图片。

2. 网页上使用的图像优化的方法

来自相机、手机的图像文件，所占用的存储空间通常为几 MB 左右，故不能直接用于网页，否则，常会影响网页打开速度，图片显示会出现明显的卡顿。Photoshop 处理后的图片要用于网页，也需要存储为 Web 所用的格式，同时进行优化，在保证浏览质量的情况下尽量减少文件大小，以适应网页浏览需要。

图像优化的方法是：选择【文件菜单】→【存储为 Web 所用格式】，在弹出的对话框进行设置，在保证图像浏览质量的情况下，尽量减少文件大小，达到优化图像的目的。如用手机拍摄的 2.94 MB 的图片，在保持中等品质像素不变的情况下，可优化为大小只有 353 kB 的文件。

任务实施

图13－1－1　打开“校园.jpg”

（1）打开“校园.jpg”，如图13－1－1所示，它的大小是3.07 MB。

（2）执行【文件菜单】→【存储为Web所用格式】命令，弹出如图13－1－2所示的对话框。

预设选择为“jpeg中”，图像大小如果宽度设置为700像素，其他项使用默认值，则文件大小只有30.45 kB。

（3）单击【存储】按钮，可以完成图像的优化。

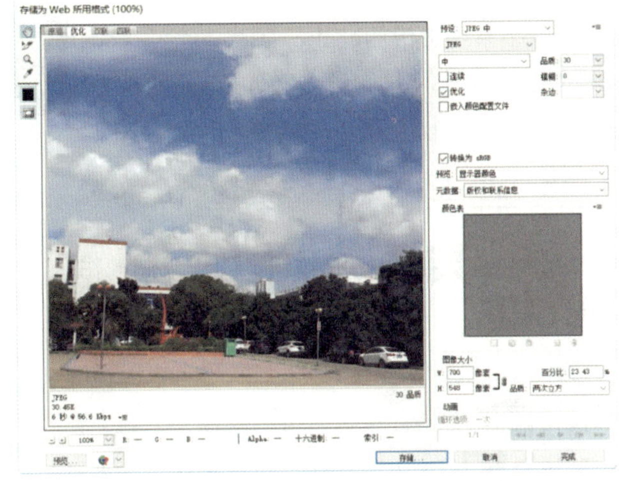
图13－1－2　【存储为Web所用格式】对话框

任务二　使用默认动作批量给图片加边框

任务分析

给图像加上边框加以美化图片，有时候需要给大量图片加上相同的边框，需要大量重复的工作，可以创建【批量给图片加边框】动作，利用批处理快速地给大量图片加上边框。

Photoshop CS6虽然有时默认动作【加上木制边框－50像素】，但是它生成的是一个PSD模式的源文件，为了节省时间，可自己录制一个利用默认动作【加上木制边框－50像素】，然后保存为“jpg”格式的图像动作。再使用批处理来完成批量给大量图像加边框的任务。

相关知识

1. 自动化命令

【文件】→【自动】的下拉菜单中包含了 Photoshop 预设自动化的命令，如图 13 – 2 – 1 所示。使用这些命令可以批量处理相同的文件，或者简化复杂的图像编辑过程，从而可以提高工作效率。

2. 系统内置动作

动作不是动画，动作是记录操作的步骤、设置等，批量处理的时候用得到。

在【动作】面板中有很多系统自带的动作，播放一个动作就可以得到相应的效果，执行【窗口】→【动作】命令（或使用 Alt + F9 快捷键），弹出【动作】面板。其中有一个名为【木质画框 – 50 像素】的默认动作。如图 13 – 2 – 1 所示。

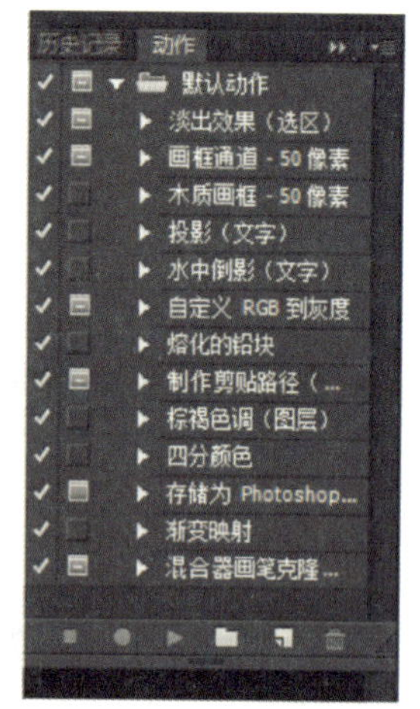

图 13 – 2 – 1 【动作】面板

【动作】面板中下面按钮作用如下。

（1）【停止播放/记录】按钮。单击此按钮，停止录制动作。

（2）【开始记录】按钮。单击此按钮，开始录制动作。

（3）【播放选定动作】按钮。单击此按钮，播放当前选择的动作。

（4）【创建新组】按钮。单击此按钮，可以创建一个新动作组。

（5）【创建新动作】按钮。单击此按钮，可以创建一个新动作。

（6）【删除】按钮。单击此按钮，在弹出对话框单击按钮，可以删除当前选择的动作。

3. 录制与执行动作

在【动作】面板中虽然有很多系统自带的动作，但有的时候这些默认动作并不能够满足需要。为了适应工作环境的要求，除播放动作外，录制自定义的动作也是较为频繁的一类操作。

录制与执行动作的操作步骤如下。

（1）单击【创建新组】按钮，在打开的【新建组】对话框中可以设置组的名称，也可以直接选择已有的组，如图 13 – 2 – 2 所示。

（2）单击【动作】面板下面的【创建新动作】按钮，在打开的【新建动作】对话框中设置动作属性，如图 13 – 2 – 3 所示。

图 13 – 2 – 2 【新建组】对话框

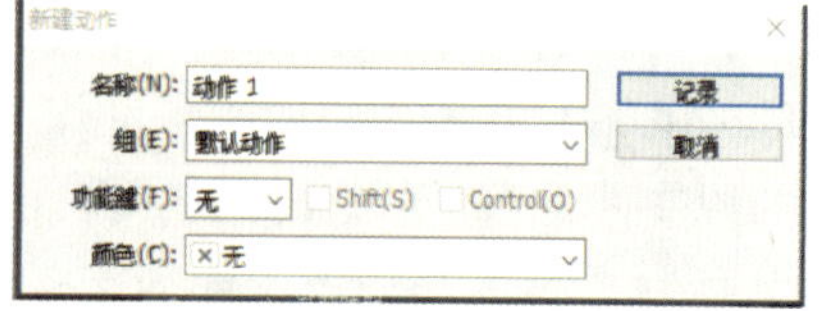

图 13 – 2 – 3 【新建动作】对话框

在【名称（N）】文本框中可以输入动作名称。

在【组（E）】下拉列表中可以选择此动作所属的组。

在【功能键（F）】下拉列表中可以选择播放动作时的快捷键。

（3）完成设置后单击对话框中的【记录】按钮，此时【动作】面板下的【开始记录】按钮呈现红色，表示已被激活，Photoshop CS6 将自动录制后面所做的操作。

（4）进行需要录制动作中的操作，要注意，不是所有的动作都可以被录制在动作中的，例如，绘制类及改变视图比率类的操作就不可以录制在动作中。

（5）完成所有操作后，单击【动作】面板下面的【停止播放/记录】按钮，完成动作的录制操作。

4. 修改动作

即使完成了动作的录制，但根据当前执行的任务需要修改动作中某个命令参数，也可以在【动作】面板中双击此命令，在弹出的对话框中进行设置，以修改保存在动作中的命令参数。

任务实施

（1）在 D 盘根目录下新建名字分别为“批处理源文件夹”和“批处理效果文件夹”的两个文件夹，将准备处理的文件放入文件夹“批处理源文件夹”中。

（2）建【批量加边框】动作。

1）打开“D：\ 批处理源文件夹”内的“学校 1. jpg”文件。

2）执行菜单命令【窗口】→【动作】，单击【动作】面板上的【新建】按钮，弹出【新建动作】对话框，名称设置为【批量加边框】，其他项用默认值，如图 13 – 2 – 4 所示。单击【记录】按钮，开始记录。

图 13 – 2 – 4　【新建动作】对话框

3）播放【木质画框 – 50 像素】动作，如图 13 – 2 – 5 所示，然后出现如图 13 – 2 – 6 所示对话框时，单击【继续】按钮，生成一个加了木质边框的图像。

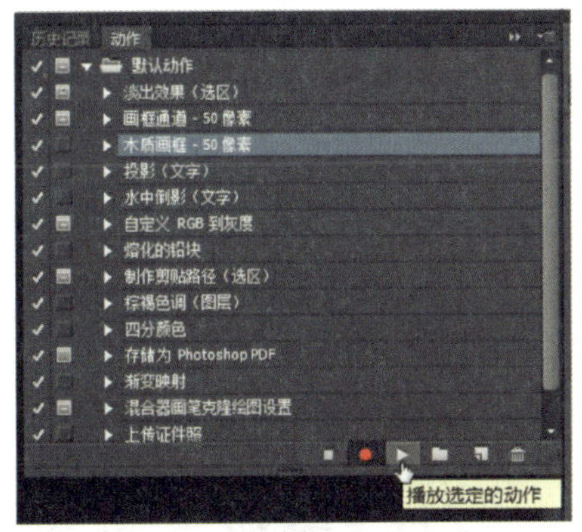

图 13 – 2 – 5　选中木质画框播放动作

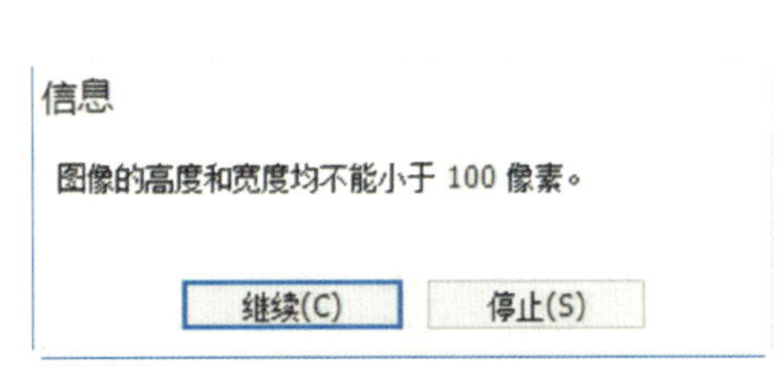

图 13 – 2 – 6　【信息】对话框

4）执行菜单命令【文件】→【存储为 Web 所用格式】，出现【存储为 Web 所用格式】对话框，【预设】项选择“JPEG”格式，品质设为 30，如图 13－2－7 所示。单击【存储】按钮，出现【将优化结果存储为】对话框，如图 13－2－8所示，将生成的 .jpg 文件保存在“D：\ 批处理效果文件夹”内。

5）单击【停止记录】按钮，停止录制动作。

（3）执行【文件】→【自动】→【批处理】命令，打开【批处理】对话框，如图 13－2－9所示。分别设置【动作】【源】【目标】项目，如图 13－2－10 所示。【动作】是选择刚才建立的动作【批量加边框】，【源】设置的是“D：\ 批处理源文件夹”，【目标】设置的是“D：\ 批处理效果文件夹”。单击【确定】按钮，开始逐个生成加边框的图像，注意出现如图 13－2－11 所示的【信息】对话框时要单击【继续】按钮。

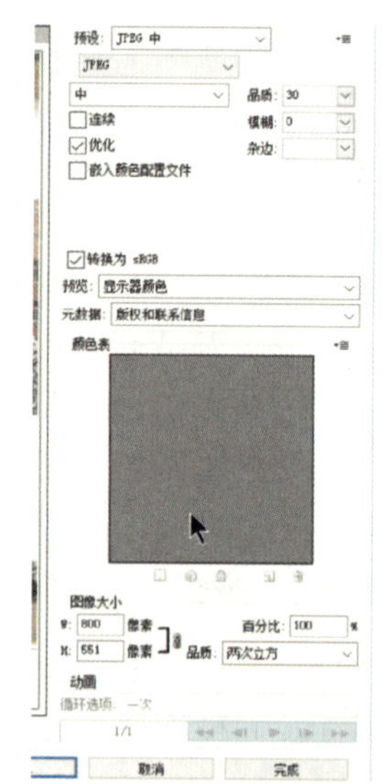

图 13－2－7 【存储为 Web 所用格式】对话框

图 13－2－8 【将优化结果存储为】对话框

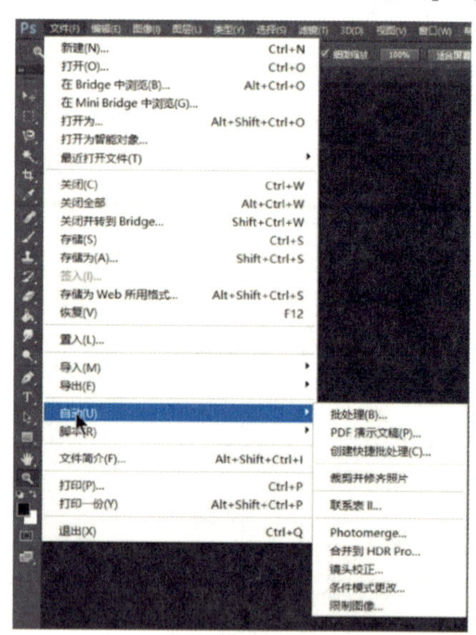

图 13－2－9 预设自动化的命令

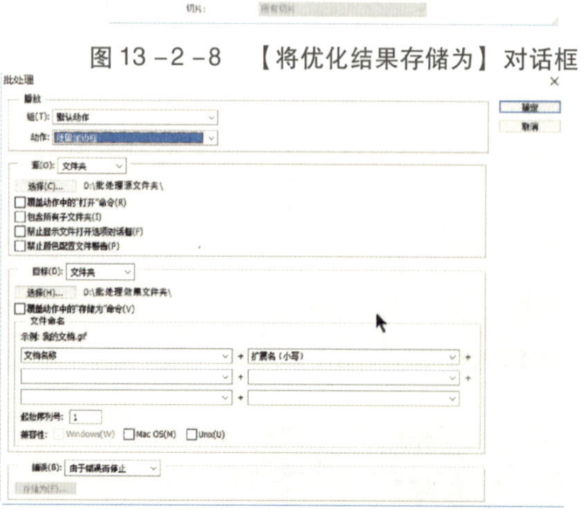

图 13－2－10 【批处理】对话框

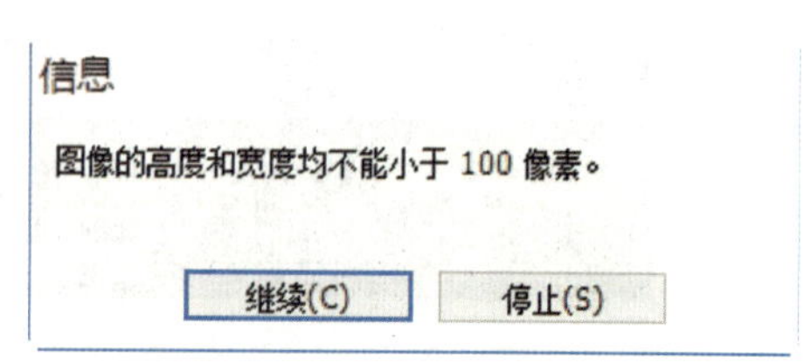

图 13－2－11 【信息】对话框

（4）批量生成了带木质边框的图像，如图 13－2－12 所示。

图 13－2－12　批量生成的带木质边框的图像

任务三　制作背景颜色变化的证件照

任务分析

使用一个人的红色背景照片，得到另一个蓝色背景的证件照，在创建并设置两个帧的动画后，加入动画过渡效果，得到有过渡效果的背景变色的证件照，存储为 GIF 格式的文件。

相关知识

1. 证件照的尺寸

毕业照尺寸为宽×高＝3.3 厘米×4.8 厘米，分辨率为 300 像素/英寸（118.11 像素/厘米），所以像素数为 390 像素×567 像素。

2. 支持动画的图像文件格式

支持动画的图像文件格式有 PNG 和 GIF 格式，所以要存储为 GIF 格式文件或 PNG 格式，才能浏览动画效果。

3. Photoshop CS6 对动画制作的支持

执行【窗口】→【时间轴】命令，可打开时间轴面板，如图 13－3－1 所示，下部的动画面板上按钮功能如下。

选中的帧称为当前帧，图中第 1 帧是当前帧。

（1）。帧动画转换到视频时间轴。

（2）永远。当前动画文件循环选项。

（3）。选择第 1 帧。

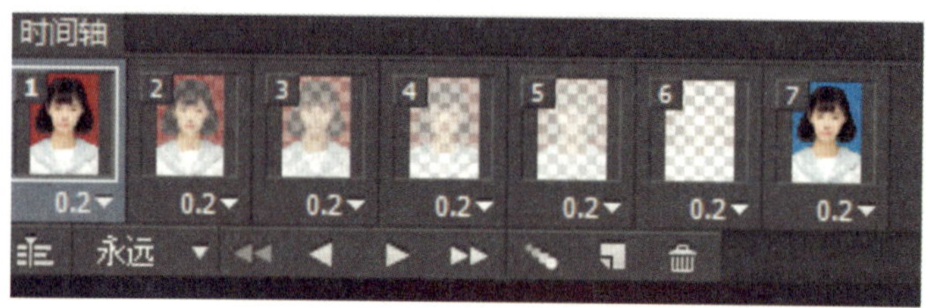

图 13－3－1　时间轴面板

（4）。选择上一帧。

（5）。播放动画。

（6）。选择下一帧。

（7）。过渡动画帧。

（8）。复制所选帧。

（9）。删除所选帧。

4．动画、帧、关键帧和过渡帧的概念

动画也就是使一幅图像“活”起来的过程。使用动画可以清楚地表现出一个事件的过程，或是展现一个活灵活现的画面。动画是一门通过在连续多格的胶片上拍摄一系列单个画面，从而产生动态视觉的技术和艺术，这种视觉是通过将胶片以一定的数率放映体现出来的。

（1）帧。就是动画中最小单位的单幅影像画面，相当于电影胶片上的每一格镜头。

（2）关键帧。角色或者物体运动或变化中的关键动作所处的那一帧。

（3）过渡帧。关键帧与关键帧之间的动画可以由软件来创建。

Ps 任务实施

准备一张红色背景证件照（390 像素×567 像素），然后用 Photoshop CS6 将背景换为蓝色，另外存储为一个文件。

（1）创建 390 像素×567 像素大小的画布，分辨率为 300 像素/in，如图 13－3－2 所示。

（2）将准备好的红背景和蓝背景照片置入文件，如图 13－3－3 所示。

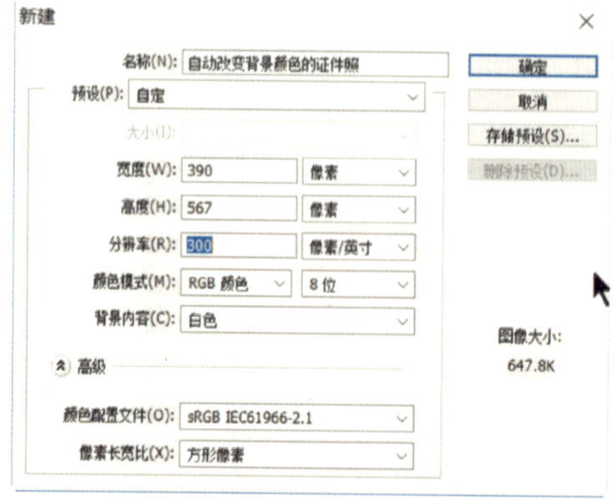

图 13－3－2　新建图像对话框

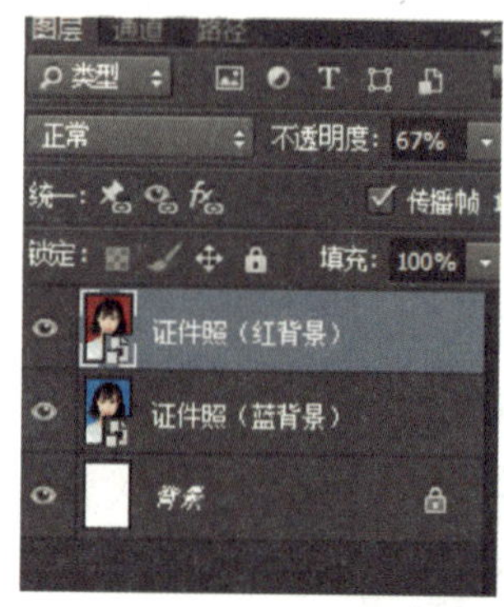

图 13－3－3　置入两个图片

（3）单击【创建帧动画】按钮，如图 13－3－4 所示。

图 13－3－4　创建帧动画

（4）选中动画第 1 帧，然后按倒数第二个按钮，复制所选帧，如图 13－3－5 所示。

图 13－3－5　复制所选帧

然后设置两帧的延迟时间都为 0.2 秒，如图 13－3－6所示。

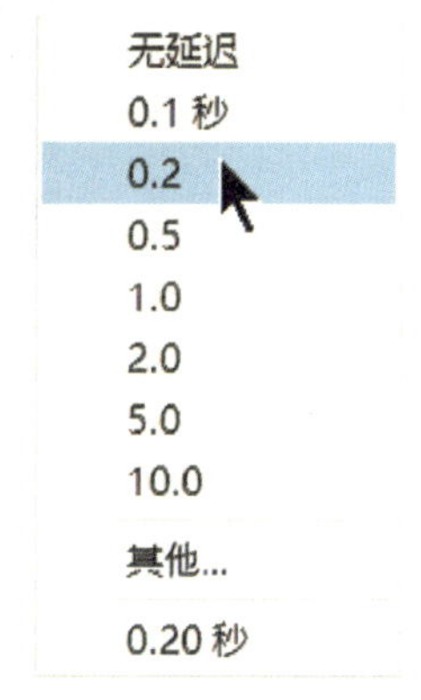

图 13－3－6　设置帧的延迟时间

（5）设置两帧显示的图片。先选中第一帧，然后在显示红色背景的相片图层，其他图层隐藏，再选中第二帧，在有蓝色背景的相片的图层显示，其他图层隐藏。设置循环选项为【永远】。时间轴上结果如图 13－3－7 所示。

（6）添加过渡帧。选中第一帧同时选中红色相片所在的图层，单击图中所示【过渡动画帧】按钮，产生 5 个过渡帧，弹出【过渡】对话框，如图 13－3－8 所示，进行设置。单击【确定】按钮后，时间轴上的效果如图 13－3－9 所示。

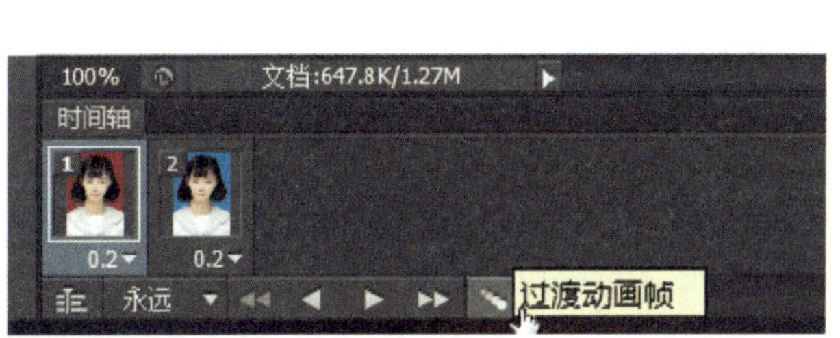

图 13－3－7　设置两帧显示的图像后效果

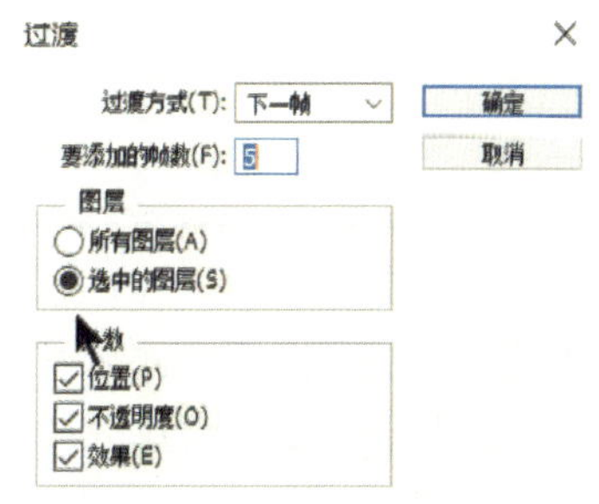

图 13－3－8　添加过渡帧的【过渡】对话框

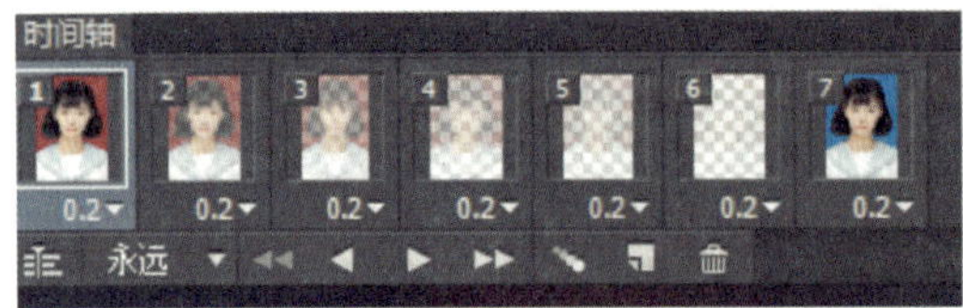

图 13－3－9　添加过渡帧后时间轴上效果

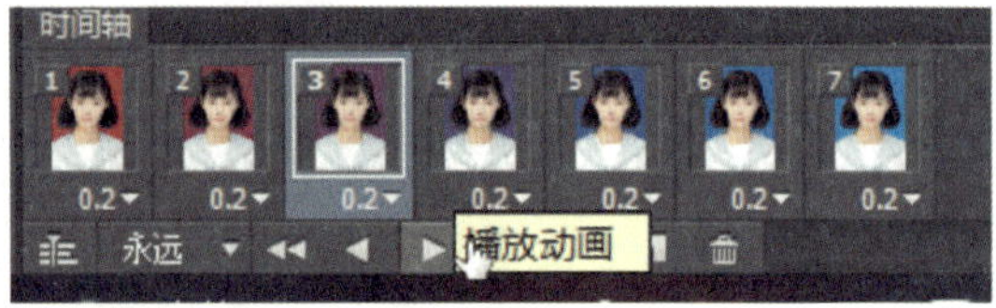

图 13－3－10　复制图层后时间轴上的效果

（7）选中第 2 帧，同时选中蓝色背景图层。按 Ctrl ＋ J 快捷键，复制蓝色背景图层，产生红蓝背景混合的效果，如图 13－3－10 所示。设置播放次数为【永远】。单击 ▶ 播放动画，查看效果。

（8）导出为 GIF 动画。执行【文件】→【存储为 Web 所用格式】命令，弹出【存储为 Web 所用格式】对话框，如图 13－3－11 所示。按图示选择存储为 GIF 格式。

图 13－3－11　【存储为 Web 所用格式】对话框

（9）找到并打开导出的动画文件，浏览动画效果。

小结

本项目介绍了图像的优化方法、Photoshop CS6 中动作创建与使用、自动批处理的使用，创建 GIF 动画的方法，可以应用 Photoshop CS6 进行图像优化和使用动作简化操作，还能制作动画。

思考与练习

1. 选择题

（1）打开【动作】面板的快捷键是（　　）。

A. Ctrl + F1　　B. Alt + F1

C. Ctrl + F9　　D. Alt + F9

（2）Web 图像最常见的几种网络图片格式有（　　）。

A. GIF 格式　　B. JPEG 格式

C. PNG8 格式　　D. PNG24

（3）要创建一个新动作，应单击下面（　　）按钮。

A. ●　　B. ◪

C. ▶　　D. ▭

2. 判断题（对的打"√"，错的打"×"）

（1）在【动作】面板中，单击按钮▭，可以删除一个新动作。（　　）

（2）在【动作】面板中，单击●，开始录制动作。（　　）

项目实训

（1）将手机拍摄的照片导入到电脑上，然后优化图像，减少文件大小。

（2）使用 Photoshop 内置的动作分别制作如图 13－6－1 所示的三种边框的照片。

（a）原照片

（b）波形画框

（c）拉丝铝画框

（d）照片卡角

图 13－6－1　原图与三种边框效果

（3）以下有四种颜色的月季花，用 Photoshop 的动画功能制作一张 GIF 格式的动画，四种月季花轮流出现，每个图片右下角都有“南阳月季”四个字，每个图片出现时间为 1 秒。素材如图 13－6－2 所示。

图 13－6－2　素材图

附录　Photoshop 工具与命令快捷键索引

附表 -1　Photoshop 工具快捷键索引

工具	快捷键	工具	快捷键
移动工具	V	橡皮擦工具	E
矩形选框工具	M	背景橡皮擦工具	E
椭圆选框工具	M	魔术橡皮擦工具	E
单行选框工具		渐变工具	G
单列选框工具		油漆桶工具	G
套索工具	L	模糊工具	R
多边形套索工具	L	锐化工具	R
磁性套索工具	L	涂抹工具	R
快速选择工具	W	减淡工具	O
魔棒工具	W	加深工具	O
裁剪工具	C	海绵工具	O
切片工具	C	钢笔工具	P
切片选择工具	C	自由钢笔工具	P
吸管工具	I	添加锚点工具	
标尺工具	I	删除锚点工具	
注释工具	I	转换点工具	
计数工具	I	横排文字工具	T
污点修复画笔工具	J	直排文字工具	T
修复画笔工具	J	横排文字蒙版工具	T
修补工具	J	直排文字蒙版工具	T
红眼工具	J	路径选择工具	A
画笔工具	B	直接选择工具	A
铅笔工具	B	矩形选择工具	U
颜色替代工具	B	圆角矩形选择工具	U
混合器画笔工具	B	椭圆工具	U
仿制图章工具	S	多边形工具	U
图案图章工具	S	直线工具	U
历史记录画笔工具	Y	自定义形状工具	U
历史记录艺术画笔工具	Y		

附表 –2　Photoshop 命令快捷键索引

文件菜单	
命令	快捷键
新建	Ctrl + N
打开	Ctrl + O
在 Bridge 中浏览	Alt + Ctrl + O
打开为	Alt + Shift + Ctrl + O
关闭	Ctrl + W
关闭全部	Alt + Ctrl + W
关闭并转到 Bridge	Shift + Ctrl + W
存储	Ctrl + S
存储为	Shift + Ctrl + S
存储为 Web 和设备所用格式	Alt + Shift + Ctrl + S
恢复	F12
打印	Ctrl + P
打印一份	Alt + Shift + Ctrl + P
退出	Ctrl + Q

编辑菜单	
命令	快捷键
还原/重做	Ctrl + Z
前进一步	Shift + Ctrl + Z
后退一步	Alt + Ctrl + Z
渐隐	Shift + Ctrl + F
剪切	Ctrl + X
拷贝	Ctrl + C
合并拷贝	Shift + Ctrl + C
粘贴	Ctrl + V
填充	Shift + F6
内容识别比例	Alt + Shift + Ctrl + C
自由变换	Ctrl + T
变换 > 再次	Shift + Ctrl + T
键盘快捷键	Alt + Shift + Ctrl + K
菜单	Alt + Shift + Ctrl + M
首选项 > 常规	Ctrl + K

图像菜单	
命令	快捷键
调整 > 色阶	Ctrl + L
调整 > 曲线	Ctrl + M
调整 > 色相/饱和度	Ctrl + U
调整 > 色彩平衡	Ctrl + B
调整 > 黑白	Alt + Shift + Ctrl + B
调整 > 反相	Ctrl + I
调整 > 去色	Shift + Ctrl + U
自动色调	Shift + Ctrl + L
自动对比度	Alt + Shift + Ctrl + L
自动颜色	Shift + Ctrl + B
图像大小	Alt + Ctrl + I
画布大小	Alt + Ctrl + C

图层菜单	
命令	快捷键
新建 > 图层	Shift + Ctrl + N
新建 > 通过拷贝的图层	Ctrl + J
新建 > 通过剪切的图层	Shift + Ctrl + J
创建剪切蒙版	Alt + Ctrl + G
图层编组	Ctrl + G
取消图层编组	Shift + Ctrl + G
排列 > 置为顶层	Shift + Ctrl +]
排列 > 前移一层	Ctrl +]
排列 > 后移一层	Ctrl + [
排列 > 置为底层	Shift + Ctrl + [
合并图层	Ctrl + E
合并可见图层	Shift + Ctrl + E

续表

选择菜单		视图菜单	
命令	快捷键	命令	快捷键
全部	Ctrl + A	校样颜色	Ctrl + Y
取消选择	Ctrl + D	色域警告	Shift + Ctrl + Y
重新选择	Shift + Ctrl + D	放大	Ctrl + +
反向	Shift + Ctrl + I	缩小	Ctrl + -
所有图层	Alt + Ctrl + A	按屏幕比例缩小	Ctrl + 0
调整边缘/蒙版	Alt + Ctrl + R	实际像素	Ctrl + 1
修改/羽化	Shift + F6	显示额外内容	Ctrl + H
		标尺	Ctrl + R
		对齐	Shift + Ctrl + ;
		锁定参考线	Alt + Ctrl + ;